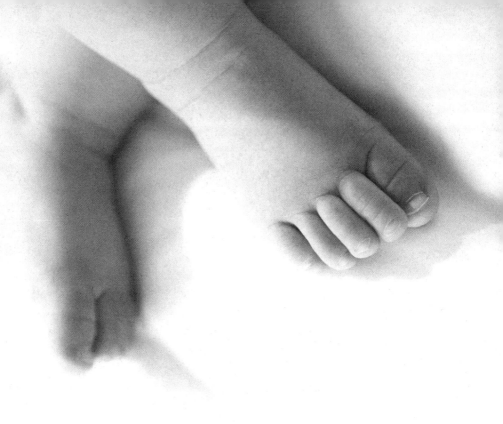

婴儿世界

修订本

The Infant's World

[美] 菲利普·罗夏（Philippe Rochat） 著

郭力平 郭琴 许冰灵 译

华东师范大学出版社

THE INFANT'S WORLD by Philippe Rochat

Copyright © 2001 by Philippe Rochat

Published by arrangement with Harvard University Press

Simplified Chinese translation copyright © 2005 by East China Normal University Press Ltd.

ALL RIGHTS RESERVED

上海市版权局著作权合同登记　图字：09 - 2004 - 117 号

目录

作者中文版序言 / 1
序言 / 3

第一章 婴儿期的事实 / 1

长期被忽视的婴儿期 / 1
关于早期教育的一些偏见 / 3
具有启蒙意义的婴儿 / 5
走进婴儿的心理世界 / 7
人类婴儿期特征 / 10
延长的未成熟期的重要性 / 12
婴儿期成长 / 14
解密婴儿世界 / 19

第二章　婴儿期自我 / 23

自我知识的起源 / 23

跨通道知觉与自我 / 27

作为探索对象的身体 / 30

婴儿期的跨通道校准和身体意识 / 34

自我定向的动作：嘴的感知 / 41

身体功能意识的发展 / 45

自我识别的起源 / 55

婴儿期具有不同类型的自我吗？/ 60

自我与他人 / 62

共同知觉和共同认知 / 64

第三章　婴儿期的客体世界 / 67

对物理环境的早期感知 / 68

婴儿期的客体探索 / 73

物理知识的起源 / 75

婴儿如何理解物体 / 79

对物理因果关系的关注 / 88

早期的数意识 / 91

对客体世界的分类 / 96

"知道怎么做"和"知道是什么" / 100

第四章　婴儿与他人 / 105

主体间性和社会知识的根源 / 106

主体经验和相互作用 / 107

眼睛与面部的重要性 / 111

面部表情和情绪 / 117

面部表情模仿和情绪的共同调节 / 118

社会耦合性的察觉 / 121

意图的知觉 / 125

次级主体间性 / 128

关于次级主体间性之产生的阐释 / 132

婴儿期的隐性心理理论 / 135

第五章　婴儿期的重要转变 / 139

阶段性还是无阶段性 / 139

细致或粗略的描述：量表问题 / 143

新生儿阶段 / 146

二月革命 / 150

九月革命 / 153

符号象征之门 / 154

第六章　婴儿的发展机制 / 161

  婴儿发展的过程与婴儿发展的作用机制 / 162
  预测和控制婴儿的行为 / 164
  婴儿的发展是混沌且不可预测的吗？ / 166
  平衡化 / 168
  自组织 / 171
  条件作用和内置的反射系统 / 174
  习惯化与好奇心 / 178
  寻找规律性 / 179
  社会反映、模仿和重复 / 182
  修整与抑制 / 186
  机器模拟和联结主义对婴儿发展的阐释 / 189
  等效原则 / 192

参考文献 / 194
索　　引 / 214

作者中文版序言

过去四十年来，婴儿期研究，也就是人们常说的"宝宝科学"，是发展心理学中最具创新性和突破性的领域。自让·皮亚杰、西格蒙德·弗洛伊德、约翰·华生和威廉·詹姆斯等前辈提出早期理论以来，解密人类发展最初状态的研究理论已经发生了翻天覆地的变化。近年来的大量婴儿期研究表明，婴儿早在生命之最初，掌握语言之前，就已经具有比我们原先所认为的更强的能力和更丰富的经验。婴儿自出生开始就能在这个富有意义的世界里进行感知和行动，甚至连新生儿都能很快学会利用他们赖以生存的环境资源。

总而言之，研究证实，婴儿出生时并非只具有一系列自动化的条件反射，他们还是这个富有意义的环境中的行动者。在这个由自然物和人构成的环境中，婴儿不是消极的接受者，而是积极的行动者。通过极具创造性的实验范式所收集到的丰富的经验事实表明，婴儿世界是一个充满强大的能力、丰富的经验和惊人的学习速度的世界。

这些正是本书所要阐述的。非常荣幸能够出版《婴儿世界》的中文版，以让更多的人了解婴儿研究的最新进展。婴儿研究不仅能够告诉我们婴儿期的事实，还能告诉我们，作为成人，我们是怎样的，我们从哪里来，而通常我们都认为这一切是理所当然的。我想对所有的中国同行、学生、家长和朋友们说：欢迎来到婴儿世界，一个令人着迷的世界！

菲利普·罗夏
心理学教授
美国埃默里大学

Preface

For 40 years now, the field of infancy research, what some people call "baby science", has been the most innovative and ground-breaking domain of developmental psychology. The conception of what constitutes the starting state of human development has dramatically changed since the pioneer works and theories of Jean Piaget, Sigmund Freud, John Watson, or William James to name a few. The large number of infancy works accumulating in recent years show that infants are from the start, and long before acquiring language, much more sophisticated and competent than previously thought. From birth, infants perceive and act in a world that has meanings and even newborns quickly learn to tap into environmental resources on which their survival depends.

In general, research shows that infants are not merely born as a collection of automatic reflexes. On the contrary, they are born actors in a meaningful environment. It is an environment made of physical objects and people, an environment in which they are actors rather than passive receptors. Multiple empirical evidence collected on the basis of highly creative experimental paradigms demonstrate now that the world of infancy is a world of competence, sophistication, and remarkably fast learning.

This is what this book is about and it is a great honor to have it published in Chinese so much more people can get access to recent advances in baby research. This research tells us about infants, but also about what we are as adults and where we come from, something that we tend too often to take for granted. To all my Chinese colleagues, Chinese students, parents, and friends: Welcome to the infant's world! A world that is fascinating.

Philippe Rochat
Professor of Psychology
Emory University

序言

本书系统地介绍了婴儿期研究工作者——包括我自己——在探索婴儿世界的过程中所积累的研究成果。与读者交流我对婴儿研究的热情，一起分享有关婴儿世界的重要而富有意义的研究发现，是撰写此书的主要目的。

首先，我想说明一点，本书并不是一本试图涵盖婴儿行为的所有问题、实验证据和理论概念的教科书。它传递的是一种特定的理论观点，一种受个人直觉、理论偏好的影响，并融合了15年来我所从事的研究以及与其他婴儿研究专家合作交流而形成的特定理论观点。本书为婴儿心理发展提供了一种可能的解释。当然，我并不认为这本书就包含了有关婴儿及其发展的不变真理。为公正起见，书中多处均为读者提供了一些其他的理论观点和解释。同时，读者也应当根据本书最后列出的参考文献清单参阅有关原文。没有什么比自己亲自阅读原始资料更可靠的了。

如同其他专题书籍，如果我写的这本有关婴儿世界的书能够引起读者对婴儿的好奇心以及一丝惊叹，就算是成功了。婴儿，作为人类起源秘密的守护者，最根本地体现了人的生存意义，即：通过出生到两岁间的迅速发展，形成了复杂的自我意识，具备了文化适应性以及对这个共同世界的认知——拥有这种巨大心理发展潜能的人的生存所具有的意义。

作为成人，我们很自然地认为许多东西是理应如此的，从保持平衡性、伸手、抓物、交流以及体验情绪，到对事件包括物体和人的理解。婴儿的成长则告诉我们，要成为有能力的成人有多少东西需要去学习。

本书从婴儿对其自身的身体、外在物体以及他人的认知发展这三个方面来反映婴儿的心理世界。因此,本书的组织围绕着这样一个观点,即婴儿的心理世界只有通过与自我、物体及他人这三个本体论范畴相关联才能得到最全面的描述。从婴儿出生甚至出生前开始,这三个范畴就分别对应于完全不同的心理经验。自我、物体和他人分别形成不同的环境或基本领域,而婴儿在这些环境或领域中逐步发展了特定的基本能力和技能。我认为这种区分对试图理解和组织处于发展源头的婴儿心理十分有用。自我、物体和他人能够形成基本的发展领域的观点并不意味着这三个领域就是严格划分开的。一个领域内的发展肯定与其他两个领域内的发展存在相互作用。读者将会明白,要确切地说明这种相互作用需要开展大量的研究工作,因为婴儿期研究人员通常都是孤立地对自我、物理(客体)以及社会(人们)领域进行研究的。

本书第一章阐述了有关人类婴儿期的一些基本事实。这些事实从历史的、生物的以及进化的角度提供了一些见解,可以作为婴儿及其发展的实验研究的背景资料。

接下来的三个章节则分别从自我(第二章)、客体世界(第三章)和社会世界(第四章)这三个方面阐述有关婴儿行为及发展的研究理论。

本书的最后两章则更加具体地探讨了婴儿期的发展问题。第五章阐述了婴儿期重要的心理转变。这些心理转变均源自婴儿对自我、物体以及他人的认知发展,且是婴儿对自我、物体以及他人的认知发展的突破。本书的最后即第六章则全面回顾和讨论了各种发展性作用和机理。这些作用和机理通常被认为是婴儿行为和发展的唯一原因。这个章节所要传达的一个观点是,仅通过十分简单的因果关系来描述婴儿如何成长以及为什么按照这种方式成长是很困难的。

婴儿期研究者所面对的研究对象是不断成长变化的。婴儿的个体发展存在很大的差异。这种差异性是由多种因素和条件造成的,但最终所有的婴儿都会具备同样的思维能力去适应和了解他们的周围世界。既能抓住婴儿心理发展的基本特征,又不忽视个体发展过程和条件的复杂性,对研究人员来说是一个巨大的挑战,是需要勇气来面对的挑战。

在此，我要特别感谢特里西娅·斯特里亚诺(Tricia Striano)对我的帮助。她是我以前的学生，也是我的研究的得力合作者。在撰写本书的每一个阶段，她都付出了不少心血。对此，我表示衷心的感谢。同时我还要感谢伊丽莎白·诺尔(Elizabeth Knoll)在整个审稿过程中给我的鼓励与支持，以及朱莉·卡尔森(Julie Carlson)认真仔细的校订。最后，我要感谢所有自愿参与在研究中心和大学进行的各种基础实验以支持婴儿期研究的家长和婴儿们。没有他们的热心投入，就不会有此书。

第一章 婴儿期的事实

近年来，我们对婴儿世界的了解有了突飞猛进的发展。在很长一段时间里，婴儿期一直都是现代心理学研究中备受忽视的领域。现在，人们意识到婴儿期是科学地理解人类心理起源的重要源泉，开始系统地研究婴儿的成长、知觉、行动、思维、感受和理解的方式。而这一切，都只是在近几十年里发展起来的。

长期被忽视的婴儿期

直到 19 世纪晚期，现代心理学才成为一门独立的学科，通过科学方法来研究心理是如何工作的。那个时候的早期心理学家认为儿童研究，特别是婴儿研究毫无科学价值。

在德国的莱比锡创建了第一个实验心理学实验室的威廉·冯特（Wilhelm Wundt，1832—1920）认为，研究婴儿无助于理解成人的心理，因为婴儿的行为是怪异而不可预测的。他在 1897 年撰写的《心理学纲要》中写道："以婴幼儿为对象进行实验所得出的结果完全是随机的，因为许多信息来源都是错误的，所以实验结果也完全不可信。正因如此，认为成人的精神生活只有通过对其童年期心理的分析才能充分加以诠释的观点是错误的。"（英文版，1907，Kessen，1965 引用）

冯特等实验心理学家之所以认为婴儿期研究不重要，是因为当时他们所采用的实验研究方法（系统内省法）不适合年幼儿童，因为年幼儿童不能反省和报告自己的经验。经过了几十年的发展之后，发展心理学，特别是婴儿期研究才得到了主流实验心理学的认可。第一本有关婴儿期研究的专业杂志《婴儿行为与发展》于1979年由刘易斯·P·利普斯特（Lewis P. Lipsitt）创办，距今不过40年的历史。

除了实验方法的限制外，否认婴儿研究的科学价值，甚至否认婴儿具有智慧，实际上还有更深刻的渊源。直到不久前，婴儿还被视为是在肉体上和心理上都十分脆弱且易受伤害的个体。值得一提的是，几十年前婴儿的死亡率一直居高不下。例如，19世纪初期，纽约不足周岁婴儿的死亡数量占整个城市人口死亡数量的26%。而在此之前，婴儿能够活着度过他们一周岁的机会也很少。正因如此，人们不可能过早地对婴儿表现出强烈的依恋，也不会把婴儿期看成个体成长的一个重要阶段。

人类学家文达·特利瓦桑（Wenda Trevathan, 1987）曾撰写了一本有趣的书，从一个独特的角度探讨人类的生育。他提到在许多婴儿死亡率很高的非西方国家，出生仪式和出生前后的护理都主要针对母亲，而非新生儿。婴儿出生后的几个小时里，所有的护理人员都致力于让母亲尽快恢复产后健康，而通常不会太多地关注婴儿。在这些国家，母亲之所以受到重视是因为她们可以在不久的将来又怀孕生子。从种族生存的角度来看，这种做法是有道理的。新生儿只有在度过他们危险的婴儿期和儿童时代之后，才可能繁衍后代，而母亲只需要几个月就又可以重新怀孕。

与此相反，当你走进今天的一些西方国家的妇产科病房，你会觉得自己好像走进了太空控制舱，只不过这些控制舱是为新生儿服务的。在那些监护病房，常能看到提前三个月早产的、重量不到两磅的婴儿。在10年或15年前，这些新生儿几乎没有存活的可能。而今天，他们可以借助最先进的医疗仪器来维持生命。医疗技术的突飞猛进为早产儿和正常生产的新生儿提供了更科学的护理，同时也改变了人们认为婴儿期是儿童发展最脆弱的开端的观点。婴儿的健康变得更加稳定、可预见和可控制，他们因而也开始成为科学探索的一个稳定而可靠的对象。

长期否认婴儿研究的科学价值其实还有更深层的历史根源。一些描绘婴儿的早期文化作品相当明显地表现出对婴儿世界的理性忽视。在中世纪到17

世纪期间的文艺作品里,婴儿都被描绘成小大人。正如历史学家菲利浦·阿利埃斯(Philippe Ariès,1962)指出的,直到法国大革命前夕,一些关于儿童的油画和雕塑,特别是关于圣母和儿童的宗教艺术作品,都明显否定了儿童的特性。在这些艺术作品中,婴儿就是一个微缩的成人,而非一个具备与其年龄相宜的姿势、态度或动作的幼小个体。直到17世纪前后,也即法国君主制末期,这种时代思潮才最终有所改变。纵览欧洲的思想发展史,我们会发现这种变化的出现与哲学家第一本开始强调婴儿阶段教育条约的书籍的出版在时间上是一致的。这本书认为,婴儿期是个体成型的潜在重要阶段,是一个值得进行科学和理性研究的阶段。

关于早期教育的一些偏见

哲学家们最初以理性态度探索婴儿世界,为的是获得有关儿童教育的一些新思想。纵观整个西方文化的发展史,由诗人、医学家和哲学家撰写的与婴儿期和早期经历有关的文学作品层出不穷。例如,古希腊历史学家普鲁塔克(Plutarch,约45—约125)就在书中列举过亲生母亲母乳喂养婴儿的好处,并反对雇佣奶妈喂养婴儿,因为奶妈对婴儿的关爱受到了金钱的玷污。到了文艺复兴时期,法国诗人、解剖学家及文学家弗朗索瓦·拉伯雷(Francois Rabelais,约1483—1553),曾写过一部想象如何教育一个虚构的怪人的讽刺幽默小说《巨人传》。这些关于婴儿期的反思都是相当间接的、轶事性的和非系统性的,通常是为了发表某种政见或显示某种风格。但到了18世纪,一个激发教育革新的启蒙时代,整个情形发生了显著变化。哲理性文学作品和散文性文学作品对早期发展进行了更直接、更彻底的反思。

英国经验论者约翰·洛克(John Locke,1632—1704)和法国浪漫主义哲学家让·雅克·卢梭(Jean-Jacques Rousseau,1712—1778)首次对儿童教育作了清晰而全面的阐述,并提出婴儿期是发展的一个重要阶段。洛克和卢梭对儿童教育的某些重要观点迄今仍对婴儿期研究影响深远。两位学者最初只想为教育儿童提供一些建议，但结果却提出了全新的观点。他们首次提出儿童是一个值得进行系统性研究的对象。洛克和卢梭的这些作品为现代发展心理学包括婴儿期研究奠定了基础。

应一位不懂如何照料自己刚出生孩子的朋友之邀，约翰·洛克（于1693年首次出版的《教育漫话》(Some Thoughts Concerning Education)一书中）对什么才是最优化的抚养系统进行了探讨。这些探讨最初是相当注重实效的，但最终形成了一个有关儿童及其发展的特定理论。秉承其强调经验角色的经验主义观点，洛克认为儿童所处的环境是其行为的主要决定因素。在其起草的关于教育的信函中，我们可以窥见一些现代行为主义的早期端倪，包括正强化和受控环境的重要性。

与洛克相反，卢梭认为不应对儿童进行太多的控制，教育工作者应该减少对儿童生活的干预，注意培养儿童本身的好奇心和冒险精神，尊重个体学习的速度。卢梭的观点是基于其浪漫主义的假设，即婴儿天生都是善良的，只是在其青春期期间因为经常与成人世界——这个所谓的"文明世界"发生接触才被腐化。卢梭首次提出了以儿童为中心的教育原则，这些原则涉及的最根本的观点仍然是当代发展理论争论的焦点。这些观点包括发展阶段的有序连续性，以及每一个发展阶段儿童行为的功能特异性。

与洛克不同，卢梭认为儿童不需要被教。这一教育立场也促使人们以新的眼光关注那些渴望被理解而非受到控制或训诫的儿童。

卢梭对作为儿童心理发展的起步阶段的婴儿期持有相当鲜明的观点。例如，他推测尽管婴儿天生具有学习的能力，但最初他们的大脑还是一片未开垦的认知荒地。在《爱弥尔》一书中，他写道："虽然我们生来具有学习的能力，但最初我们对事物是一无所知的。假设一个孩子一出生就具有成年人的体形和力量，如同统治之神朱庇特大脑中制造的智慧之神雅典娜一样直接就进入生活，这样一个孩子式的成人完全是一个笨蛋、一个机器人、一个没有动作也几乎没有感情的雕像。他看不到也听不到，他不认识任何人，他不能将他的眼睛转向他想看的东西。"（引自Kessen，1965，第76—77页）

本书接下来的部分应该能让你相信，卢梭将新生儿描述成一个愚蠢的机器人的观点是不正确的。婴儿一出生甚至出生前就已经具有了相当强的学习能力。但是卢梭的这种观点引发了人们对婴儿期以及人类发展起源的研究兴趣。目前对人类发展起源的研究已不仅仅停留在哲学思辨的阶段,而是已经能够进行科学实验了。

具有启蒙意义的婴儿

启蒙运动使人们相信,无论是对教育研究,还是对人类基本心理的研究(例如,心理如何进化,引导心理操作的最基本原则是什么)而言,婴儿都是一个非常有价值的信息来源。于是,继18世纪的需要被教育的婴儿之后,19世纪又迎来了具有科学启蒙意义的婴儿。

婴儿具有启蒙意义的观点产生于有关物种起源的进化论思想十分风行的时代。达尔文的进化论以及其他的生物进化理论引发了对婴儿心理世界的科学探索,并且继续影响着当代在这个领域的研究。关于生物个体的发展过程(个体发育)可能复演了种群进化过程的观点一直是物种起源辩论中一个最根本的问题。复演论认为,物种数百万年的进化过程(从鱼到灵长类动物)可能会被每一个物种的单个个体在几个月、几周或几天的时间里复演。因而,婴儿的发展也被认为是以一种加速度重现了人类的进化史。检核复演论可以将不同种群的个体发展进行比较,其中也包含人类的个体发展。受复演论的影响,婴儿获得了科学地位,成为生物进化论基础研究的对象。

当复演论开始广为传播之时,几乎还没有与人类婴儿发展有关的系统性研究。婴儿传记应该是最早对婴儿发展进行较为详细的记录,并通过试验性控制进行纵向观察的文献。例如,生理学家及精神生物学家威廉·普莱尔(Wilhelm Preyer,1841—1897)对多个不同种群生物出生前和出生后的发展进行了研究。作为其研究项目的一部分,他也对自己的孩子进行了系统的观察。尽管这种观察主要是描述性的,但却是第一批系统记录婴儿行为发展的资料之一。

也许一些读者会感到惊奇,但查尔斯·达尔文(Charles Darwin, 1809—1882)确实不仅是著名的生物进化论之父,也是从事婴儿研究的先驱。达尔文以日记的形式详细记载了他儿子出生头两年的行为发展过程。根据这些观察,他发表了一篇有关动物与人类的情绪表达的重要论文(Darwin[1872]1965)。达尔文之所以对其儿子的行为进行仔细观察,是为了说明不同种群和个体行为发展的自然规律。种群进化和个体发育的发展规律之间的关系是其中备受关注的问题。

20世纪是婴儿心理学研究的新纪元,人们开始为婴儿而研究婴儿,不再是因为生物学和进化方面的理论原因而研究婴儿。这种变化当然与弗洛伊德在20世纪初提出的成人精神病的婴儿期根源理论的流行有关。弗洛伊德的理论强调,了解婴儿以及他们在这个世界的经历能够了解成人的心理构成。弗洛伊德是根据成人的资料来推想婴儿期的经历,而其他研究人员,如皮亚杰,开始通过直接观察婴儿和直接对婴儿做实验来证实成人心理的胚胎发育。

让·皮亚杰(Jean Piaget, 1896—1980)为婴儿期研究的理论意义和科学价值的确立作出了决定性的贡献。他系统地观察了自己三个孩子从出生到18个月的整个发展过程,并将他的研究成果汇编成两本书,即《儿童智力的起源》(The Origins of Intelligence in Children)和《儿童的现实建构》(The Construction of Reality in the Child),在20世纪30年代首次出版。这两本书一直是当代婴儿期研究的重要参考文献。

皮亚杰研究婴儿是为解释一般性的认知,特别是为解释知识的起源提供基础。他的这种努力促进了当代婴儿期基础研究的兴起。进行婴儿期研究不仅要回答教育或进化方面的问题,更主要的是要回答有关人类心理的个体发展的发展性问题。皮亚杰的研究焦点是婴儿能够展现的成人的基本心理。在皮亚杰的作品中,婴儿被视为能对我们从事心理起源研究有所启发的对象。

在遭受了几个世纪的理性忽视,以及近代心理学早期研究对其科学价值的否定之后,婴儿期研究的意义终于被人们所认识并承认。

走进婴儿的心理世界

"婴儿"(infant)这个词的直译就是不能讲话的人。婴儿不能以任何常规的符号性或指示性系统表达自我,这使许多有兴趣试图去解密婴儿的心理世界的人们无法轻易了解婴儿的思想。与其他心理学研究不同,婴儿期研究不能依赖于方便的问卷或别的基于语言指导的测试。婴儿期的研究方法与动物心理学家和比较心理学家为研究不能用语言进行交流的动物所发明的方法相类似。

从事婴儿研究的人们通常采用两种方法来了解婴儿的心理世界。一种是观察婴儿,并直接对他们做实验。另一种则是采用一个世纪前西格蒙德·弗洛伊德(Sigmund Freud,1856—1939)率先采用的重构法。弗洛伊德记录并系统地解释了成人的回忆,通过梦和自由联想重构了他们的婴儿期。就本质而言,弗洛伊德的方法是成人导向的,反映的是成人对其婴儿期的主观认识,而对婴儿世界本身并没有多少反映。

当代许多流行的治疗手段都推崇弗洛伊德的婴儿期重构法。例如,人们认为成人可以从重演自己的婴儿期行为中受益。即便偏向于使用综合的临床和实验性手段的研究人员也认为,重演婴儿期行为(他们的姿势和动作)可以帮助我们理解婴儿的主观世界。但是除了可能的治疗效用之外,这些手段不能揭示任何有关婴儿以及其与外部世界的交互作用方式的客观信息。

研究婴儿世界的唯一方法就是,在一个可以进行系统实验、有效记录并尽可能地控制成人自身经验或主观干扰的环境下对婴儿进行直接的观察。简单而言,直接观察就是当家长试图了解自己孩子的意图时,在非常时刻或是通常的游戏中观察自己孩子的方法。例如,家长预期孩子可能会摔跤,或者家长尽力逗孩子发笑。亲密的亲子关系使家长会密切关注孩子的行为,并试图预见和补救孩子的需求。抚养孩子是一种本能,是全社会不分文化和社会阶层差异都具有的显著的社会现象。当然,家长对孩子的理解也存在偏见,可能只了解孩子的某一方面:孩子多么聪明,孩子多么痛苦或多么高兴。但是抚养孩子的这种本能是源于对孩子的长期的直接观察。正是通过这些直接观察,才能够察觉和解释那些细微的行为模式。

事实上,许多婴儿期研究工作者,包括我自己,都能从家长的日常生活报告中获得很多的启发。在这些报告中,家长对所观察到的特定婴儿行为提出了自己的解释。而且,这些解释事实上还常能被采用高度控制手段对大量婴儿进行测试的实验所证实。这不仅反映了家长提出的这些解释的有效性,同时也说明家长除了能带孩子到实验室来参加实验之外,还是婴儿期研究非常有价值的合作者。

直接观察婴儿就是要关注在特定条件(一些是高度控制条件,而另一些是低控制条件)下婴儿的行为是如何展开的。在低控制条件下,研究者在自然情境中对婴儿进行观察,并且记录婴儿在与自然环境相互作用中或从事日常活动时所表现出的行为。这些在自然情境中的观察与家长所写的关于自己孩子的日记,以及19世纪十分风行的婴儿传记相类似。自然观察也可能包含一些尝试性的有效控制。例如,研究人员可能打算在其他时间和相似的条件下对其他儿童重复所观察到的行为现象。但是,这种做法不能取代能对行为观察进行系统的条件控制的实验室实验。

近年来,人们发明了更加巧妙的实验方法来进行系统而可靠的婴儿研究。这些实验方法提供了可重复的数据,并且允许对婴儿心理的可测试理论进行归纳。这些方法或者说实验范式通常研究婴儿从一出生就具有的行为能力,例如哭泣、吸吮、目光追踪物体、蹬腿或转头等,也研究婴儿的生理反应,例如心跳或通过头皮电极记录到的脑电活动。这些方法不仅是对行为的发生次数进行量化的可靠手段,还能对环境进行系统控制。

由于婴儿不能明确地进行表达,因此系统的行为测定并对行为的周围环境进行控制是研究婴儿的唯一手段。只有对这些行为反应的系统性测定进行归纳,我们才能通过有效的途径了解婴儿的大脑中可能正在发生什么:他们有什么样的感受、知觉或想法。在婴儿期研究者所发明的所有这些研究婴儿心理世界的巧妙的实验性手段当中,习惯化法可能是解释婴儿能够感知、分辨和概念化什么的最佳方法。它是一种对系统的测定进行归纳的典型的实验方法。

习惯化是一种在动物界普遍存在且在婴儿生命早期就能够表现出来的行为现象,即刺激重复越多,行为反应就越弱。当对婴儿连续重复一种刺激时,婴儿就会逐渐减弱对这种刺激的反应强度并最终完全不作反应。习惯化法是一种简单、可靠且易测定的研究方法。它还可以用以测定那些可能造成相反结果,即可能引起去习惯化反应的条件。

假设你有兴趣了解婴儿是否能够认识颜色,特别是他们是否能够区分三原色,如黄色和红色,你只要在婴儿面前反复呈现黄色或红色的卡片就可以知道结果。你要记录婴儿注视卡片的时间,当你注意到他们不再注意呈现在他们眼前的卡片时,你就换上另一种颜色的卡片。如果婴儿重新注视卡片,说明他们能够区分这两种颜色。通过这个简单的实验,你就能够得到问题的答案。接着你还可以提出一些新的更具体的问题并寻找其答案,这有助于你了解婴儿对这个五彩缤纷世界的认知。

这种习惯化/去习惯化实验范式几乎可以应用于了解婴儿心理内容的任何方面,包括对母亲面容的辨认、情绪的觉察、语言的感知或者物体的分类。这是一种十分可靠的了解婴儿的手段。我们在了解婴儿方面所取得的大部分成果都得益于习惯化/去习惯化的研究。当然,还有其他直接的实验性观察手段也对婴儿期研究作出了很大贡献,我将在后面阐述婴儿期研究以及研究结果的章节中陆续提及。

毫无疑问,近年来兴起的婴儿期研究热潮与行为记录手段的进步有关,其中最重要的就是录像技术的运用。录像技术使得研究人员可以实时地记录和储存婴儿的行为资料,反复地播放这些行为,一幅画面接着一幅画面地进行观察与分析。这种技术的进步对婴儿期研究产生了重大影响,为更细致地分析婴儿行为提供了可能,使得研究人员可以进行更可靠的评估,同时也能够让更多的从事婴儿期研究的学生参与研究。尽管技术很重要,但它仍只是实现目的的手段。只有为合理的方法、好的研究课题以及能够体现婴儿研究价值的理论所运用,它的价值才能得到体现。

人类婴儿期特征

在了解婴儿世界、探索人类心理的发展起源的过程中,我们首先要了解,与其他种群的早期发展阶段相比,人类婴儿期有何独特性。正是这种独特性——具有符号表征和文化定向的个体,使得我们能够成为我们自己。

与其他哺乳类动物相比,人类的孕期较长,且发展相对缓慢。与其他具有体形可比性的哺乳类动物相比,我们活得更长,成熟的速度也相对较慢(更详细的资料可参见 Gould,1977,第 366 页到最后)。人类胚胎发育的顺序,尤其是生理的发育,与其他哺乳动物的发育顺序相似,但在发育的时间长短上存在明显的差异。例如,与老鼠胚胎相比,人类胚胎相应的解剖学特征的发育要缓慢得多。相对于老鼠的胚胎发育而言,人类胚胎的发育速度离临产期越近,会变得越慢。如怀孕前期,老鼠胚胎一天的发育相当于人类胚胎四天的发育;而到了怀孕末期,老鼠胚胎一天的发育相当于人类胚胎十四天的发育(Adolph,1977,引自 Gould,1977)。这种发育的逐步趋缓延长了人类怀孕的时间,也决定了出生后婴儿的生理和行为状况。

人类孕期与其他灵长类动物,特别是与人类的近亲动物(例如猩猩、大猩猩、黑猩猩)之间更有可比性。人类的怀孕周期是 40 周,而灵长类动物近亲的怀孕周期一般在 34 周到 39 周之间。但是,与其他灵长类动物显著不同的是,人类的出生前发育和出生后发育都明显滞后。例如,人类的成长期需要 20 年,而黑猩猩只需 11 年。有趣的是,黑猩猩的寿命也比人类的寿命短一半,这似乎是大自然要把更长的寿命补偿给那些发育需要更长时间的动物。

在整个哺乳类动物的进化过程中,从一次生育大量的不成熟幼体(成长快但发育不全)到一次生育少量的早熟幼体(成长慢但发育过度)的进化是一种普遍的发展趋势。但在这种普遍的进化趋势中,人类是一个特例。他们一次生育的幼体个数很少,而且这些幼体又十分不成熟——出生时不能自立且发育不全。为什么人类会成为哺乳类动物进化过程中的一个特例呢?

与其他灵长类动物相比,人类婴儿出生得太早了。据估算,如果要让人类的幼体具有其他大猩猩种群幼体出生时的发育水平，人类的怀孕期应该至少延长一倍多（从9个月延长到大约21个月）。那么人类为什么要过早出生呢？一种理论认为子宫外环境的丰富刺激是人类大脑发育所必需的。这种刺激对人类发展出更高的学习能力和独特的心理功能有决定性影响。因此，智力的发育依赖于一个充满支持性行为和丰富刺激的环境。这并不是一个牵强的观点，发展神经科学家最近的研究数据表明，出生后人类的大脑仍具有很大的可塑性（在后面的章节中会有较全面的讨论）。

另外一个原因则是与人类大脑发育的另一种特定需求有关，即由于人类生理发育所需要的食物量的激增引起的。经过40周的怀孕，母体的能量储存和供应已经无法满足胎儿大脑迅速发育的需求，导致人类婴儿必须过早离开母体。离开母体的子宫后，通过母乳喂养和其他形式的外界营养补充，婴儿可以从更多的途径中获取能量以维持其快速的发育需求。

还有一个关于人类胎儿为何过早出生的有趣解释，那就是认为这与人类的直立行走的姿势和双足运动的方式有关。灵长类动物进化过程中双足运动的出现与骨盆骨架结构的变化有关联，这在很大程度上造成了人类出生通道的狭窄化（Trevathan，1987）。在进化过程中，双足运动带来的骨盆变窄限制了人类胎儿头盖骨的最大生长范围，从而决定了人类胎儿必须提前出生，并且在子宫外继续其怀孕期（有时候我们把子宫外发育的这段时间称为子宫外怀孕期，Montagu，1961）。

五十多年来，人类学家和进化生物学家收集的大量证据表明，人类进化过程中双足直立行走的出现可能对人类大脑的大小和人类行为有很大影响。双足直立使上肢得到了解放，而这可能使得人类发展了操纵物体并最终能制造工具的能力（Vauclair和Bard，1983）。这种观点看上去似乎十分简单明了，但是请记住它只是根据某些进化现象之间的相关性（例如，人类进化中双足运动的出现、大脑大小的变化以及骨盆的变化），而非根据任何反映因果关联的证据而得出的。据我所知，还没有直接的证据表明这些变量是否确实导致了某些结果。但是，比较肯定的一点是，这些变量在整个进化过程中是相互作用的，从而产生了当今的人类，同时也决定了人类胎儿发育的时间。

人类婴儿的过早出生可能对儿童的整个抚养期具有多重影响，并最终使我们成为当今的人类。与其他种群相比，人类的生存取决于对幼儿的精心（而安全）的抚养。儿童是我们人类继续生存下去的保证，因而，应该承认人类在进化中已经发展出一套繁衍和抚养幼儿的最佳方式。虽然这些方式受婴儿缓慢的发育过程的限制，但是反过来，父母的抚养方式又可能对儿童成年后某些特征的进化产生很大的影响。正如我接下来将要谈到的，延长的未成熟期潜藏着巨大的发展动力。胎儿出生时机以及婴儿期相对缓慢的发育进程可能对人类心理的进化具有多重影响。

延长的未成熟期的重要性

伴随未成熟而来的就是对社会的依赖和对监护的需求。人类婴儿期所特有的延长的未成熟性决定了与其他灵长类动物相比，人类婴儿需要父母更多的养育。父母的这种心理支持从婴儿一出生就已存在，这使婴儿期成为一个游戏、教育、探索和实验的阶段。这种支持在人类中尤其显著，婴儿凸显的需要也说明了人类是灵长类动物进化中非常独特的种群。

父母养育包含了一定程度的移情，这在其他灵长类动物中是不存在的。即使是在照管婴儿的一些基本生理需求时，例如哺喂、清洗，父母都会自发地帮助孩子更好地发展心理。他们参与婴儿的探索历程，模仿他们的表情，并以独特的语调和音调与他们进行交谈（Fernald, 1989；Kaye, 1982；Gergely 和 Watson, 1999）。例如，在哺喂的过程中，母亲常常与孩子保持双眼对视并不断抚摸孩子。母亲通过对婴儿的行为如微笑或吃饱后的打嗝不断作出反应，表现出相应的情感调整。当孩子很满足时，母亲通常会显得很快乐；而当孩子皱眉或哭泣时，母亲则会显得情绪低落（Stern, 1985）。

婴儿一出生，母亲就经常和他/她维持一种"面对面"的姿势，以便能够捕捉婴儿的注意力，进行双向交流。她们通常都趋向于让婴儿能够看到她们的面容，以鼓励婴儿与她们进行双眼对视。在有趣的双向交流中让彼此充分看到对方的脸并进行直接的双眼对视是人类母婴互动的显著特征,而且,毫无疑问,这更是西方中等收入家庭亲子交流的主要特征。

与其他灵长类动物相比,人类的婴儿期更长并更具文化适应性,因此它也是一个具有更多的观察和学习机会的阶段。婴儿在得到精心监护和照顾的同时,也在不断地观察和体验周围世界。在尝试做某事的过程中他们得到了不断的帮助和支持,并被教导和鼓励去实现一些新的动作。照料者还为他们提供了一些富于刺激的、适合他们活动水平的有趣物体,如可以摇响的铃铛、可以吸吮的安抚奶嘴、可以追踪的面孔。这符合俄国心理学家列夫·维果茨基(Lev Vygotsky,1896—1934)的"最近发展区"理论(也就是婴儿在较为年长的交往伙伴的帮助下所能获得的知识和技能)(Vygotsky,1978)。婴儿的成长并不是孤立的,从一开始照料者就不仅是婴儿基本生活的照料者,还是他们可靠的老师。以师徒式关系开始新技能的学习,婴儿从有经验的人们那里得到了支持和指导(Rogoff,1990)。

除了喂饱婴儿和保持干净外,这种婴儿早期的社会文化性师徒关系所具有的最重要的一个特点就是照料者总是让婴儿很快乐。美国中产阶级家庭的婴儿睡房就是一个很好的例子。婴儿的房间里总是摆满了各种各样为婴儿专门设计的,以逗婴儿开心和激起婴儿玩耍兴趣的玩具。这些玩具都是根据成人的理论、期望和意识进行制作的,并在婴儿很小时就提供给他们玩耍,例如挂在婴儿床上的可随风摆动的各种黑白颜色的饰物、安全可抓握的摇铃、适合于女婴的粉红色磨牙器等。它们都是人类所独有的养育文化的表现。

在婴儿成长的头几个月里,婴儿的主要任务就是玩耍和观察。照料者除了喂食、清洗婴儿并监护其健康外,其他时候就是让婴儿自娱自乐。婴儿的发展通常需要一些新挑战。例如,在学会走路之前首先鼓励婴儿学会独站和扶着成人的双手行走,接着就要鼓励他们牵着成人的一只手行走,最后让他们在没有扶持的情况下单独走向跪在他们面前张开双手准备迎接他们的成人。每一次成功的努力都要得到成人的肯定和口头鼓励。在这种情况下,孩子的勇气和坚持不懈总能获得回报,并能与父母共同分享。这就是伴随婴儿度过其发展阶段的本能性养育的一部分。它是婴儿期的标志,是婴儿迈入父母文化圈的主要入口。

作为一个得到了照料者保护和养育的漫长的游戏期,婴儿期对儿童的发展意义重大,对此,婴儿研究的倡导者杰罗姆·布鲁纳(Jerome Bruner)作了极具说服力的讨论。布鲁纳(1972)提出人类婴儿未成熟期的延长为婴儿通过观察进行学习,特别是学习如何使用工具(这是灵长类动物进化的一个重要指标)提供了重要的机会。布鲁纳提出游戏的一个主要功能就是在照料者创设的安全而有吸引力的环境下测试婴儿自身行动的极限。家长的保护和监督使得婴儿能够在尝试一些新的动作(例如,攀越环境中的障碍物如楼梯,或品尝一些可能有毒的树叶)时只承担有限的风险。在家长时时刻刻的监护下,游戏给婴儿提供了在一个几乎没有风险的环境下进行尝试的可能。这是一个独特的学习机会,也是人类婴儿世界的标志。

由于照料者的监督预防,游戏基本上不会引发什么重大事故,所以婴儿可以在游戏中尝试各种新的行为组合。换而言之,游戏鼓励创造性,即探索各种新的途径以获得特定结果,实现特定目的,发现新的目标。例如,将一个可随风摆动的饰物挂在婴儿床上锻炼婴儿的视觉,婴儿可能因一个偶然的机会发现他能够用自己的脚碰触饰物而让它动起来。这样,他就会不断重复这个动作。在这个过程中他又会发现只要简单地踢踢脚而不需要接触到那个饰物也会产生同样的结果。由于这个饰物固定在婴儿床上,只要婴儿的脚碰到床垫,它就会动起来。在重复这个好玩的动作的过程中,婴儿发现了实现同一个目的的不同途径,并且也形成了自己是这个世界的主动参与者的意识。这种游戏活动和好奇心对婴儿的发展有很大的贡献,反过来,婴儿的游戏嗜好和好奇心也得到了将饰物系在婴儿床头的父母的直接鼓励和文化支持。

婴儿期成长

婴儿期不仅是一个漫长的得到高度支持的游戏阶段,也是个体在体型和运动技能上产生显著变化的阶段。在人类婴儿,这个与其他灵长类动物或其他哺乳类动物相比更早离开母体但发育较慢的幼小个体身上,成长的表现尤为显著。

婴儿最初都十分笨拙,几乎不能控制自己的姿势,而且大部分时间都在睡觉。从解剖学上看,出生后的几个月里婴儿的大脑继续发育,身体更加强壮,体重增加,身体与大脑比例不协调的现象也得到了扭转。与其他生物系统相似,婴儿期的这种成长当然既反映在结构上也反映在功能上,包括解剖学意义上的变化和婴儿行为方面的变化。

从功能的角度,我们可以很方便地将婴儿期定义为从出生到开始独立行走的发展阶段。这种定义有一定好处,因为行走是姿势和运动发展上一个很明显的里程碑。当婴儿学会了行走,他们就能够独立地行走而不需要用爬的方式,能在更大范围对周围环境进行探索。除了姿势和运动的发展外,行走这个动作通常是在婴儿一周岁左右出现,这与婴儿开始有意识地讲话的时间基本一致。大约也是在这个时候,婴儿开始说出第一个有意义的单词。需要说明的是,不同婴儿开始走路或有意识说话的时间有很大的差异,而且虽然走路和说话的出现在时间上有些吻合,但是这并不意味着这两者之间有必然的因果关系,它们只是在发展时间上看似存在相互关联。走路和讲话使得婴儿在心理上更加接近成人和年龄较大的儿童,尽管这种接近不是体型上的,而是姿势和交流能力上的。

在可以独立行走和有意识讲话之前,婴儿其实已经经历了一些具有里程碑意义的发展阶段,包括伸手抓物、独坐和爬行。尽管不同个体在这些动作的发展时间上有很大的差异,但是对所有婴儿来说,这些伴随身体发育所出现的行为变化,在时间和顺序上都遵从一些明显的规律。独立行走与新动作系统的发展相关,而所有这些新动作系统又与上肢逐渐从维持独坐或独站平衡中解脱出来有关(Rochat 和 Senders,1991)。

有趣的是,这种进步也体现了人类的进化。正是由于直立姿势和双足运动的发展,人的双手才得到更大的解放。如前面所述,根据骨骼比较,目前已经确认在灵长类动物进化过程中,直立行走是随着头盖骨和大脑结构的变化而出现的。从行为的角度来看,在人类进化中,直立姿势的发展与工具使用及工具制造的出现有关联。同样，婴儿期直立姿势的发展也与手的知觉功能和运动功能的逐步提高有关。稳定的独坐和直立运动与更为精细的物体操纵和动作方式的出现是不可分的。这种类比揭示了19世纪早期进化生物学家对复演论感兴趣的原因。

工具的使用和制造是灵长类动物进化过程中的一个重大进步。通过类比，我们可以知道，伸手抓物和物体操纵行为的出现是婴儿期认知发展的一个重要变化指标。接下来两章我们将了解到，婴儿期工具使用的发展与有关目的—手段的认知性关联相关，与计划和预期的出现有关。从广义的功能性层面来说，婴儿出生后十八个月内所表现的姿势和动作方面的变化就是人类在近六百万年的进化过程中所发生的姿势和动作发展变化的一个缩影。

阿诺德·格塞尔（Arnold Gesell，1880—1961）首次通过系统观察对这些具有里程碑意义的动作变化的顺序进行了记录。通过对出生后的婴儿进行连续几个月的经常性的连续反复拍摄，格塞尔记录了具有重要意义的姿势和动作发展的一般性顺序。继承了普莱尔等婴儿传记作者的工作传统，同时又作为一名对幼儿福利和教育事业感兴趣的医学博士，格塞尔研究的主要目的是通过已有的拍摄手段和大量的婴儿被试来提供一份全面的有关婴儿期正常行为的生态发生学的资料。发展顺序和时间上明显的可预测性让格塞尔认为，这种发展主要是循序渐进的身体成长和大脑成熟的产物。

当开始援用生物性成熟来解释包括姿势和动作发展之类的发展变化时，人们很可能会极度轻视经验（教养）的作用。这种认为遗传和教养两者是互相排斥的看法是错误的。婴儿期确实存在可预测的身体成长，但问题是这种成长如何影响婴儿与环境的关系，进而如何影响他们对环境的体验。一个健康的婴儿在四个月左右就能准确地伸手抓物，五个月左右就能独坐，八个月左右就能扶持站立，到十二个月的时候就可以行走了。尽管不同婴儿之间存在很大差异，但这种发展规律确实存在。从心理学的角度来看，主要的问题是伸手抓物、独坐、站立以及行走如何影响婴儿对这个环境的体验。这些方面的发展又如何影响婴儿理解自我、物体以及他人的方式呢？毫无疑问，婴儿心理从根本上是遗传与教养、功能发育与结构成长相互作用的产物。

婴儿期研究提供的大量证据证实了结构成长和功能发育之间的关联性。例如，婴儿最初不能独立地支撑自己的头部，但随着肌肉和肌肉控制能力的逐渐发展，他们最终能够稳定地支撑自己的头部。研究人员认为这种简单的肌肉成熟对婴儿与交往伙伴进行面对面的嬉戏互动具有重要影响。头颈部肌肉控制能力的发展与婴儿笑得越来越多以及长时间的双眼对视有关（Van Wulfften Palthe 和 Hopkins，1993）。

身体的成熟总是伴随着重要的心理发展。例如，一些研究人员证实独立运动（爬行和行走）的出现与空间认知方面的进步，特别是客体永久性概念的出现存在正相关（Kermoian 和 Campos，1988）。独立运动的出现似乎也与社会参照概念的出现有关。社会参照概念出现后，当婴儿试图做一些有潜在危险的事情，如爬近游泳池或凑近炉灶时，会首先考虑母亲会表现出高兴还是恐惧的面部表情（有关此类研究资料参见 Bertenthal 和 Campos，1990）。一些研究人员甚至证实，将不能独立行走的婴儿放进一个可以支撑着他们四处跑动的学步车后，他们马上就能开始自行探索。与他们以前从事过的任何探索活动相比，这种探索更先进，范围也更广（Gustafson，1984）。

婴儿期大脑发展的研究进一步说明了结构成长与功能发育是不可分的。出生时，婴儿的大脑已经具备了毕生都会使用的所有基本构造单元，即神经元或神经细胞。从出生开始，大脑神经细胞数量就有逐渐减少的趋势，这一过程又称为神经细胞损失或程序性细胞死亡。在出生后的大脑发展过程中，许多神经系统或大脑区域都存在神经细胞死亡的现象。只是在不同大脑区域，细胞死亡的速度和程度有所不同。例如，研究表明，鸡大脑视觉皮层的神经细胞数量一直比较稳定，与之相反，一半的脊髓运动神经细胞（负责运动控制的皮层下神经细胞）会在鸡孵化后的发育过程中逐渐死亡（Hamburger，1975）。

总而言之，出生时大量多余的大脑细胞在整个发展过程中会根据它们是否被激活或是否能找到可以进行神经支配的目标区而被选择性地消除。在某些大脑区域，例如视觉皮层，由于神经细胞很密集，所以大部分神经细胞都能找到一些与其他神经细胞的联结。在这个特定区域，神经细胞的密集程度限制了细胞的死亡过程。而在其他区域，如骨髓，由于神经细胞的联结有限，选择性的细胞死亡就较明显。这些事实说明即使是在大脑发育这个层面，由极其复杂的神经网络所构成的神经系统在个体发育过程中也不断地得到塑造。这种塑造主要是通过经验的选择性削减来实现的。个体发展过程中大脑明显的可塑性再次表明了婴儿发展过程中遗传和教养之间的相互关系。

有关神经元联结数量的变化，即突触联结（突触发生）发展的研究，为婴儿期发展中大脑的可塑性以及经验在塑造婴儿神经系统中所扮演的角色提供了最为有力的证据。突触是指一个神经细胞的末端与另一个神经细胞的前端（树突）之间的间隙。前突触和后突触细胞通过化学物质或神经传递进行交流。神经系统支撑信息处理的能力依赖于大脑细胞的连通性，而突触密度反映了连通程度。

人类大脑皮层的突触发生从怀孕后的第四至第六个月（也就是在组成胎儿神经系统的成百上亿的神经细胞确定了它们的联结以后）就开始了，但主要出现在婴儿出生后。例如，出生时婴儿视觉皮层的突触联结数量只有成人的六分之一。有趣的是，从出生到第六个月，婴儿大脑的突触联结增长了十倍，但在十二个月后又开始急剧减少，两岁以后减少的速度放慢。换句话说，至少在视觉皮层区域，突触密度在婴儿期先出现急剧的增长而后开始下降。事实上，与成人相比，六个月时婴儿的突触联结明显要多得多。为什么会这样呢？早期突触联结的过度活跃可能是由于其中包含了一些功能尚未明确的神经系统联结，而随着婴儿对环境的体验增多，这些联结会被选择性地削减（并非随意的）。

事实上，人类的大脑在整个生命过程中都具有明显的可塑性。资料表明，中风的成人经过严格的物理治疗和其他锻炼后能够提高大脑的恢复程度。因中风引起大脑运动神经区损伤而瘫痪的病人有时候能够恢复运动功能。之所以会出现这种现象可能是因为他们发展出了新的神经网络，替代了受损大脑组织的功能。

发展神经科学研究指出，突触联结如果不能被激活就会被消除。人类大脑的神经通路在与环境积极接触并对环境刺激作出响应的过程中经历了重要的变化。这种变化在婴儿期尤为显著，而在童年期和成年期就不那么显著了。

不能把早期发育中出现的这种明显的大脑成长简单地归结为预设的遗传程序,因为它依赖于婴儿与环境的互动和体验。在突触选择性理论的启发下,产生了一种以大脑为基础的发展模型,称为联结主义或联结主义者模式(Elman等人,1996;并请参见第六章)。

总的来说,婴儿期大脑发育的一个主要表现就是在个体成长过程中,神经细胞联结由于经验的作用而不断被塑造。这种塑造在人类发展早期阶段表现得极其活跃。但是,请注意,在不同大脑皮层,婴儿期突触发育的速度不相同。例如,视觉皮层(大脑后部)的突触消失速度比前额皮层(大脑前部)的突触消失速度要快得多。考虑到大脑皮质前额区涉及高级执行功能,例如寻找一个藏起来的物体,一段时间后还能辨认出隐藏物体的位置或绕过障碍物找到所喜爱的物体,这一点就尤其有趣。在第三章我们将可以了解到,复杂动作计划能力,如伸手寻找藏起来的物体,确实是在婴儿表现出和成人相当的视觉能力的几周后才开始发展的。这个例子再一次说明,结构(大脑的生理变化)与功能(与具体任务有关的行为发展)的不可分性。

婴儿期神经网络的发展离不开经验,因此结构与功能的关系并不简单。作为有意义的环境中的感知者和行动者,婴儿的自身经验调节着结构与功能的关系。但是,对婴儿来说,什么才是有意义的呢?接下来我就要讨论婴儿在三个基本的初期经验范畴内的发展,这三个范畴是:自我(也就是一个人自己的身体)、自然物以及人们。这三个范畴是支撑和维持整个婴儿世界的不可分离的三大支柱。

解密婴儿世界

要知道什么对婴儿具有意义,我们要先假定婴儿心理生活的构成元素。这就要考虑婴儿心理的构成单元是什么以及与其发展有关的因素。与其他科学领域相似,这些观点将指导人们从事研究并最终决定如何在理论上对婴儿进行解释。例如,如果研究者认为婴儿行为的社会性方面是最重要的,那么就会出现一种社会性婴儿论。而相反,如果他们认为婴儿主要是以探索自然物为导向的,那么就会出现一种更为理性的婴儿唯物论。婴儿期研究,与其他任何领域的科学工作相同,总是受基本假设和意识形态选择的指导,即"理论性塑造"(theoretical carving)的指导。

令人感兴趣的是:为什么会受特定理论的影响,为什么研究人员倾向于关注婴儿心理学的某一特定方面而不是另一方面呢?换句话说,是什么决定了研究人员在研究婴儿世界时所选取的立足点?科学家对问题和研究的选择,只有少数是源于意外的幸运发现。相反,这种选择其实反映了一种时代潮流,即一种思想和政治环境:一个时代的特定审美、流行和主流。回想一下研究婴儿的历史原因,上面的问题就不言而喻了。

当代婴儿期研究的传统与西方哲学有很深的渊源,尤其是西方哲学中将精神生活划分为认知、感知、动机、注意力、社会行为、情感或人格等几个独立领域进行研究的传统。实际上,人类精神活动的最终表征是对独立运作的各种"心理"单元的整合。因此,这种分解研究不能体现婴儿期的一个特别明显的特征,即各个领域的发展密不可分。

自古以来,解密人类心理一直是那些不断思考精神生活的本质和起源的哲学家所研究的一个主要内容。亚里士多德(Aristotle,前384—前322)对情感、感官知觉和智力这几个独立领域进行了区分。勒内·笛卡儿(René Descartes,1596—1650)提出对感觉的初级和次级本质进行区分,并从一个机械论者的角度解释了感知的起源。德国哲学家伊曼努尔·康德(Immanuel Kant,1724—1804)认为,可以将知识和心理功能简化为对有限数量的基本推理(存在论)范畴,例如时间、空间以及因果关系的思考。这种心理现象分类法影响深远。

分解心理现象的哲学传统影响了当代对婴儿心理生活进行研究的科学方法。例如,皮亚杰有关婴儿认知的早期作品就是建立在康德所分析的范畴(空间、时间、因果关系和物体)的基础上。秉承康德的基本研究结构,皮亚杰认为这些范畴反映了婴儿所认识的这个世界,一个主要由中等大小的自然物体所主宰的世界。按照康德的分解,皮亚杰将儿童当成幼小的唯物论者,对物体进行操作并由此构建起对客体的概念。

皮亚杰从事婴儿认知发展研究所采用的康德分类范畴,从抽象和形式的意义来看,在很大程度上与知识的本质有关。皮亚杰研究婴儿认知的方法更倾向于认识论(与形式知识有关)而非心理学。例如,皮亚杰认为空间范畴是一个具体的认知领域,遵循某些特定的原则,即:就感知而言,物体可以来和去,但它们是永久存在的;物体不能同时存在于两个地方;物体在空间连续移动(它们并不是从某个地方突然冒出来而进入感知领域的)。但这种关于空间认知的观点不能解释婴儿理解空间时所采用的其他更具心理性的方法。就婴儿而言,空间不仅仅是形式推理的客体,它更是婴儿发展感知和动作的环境背景。空间是婴儿迈出第一步,学会探索,并以新的方式运动的地方。空间是婴儿避开障碍和危险,表现出勇敢和独立的地方。空间是婴儿会迷失而又最终相聚的地方。空间可能是一种抽象概念,但是对于婴儿来说,它首先是一个十分真实且具体的进行感知和行动的场所。

解释婴儿心理的一种基本方法是从了解婴儿在其所处环境中可能经历的基本体验着手。这种方法首先要对婴儿的环境进行描述,而不是一开始就推想婴儿的脑子里会想些什么。要尽力避免将婴儿与其所经验的环境相分离或采取二元论的观点。对婴儿心理的研究离不开对其所处环境以及婴儿在与环境的互动过程中可能产生的经验的描述。这种观点首先要考虑婴儿的生态学环境,然后由此推想出婴儿的心理是如何在这个环境中工作的。

我们与婴儿共享一个世界,但不共享他们的环境。我们与婴儿呼吸着同样的空气,目睹着受相同的物理规律制约的相同物体和事件。我们与婴儿具有相同的身体结构和感官系统。但是我们不会与婴儿从事同样的活动,也不具有与他们相同的需求和动机。

婴儿的生态学环境是具体的,蕴涵着特定的经验。想象一下,一名婴儿躺在婴儿床上,刚刚吃饱并换了尿片,醒着并愉快地四处张望。他可能会将手伸进嘴里,吸吮自己的手指头;可能在研究婴儿床的彩色内衬;也可能正凝视着一张带着微笑俯看着他并与他说话的脸。每一种情形均涉及三类主要经验范畴中的某一类。这三类主要的经验范畴构成婴儿世界的基础,它们分别是:

自我经验、物体经验和他人经验。这三类最基本的经验从婴儿出生的那一刻起就互相对立并维持不变。每一类范畴都与婴儿准备好去体会和学习的具体感知和动作现象相对应。

当婴儿把手放到嘴里,触摸身体某个部位,将手臂或腿移过自己的视线范围,或哭泣时,这些动作都伴随着婴儿对自己身体(也就是自我)的特殊感知。当婴儿碰到一个物体或听到某些声音时,这种感知是对环境中不同于自我的其他事物(也就是物体)的感知。除自我和自然物之外,人是婴儿所处环境的一个特例。婴儿对人的经验不同于对他们自己的身体或其他自然物的经验。我们会注意到婴儿从出生开始就对人有特别的偏好,例如,与其他不像人脸的视觉刺激相比,他们特别喜欢看到类似于人脸的视觉刺激。除了婴儿天生的视觉偏好外,人的一个独特之处在于能够作出回应并进行长时间的面对面的互动,例如喧闹的嬉戏、特殊的面部表情,当然最主要的是人类持久不变的双眼对视。上述三个根本不同的互相对立的经验类型——自我、物体和人们——从婴儿一出生甚至可能在母亲子宫内就已经区分开来了。我认为它们是婴儿世界的构成要素,也是婴儿精神生活发展的基本环境。

接下来的第二章,我将首先讨论婴儿世界的这三个主要要素中的第一个要素,即婴儿期自我。

(本章由郭力平翻译)

第二章 婴儿期自我

爱、恨或嫉妒等重要心理现象，不仅仅是我们生活中最有意义的经验，也是以不同方式发生在大脑各特定区域的神经化学反应的特定集合。目前神经科学研究借助脑成像和脑电活动记录等手段，为这些心理现象的具体化提供了大量证据。显然，思维、想法和情感并不是超越身体的运行和组织方式而存在的纯精神系统，心理生活确实是建立在物质躯体之上的。

从非机械论的观点看，婴儿很早就乐于研究自己的身体并对它们进行系统的了解，这一事实也是婴儿心理的外在体现的依据。婴儿身体是婴儿期进行探索的首选物。我们可以看到，婴儿的大部分行为都是在探索自己的身体，以及探知身体如何与环境相关联。不同于对环境中的其他自然物和人的知觉经验，婴儿对身体直接的知觉经验具有持久性。人和物来了又走了，但身体不会。从出生开始，个体自己的身体就伴随着所有心理经验的发生。

通过知觉与行动，婴儿发现了身体具有一成不变的结构，了解了自己能对周围环境做些什么，也因此知道了身体是体验痛苦、快乐和各种起伏不定的情绪的载体。本章我要论述的是，婴儿早期探索身体的倾向是孕育自我知觉的摇篮，也是自我知识发展的起源。对于婴儿而言，身体是这个世界的一个主要特征。

自我知识的起源

自我的起源和发展问题可以说是心理学最基本的问题。

作为能主动感知的实体,我们对自己有多少认识呢?我们是如何获得这些认识的,这些认识的本质又是什么呢?生物学家和儿童心理学家设计了一些巧妙的实验范式,从种群进化和个体发展两个方面对这些问题进行了研究,以了解自我知识的最初体现。

在传统实验中,研究人员让不同种群的动物个体和不同年龄的儿童面对镜子,然后系统地记录他们面对镜中自己的成像时所表现出的行为反应,从中寻找能体现自我再认的蛛丝马迹。镜像实验方法所要验证的问题是个体认为镜中自己的成像是自己还是他人,它被公认为是测试自我认知和自我知识能力的最简单有效的方法。

其中一个聪明的方法就是,在个体面对镜子之前偷偷地在其脸上涂上一点胭脂(见图2.1上图)。幼儿以及某些猿猴(特别是黑猩猩和猩猩)大约从18个月开始就会对着镜子伸手触摸脸上涂了胭脂的部位,这是自我认知的有力证据(Lewis 和 Brooks-Gunn,1979;Gallup,1971;Povinelli,1995;Tomasello 和 Call,1997)。这个实验的基本逻辑是:这种触摸脸部的自我参照行为能说明个体已经意识到所感知的镜像就是物化的自我。

问题是,这个实验是否能正确地体现婴儿对自我的知识?不到18个月的幼儿不能通过这个实验,这是否就表明他们不具有自己是这个世界上不同于其他物体的独立实体的意识呢?确实,最近的婴儿期研究发展表明,婴儿在能识别镜像自我之前,就已经具有了自己的身体是环境中有组织、有作用力的不同于其他物体的实体的意识。人们将这种早期的自我意识称为婴儿的生态学自我。从本质上来说,这种生态学自我意识还不是自我认知,但它肯定是某种自我知识,特别是某种对身体的意识。

参与构思和设计具有某些感知和行动能力的机器人的研究人员都了解,区分自己与环境中其他个体的能力具有相当的重要性。没有这种能力,就不可能产生以目标为定向的动作。想象一下,你必须设计一个机器人,它能够找到散落在房子四周的积木并将这些积木搭起来。假设你已经赋予这个机器人用于探索、抓握和搭积木的人造眼和机械手臂,要成功完成这个任务,你还必须给它安装一些内置系统以使它能够将积木与自己的手臂区分开来。否则,机器人可能会无休止地追逐自己而非积木。你的机器人可能会忙于从事这种循环的以自我为中心的行动，而不能找到目标或实现外部目的。同样，婴儿如果没有将自我和非自我刺激区分开来的能力，也会产生一片混乱。

图2.1　到一岁半左右，婴儿开始能够识别镜中的自己。发现自己脸上涂有胭脂就是婴儿自我知觉和自我参照的体现（上图）。看到自己在镜中的样子，他们一开始也会表现出困窘和畏缩（下图）。到婴儿期后期，儿童逐渐开始不仅能从自己的角度认识自己，也能从一个虚拟的观众角度按照社会标准来评判自己。（照片由 L. R. Pascale 拍摄）

发展心理学家通常认为婴儿最初就是处在这样一种混沌状态———一个多世纪前威廉·詹姆斯(William James, 1842—1910)所描述的旺盛而闹哄哄的混沌状态。詹姆斯认为,由于婴儿心理和环境之间的融合性和不可区分性,刚出生的婴儿没有表现出能够辨认自我刺激和非自我刺激的迹象。西格蒙德·弗洛伊德(Sigmund Freud, 1856—1939)提出的精神分析理论则认为,婴儿最初并不是混淆周围世界,而是根本与周围的世界无关。他们只是为了追求即刻的快乐满足,完全不具有向环境妥协的明显适应性。根据弗洛伊德的观点,婴儿的行为完全无视周围的环境,以自己为中心并且自闭,体现的是本我的生物冲动而非自我(即"我")。根据弗洛伊德的学说,一些婴儿期理论家,特别是玛格丽特·马勒(Margaret Mahler)和她的同事提出,心理发展的最初阶段是典型的自闭(normal autism)阶段,即在这个阶段婴儿的行为完全独立于环境,甚至与这个环境有些隔离(Mahler, Pine,和Bergman, 1975)。人们对年幼婴儿之所以具有这种看法,是因为人们认为出生后头两个月婴儿的行为似乎与周围环境完全隔绝,不是在睡觉,就是在吃奶或哭泣,婴儿的大部分时间似乎都在清醒与不清醒之间游离,完全被生理过程所支配。

弗洛伊德的学说认为,幼儿和环境之间似乎存在一层屏障。为更好地描述这种状态,弗洛伊德做了一个鸟蛋的比喻。鸟蛋使得幼鸟能够在蛋壳内完全以自我为中心发展,而不依赖与蛋壳外的环境的任何交流,这使得雌鸟的角色仅限于供暖。

不过,这些认为婴儿早期心理只处于一种混沌、不相关和无差异的状态的理论观点,还只是人们的推测,缺乏实验依据。它们主要是依据对婴儿的随意观察,或者依据成人患者对其童年早期的重构而得出的结论。近期的婴儿期研究以有力的实验数据证实,刚出生的婴儿并不是完全混淆外界而以自我为中心的。他们实际上表现出了感知和行动的能力,这些能力使得他们发展出以下意识:自己身体是存在于环境中并与环境发生相互作用的独特不同的实体。

本人的研究也证实,大约从出生开始婴儿就具有将自我刺激与非自我刺激区分开的核心能力。通过这种能力,婴儿就能够发展出一种早期的自我意识。因此,婴儿并没有完全与周围环境隔离开或对环境完全混淆,反倒从一开始就适应了环境。这一研究发现也说明婴儿具有先天的直觉,否则,婴儿怎样才能发展自我意识呢?

跨通道知觉与自我

除了通过镜面成像认识自己外,我们还可以通过聆听自己的心跳声、呼吸声、说话声,感受痛苦和四处活动获得对自己身体的知觉认识,刚出生的婴儿也是如此。根据丹尼尔·斯特恩(Daniel Stern,1985)的观点,婴儿早期主要是通过体验自己身体的各种起伏变化,例如静止与运动、沉默与出声、满足感的涨落、舒适、快乐、饥饿或痛苦来感知自己。婴儿体验着自己作为环境中的感知者和行动者所具有的生命活力,而他们正是通过对身体的跨通道知觉来实现这种体验的。

婴儿发展的早期理论认为,跨通道知觉的发展相当缓慢。例如,皮亚杰(Piaget,1952)提出感觉通道,特别是视觉、听觉和触觉在生命早期都是作为独立的系统运行的。他认为只有经过一段时间后,这些感觉通道才会组织或协调起来提供对世界的统一知觉。这只有通过各个知觉通道将所感知的事物进行相互同化才能实现。按照皮亚杰的观点,当四个月大的婴儿开始伸手触摸看到的物体时,他们才开始将自己所看到的与自己所触摸到的等同起来。皮亚杰认为在实现伸手抓物所体现的手眼协调之前,婴儿的触觉世界和视觉世界是两个并行、没有交点的世界。同样,他也认为,在实现转头行为所表现的视觉和听觉的协调之前,婴儿的听觉和视觉世界是互不相关的。

如果真如皮亚杰所提出的,婴儿最初的知觉世界是各种感觉系统所提供的不相关印象的混合,那么我们就该讨论婴儿早期闹哄哄的混沌状态,而非谈论婴儿早期的自我知觉。如果婴儿听到的、触摸到的、看到的和感觉到的是不相关的,那么婴儿如何才能建立起自己的身体不同于环境中其他物体的这种感知呢?他们无法收集到能说明自己特别是自己的身体是独立于外物的不同实体的信息。如果他们所体验到的四肢活动,他们所感受到的流过手指间的气流和他们所看到的在自己面前挥动的手不能被统一地知觉,那么他们如何才能知道穿过他们视野的正是自己的手呢?

发展初期知觉通道不协调的推测使得皮亚杰和其他婴儿期研究人员认为,婴儿与其环境之间最初处在一种混沌或没有区分的状态。但是最新的研究数据表明这种观点的立论基础是错误的。近年来,大量婴儿期研究提供了有力的证据,说明婴儿所感知的世界是统一的,而非一些短暂的不相关的感觉的拼凑。研究表明,很早开始,婴儿所知觉的世界就是由感觉系统共同感知的。甚至从一出生开始,各种感觉系统就能协同工作,向婴儿提供了一个跨通道的统一世界。年幼婴儿对所看到的、触摸到的、听到的或闻到的事物的感知并不是不相关的。一些已发表的实验范例为这些看法提供了支持证据。这些范例证实,从出生开始,涉及不同感觉系统(如视觉、触觉和听觉)的感觉运动就已能整合起来,婴儿就能将不同通道的知觉关联起来(例如嘴的触觉与视觉)。

第一个例子是有关新生儿的转头方向与声音的关联的。长期以来,人们认为新生儿不可能将脸转向所听到声音的方向。但是,大量研究在对婴儿进行了严格的转头动作实验后,认为新生儿确实能够系统地将头偏向声源一侧(参见 Clifton 等,1981)。目前,随声音转头的现象已成为评估新生儿神经行为的标准之一。婴儿期研究利用这个现象来证实早期发展过程中的听力知觉(Clarkson 和 Clifton,1991)。转头动作证实,婴儿确实能够察觉到实验人员所发出的特殊声响。它也表明了婴儿能够从空间上感知声响的位置,这证明了他们已能将声源与自身身体的空间位置联系起来。确切地说,婴儿具有本体感觉能力,即通过与肌肉和关节相连的感受器收集到的有关肢体压力和力矩变化的即时信息进行感知。本体感觉是一套系统,通过它我们可以知道四肢相对于身体处于什么位置以及身体所做的动作。即使你闭上眼睛,捏住鼻子,并堵上耳朵,你仍然能够通过本体感觉与身体保持联系。本体感觉是永存的,且他人不能体会你的这种经验(你是唯一能够感受自己身体的个体),因此本体感觉是最纯正的自我感觉通道。当你失去了本体感觉,你就失去了自我感受,如同处在麻木状态。对自己身体的本体感觉是如此根深蒂固,以至于截肢的成人或儿童通常都能感知到自己的假肢。根据本体感觉,我们能够绘制自己的身体结构,不同身体部位如何彼此相关,以及如何将本体感觉信息与通过其他感觉通道所传递的关于环境的信息进行对应。

本体感觉是一个复杂过程,婴儿似乎从出生起就已具备。通过系统地将头转向声源方向,婴儿就已证明身体和听觉空间是一一对应的,即它们是相互联系而非分离的。听觉和身体运动信息相互协调,形成一个统一的空间。要不然,怎么会产生相应的转头动作呢?

也许有人会说植物可以随太阳转动,如此简单的向性运动何须用跨通道综合和对应来解释?确实,对这种简单的生物体行为采用较为简单的作用机理来解释是适当的。但是,婴儿的转头动作并不像植物的向性运动那样呆板和机械。例如,在某一个实验中,研究人员让新生儿习惯于来自头部某一侧的声响。在头几次尝试中,正如研究人员所预料的,婴儿会将头转向声源的方向。但是,接下来他们就不再这样做了。相反,他们开始将头转向声源相反的方向,似乎是要避开这种声响或转向另一个方向以寻找其他不太令人厌烦的刺激(Weiss, Zelazo 和 Swain, 1988)。无论何种情况,婴儿都不是像植物一样仅仅机械地作出反应。更确切地说,转头动作只是婴儿积极的探索活动中的一部分。从出生开始,婴儿就倾向于让自己的鼻子、耳朵和眼睛紧密合作以探索环境中的新鲜事物。通过这样的探索,婴儿才能充分扩展他们对事物的多通道知觉;这反过来又使得婴儿的本体感觉、听觉和其他感觉通道能够得以整合。

一项关于一个月大小的婴儿能将信息从触觉转移到视觉的研究,证实了婴儿早期就具备有组织的跨通道知觉能力。在这个著名的实验中(Meltzoff 和 Borton, 1979),研究人员给婴儿90秒钟,让他们用嘴感觉和探究塞在他们嘴里的一个非营养性的安抚奶嘴。其中一些婴儿得到的是一个小球状安抚奶嘴,而另外一些婴儿得到的是一个上面有许多圆形突起的小球状安抚奶嘴。这样,一部分婴儿感觉到的安抚奶嘴是圆而光滑的,而另一部分婴儿感觉到的安抚奶嘴是圆而粗糙的。经过一段时间的嘴部感觉后,研究人员将安抚奶嘴拿走，然后让婴儿面对两张并排投影在屏幕上的幻灯片，分别是光滑安抚奶嘴和粗糙安抚奶嘴的两维图片。通过记录婴儿注视这两张幻灯片的时间，研究人员发现婴儿注视与几分钟前他们吸吮过的安抚奶嘴相同的奶嘴幻灯片的时间要长得多。请注意，在进行视觉偏好实验之前，婴儿没有看到过安抚奶嘴。另一个实验也证实了这一结论。在该实验中，当四个月大的婴儿吮吸坚硬或柔软的安抚奶嘴时，向他们同时播放体现某一固体物的坚固性和柔韧性的动作录像。结果显示，婴儿会较长时间地注视与他们仅通过嘴体验到的安抚奶嘴的性质相匹配的视觉事件（Gibson 和 Walker，1984）。

这些研究结果证实，婴儿可以跨通道地知觉到一个统一的世界，追踪环境中的各种事件并将各种知觉系统的输入信息进行整合。这样的例子还有很多，包括一些反映出生时视觉和本体感觉之间的初级跨通道匹配及校准的有关新生儿模仿的研究报告（参见 Meltzoff 和 Moore，1997）。研究已经充分证实，婴儿从出生开始就具有本体感觉能力，跨通道知觉是婴儿期早期的一个事实，而不是如皮亚杰（1952）所提出的在婴儿出生后的头几个月内随着动作的逐步协调才产生的一种心理能力。

对于婴儿期自我，出生就具有跨通道知觉的证据证实婴儿一开始就具有这种知觉手段或能力，即明确其身体是独立于环境中其他物体的不同实体，而非与其他物体没有区别的混沌世界中的一个构成元素。从很早开始，婴儿就充分扩展了对身体进行跨通道知觉的能力。他们进行长时间的嬉戏性自我探索，而这必然会涉及对身体运动和自己产生动作的多通道经验。通过积极的自我探索，婴儿收集了特别能反映活动中的自身身体的信息。这种自我探索活动是了解物化自我的一个主要来源。

作为探索对象的身体

从很早开始，婴儿就对自己的身体特别关注。他们具有重复动作的嗜好，而且这样做似乎别无他意而仅仅是为了重复。他们会将手伸到嘴里，双臂抱在一起,用腿乱蹬,手张开又握紧。做这些动作时他们通常不会有什么特殊表情,如痛苦或烦躁,而仅仅是为了好玩。这些积极而平静的动作经常能持续好几分钟。而且,做这些时,婴儿通常才刚刚睡醒,正自娱自乐,四处活动,似乎要查看一下自己的身体,或仅仅满足于自己一个人的舞蹈。从出生后的第二个月开始,婴儿开始明显有更多的时间处于警觉而积极的状态:睁大眼睛四处张望,四肢到处乱动,但还没有表现出对细节的特别关注——这些时刻突然显得重要起来了。出生两三个月后,婴儿会长时间地观察研究自己的手或脚,并且他们开始发音,发出各种重复的声音。他们可能会用力地摇晃自己的脑袋,然后突然停止,笑起来。他们会持续重复这一串动作,就像刚开始走路的儿童会不停地转圈使自己发晕,直到站不稳而高兴地跌倒在地上。婴儿通常会自己重复这种嬉戏活动,而不需要同伴或教练。它是个人的,与自我探索有关。

早期的发展心理学家詹姆斯·鲍德温(James Baldwin,1861—1934)将上述这种动作的重复性特征称为"循环反应"。继他之后,皮亚杰(1952)将婴儿从大约一个月到十四个月的重复性动作分为三个层次。最初,这些动作(即初级循环反应)都指向自己的身体,如前面所举的例子;最终它们会越来越指向物体(二级循环反应);一岁以后,他们的动作不仅指向物体,而且已经具有目的性(三级循环反应)。这三个层次的循环反应都是婴儿探索自身身体的一部分。皮亚杰认为,直到婴儿出生后的第二个月,这种探索仍只限于对自身身体的探索,但其最终将扩展成能与自然客体世界进行互动的探索。

循环反应这个术语蕴含有"自动性"的意思,这点不太准确。"循环反应"更适合于解释婴儿早期那些重复性的自我探索活动。"循环"这两个字确实捕捉到了这些活动所具有的自我强化的事实,但这些系统并不是封闭或自动的,它们受到各种变化以及某些限制条件——尤其是身体局限性(身体组织和身体活动的可能性)——内新自由度的发现的影响。更重要的是,循环动作是一个独特的功能框架,通过这个框架婴儿可以收集说明其身体不同于环境中其他物体的跨通道信息。动作的重复性为婴儿觉察自己身体在跨通道知觉中的规律性,特别是在引导自发动作的本体感觉中的规律性,以及本体感觉与视觉、触觉或听觉的反馈信息实现良好整合中的规律性提供了一个适当的框架。

设想有一名两个月大的婴儿正躺在婴儿床上玩自己的双手。他将自己的双手从两侧举到胸中线上方会合,然后将手指缠绕在一起,盯着手看。一会儿后,他突然很兴奋地将两手分开。几分钟后,婴儿又会重复这一系列动作。两个月大的婴儿经常会做这些动作。这种行为从心理上看具有什么意义呢?对婴儿期的自我又意味着什么呢?我认为这一类型的早期身体探索决定了自我知识的原始核心。正是通过这种活动,婴儿认识到自己是环境中的独立个体,从而最终发展了对自己的清晰认识。

但是,婴儿认识自己的整个过程是如何进行的呢?在发展之初,婴儿只是通过感知来认识自己,还没有涉及任何更高层次的认知意识。在上述研究范例中,没有人会认为婴儿是在很清楚地辨认自己的双手。尽管它还只是初级的感知,远远没有达到自我再认的层次,但婴儿正朝着我们所谓的对自身身体的知觉意识而努力。这种意识依赖于对自我产生的身体动作所具有的特定感官经验的知觉分辨。它既建立在双手穿过视野所具有的特殊本体感觉和视觉经验的基础上,也建立在双手相交和手指在胸中线缠绕所具有的特殊本体感觉、视觉和触觉经验的基础上。

婴儿通过发觉各种知觉通道所感知到的共同性而获得这种自我意识。当婴儿挥动双手时,他感觉到手的移动,而几乎在同时,他可能会看到双手正在他面前移动或感觉到双手正在相互触摸。当婴儿发声或哭泣时,他不仅能够听到自己的声音,而且能够感觉到空气从肺部涌到嘴里,察觉到声道的震颤和紧张,并且体验到一种特殊的对面部和嘴部动作的本体感觉。这种复杂的触觉和本体感觉经验与几乎同时自发产生的听觉刺激结合在一起。

自我产生的动作使得婴儿能用各种感官获得部分相同的经验,这是婴儿自我探索活动的一个重要特征。这种经验表明了身体不同于环境中的其他物体。例如,当我的手穿过我的视觉范围时,我感觉到它是我的手而不是别人的手,因为我几乎是同时看到和通过本体感觉感知到它在移动,而且动作幅度相同。

婴儿从出生甚至从出生前开始就具有很强的让手与嘴和脸相接触的倾

向,这也带来了一种以独特的方式明确自身身体的知觉经验。除了本体感觉,这种经验还产生了一种称为"双向触觉"的特殊自我经验。当婴儿用手触摸自己的脸或嘴时,会对自己的身体产生双向的触觉感受:手感觉到脸,而同时脸又感觉到手。这种双向触觉经验再一次特别明确了自己的身体不同于环境中的其他物体。

在最近的一项研究中(Rochat 和 Hespos,1997),我们对出生 24 小时内的新生儿进行了测试,以了解他们是否具有区分针对自身的双向触觉刺激和针对非自我物体的外部(单向的)触觉刺激的能力。我们以所有健康婴儿一出生就具有的觅食条件反射为实验内容:当触摸婴儿的嘴角时,婴儿会将头转向刺激的方向并张开嘴巴。通过一个简单的程序,我们分别记录了外部触觉刺激(实验人员触摸婴儿的脸颊)和自我触觉刺激(婴儿自发地用手触摸自己的脸颊)所引起的觅食反射的次数。外部刺激所引起的觅食反射次数是自发刺激所引起的觅食反射次数的三倍。

这些实验数据说明,刚出生的婴儿就能够收集可区分什么是自我刺激和什么是外部刺激的跨通道知觉中的不变量(单向触觉或综合了本体感觉的双向触觉)。他们似乎对自己的身体具有一种早期的意识,因而对自我具有一种建立在感知基础上的早期意识。

婴儿从出生开始就具有的这种早期意识不仅表现在他们能认识到自己的身体是环境中的独特实体,还表现为他们能了解自己的身体是怎样充满活力的,也即婴儿自身情感会有怎样的动态体现。从婴儿呱呱坠地起,其身体就承载并体现着各种各样变化不定的情绪和情感,比如愉悦、厌烦、兴奋、满足和痛苦等。

总而言之,身体的跨通道经验与对身体活力的感觉是不可分的。设想一名婴儿将手举起来,移到眼前,研究起来,然后婴儿突然兴奋地拍起手来。除了联合了触觉和本体感觉的跨通道知觉,以及前面所提及的双向触觉经验外,婴儿还感觉到了生命力的动感:从平静到兴奋,最后又平静下来。这种动态的感知既是一种私密的感知,也是一种公开的感知。之所以说它是一种私密的感知,是因为婴儿从内心感受到一种状态的改变:从平静到兴奋经历了紧张状态的膨胀和消逝。同时它也是一种公开的感知,因为双手在眼前挥动。在某种程度上,手的运动就是婴儿内在感受的一种舞蹈性体现。因此,自我探索的活动为婴儿提供了一个机会,使其能够通过知觉到的自我产生的身体动作来对自身活力的感受加以客观化。

如果要举一个类比的例子,我想谈谈音乐以及被其所吸引意味着什么。当音乐所表达的情绪意向与你的感受产生共鸣时,音乐就能吸引你。正是由于存在这种相对的共鸣,某些乐曲才会比其他乐曲更容易让你想手舞足蹈。音乐能够抒发甚至增强或调节我们的内在感受。比如某些音乐家,他们对演奏如此痴迷,以至于他们的行为也受自己演奏的影响而变得十分怪异。他们创作的音乐反映了他们自身的感受,并通过管乐或鼓乐以弹奏或敲击的方式将这种感受传递给人们。音乐是音乐家通过演奏表现出来的对内心感受的一种听觉模拟。

这种将自我生成的知觉事件与个体感受相匹配的经验中的情绪沉溺,或许也存在于婴儿期以身体为中心的行为方式中。这大概就是为什么这些自发的身体动作富于嬉戏性、自发性、变化性、系统性和重复性。如若不然,婴儿为什么会花费这么多时间以这些方式积极地关注自己的身体呢?而音乐在人们的生活中之所以会如此重要,我认为也是基于同样的原因。两者都是对起伏不定的感受和情绪的集中体验。

婴儿期的跨通道校准和身体意识

从很早开始,婴儿就对自己的身体如何组织,身体的各个部位如何彼此相连十分敏感。最晚到三个月大时,婴儿就能对自己的身体进行跨通道校准(intermodal calibration)。所谓跨通道校准是指跨通道知觉的正确相关和共变,正是这种校准使得身体成为一个具有特殊性质的动态实体。跨通道校准不仅仅为自我知识提供了感知的基础,而且为身体操纵环境中的物体作好了准备。

多年前，丹尼尔·斯特恩（Daniel Stern，1985）就以一对连体双胞胎为研究对象，获得了一些惊人的观察结果。这对双胞胎出生时面对面腹部相连。由于没有共用器官，出生四个月后做了分离手术。分离手术的前一周，斯特恩和他的同事对这一对双胞胎进行了一系列的研究，以了解这对被迫处在这么一种奇特的相连状态中的婴儿，在多大程度上能够将自己的身体与联结在一起的双胞胎姐妹的身体进行区分。在一项测试中，他们轻轻地从一名婴儿嘴里移走她自己的手指，或者移走她的双胞胎姐妹的手指，然后比较婴儿对此的反应。结果发现这对双胞胎对这两种情形作出了完全不同的反应。以下是斯特恩的观察描述：

> 当双胞胎中的爱丽丝吸吮自己的手指时，我们的一名工作人员将一只手放在她的头上，另一只手放在她所吸吮的那只手上。我们轻轻地将那只手从她的嘴中移出，然后记录（我们亲自记录）她的手是否会拒绝从嘴里移走以及/或者她的头部是否会尽力凑近那只正被移走的手。结果发现，爱丽丝的手会拒绝中断吸吮，但没有证据表明她的头在尽力凑近那只正被移走的手。当爱丽丝吸吮自己的同胞贝蒂的手指时，我们重复了相同的实验步骤。当将贝蒂的手轻轻地从爱丽丝的嘴中移出时，爱丽丝的手并没有做出任何抵抗或动作，贝蒂的手臂也没有任何抵抗，但有证据表明，爱丽丝的头确实有尽力凑近被移走的手的迹象。因此，当自己的手被移走时，所实施的维持吸吮的计划是试图将自己的手重新放进嘴里；而当另一个人的手被移走时，所实施的维持吸吮的计划是将自己的头往前凑。这个例子说明，爱丽丝似乎并没有混淆自己所吸吮的到底是谁的手指，也明白哪一个动作计划最能重新恢复吸吮。

这些研究观察也证实了前面章节提到的我们对新生儿所做的实验观察（Rochat 和 Hespos，1997）。我们的实验观察表明，自己的手触摸脸部和研究人员的手触摸脸部时，新生儿会产生不同的觅食反射。这些观察都说明，婴儿能够区分来自自己身体的知觉信息和来自周围实体的知觉信息。如前所述，这种信息是跨通道的,而且在多数情况下都包含了本体感觉。

如果年幼婴儿能够感知到自己的身体是一个独立的实体,那么他们对自己身体的感知到底达到了什么程度?斯特恩对连体双胞胎姐妹的观察以及我们对新生儿的观察都只能说明婴儿具有这种区分能力,而未涉及这种区分需要婴儿对自己身体具有什么程度的理解。婴儿从很小就知道自己的身体不同于其他实体,而形成这种理解需要具备哪些意识呢?近年来我与别人合作进行的一些研究证实,至少从三个月起,婴儿就开始意识到自己的身体是一个具有特殊性质且结构复杂的动力性实体。

为了证实婴儿很早就对自己的身体看上去应该如何具有了预期,我们采用了婴儿期研究中所广为使用的实验范式——视觉偏好程序。按照这类实验程序,研究人员在婴儿眼前并排放置两个视觉显示器(我们采用的是电视显示屏),以便婴儿都能看到。然后在两个显示器中间安装一台摄像机,以便对婴儿的脸部变化进行近距离的仔细记录。这种观察记录方式准确地测定了婴儿注视两个显示器的相对时间。如果婴儿盯着这两个显示器的时间相当,说明他们不能区分这两个显示器中图像的不同。如果他们注视其中一个图像的时间长一些,说明他们能够区分这两个图像。过去的研究表明,一般而言,如果婴儿能够区分图像,那么他们盯着新图像的时间要长一些(Fantz, 1964)。当面临一个选择时,婴儿可能会出于好奇心而更喜欢看那个与其他熟悉物体相比更为新奇的物体。(尽管有研究表明存在背离这条规律的特例,但一般而言,这条规律是正确的,并且与第一章所讨论的习惯化/去习惯化现象有关。)

我们采用视觉偏好方法测定了三到五个月的婴儿对有关自己身体部位的不同视图的反应(Rochat 和 Morgan, 1995)。通过同一部宽屏电视屏幕,婴儿可以同时看到从不同角度拍摄的自己腰部以下的录像(如图 2.2 所示)。录像都是实时播放的,因此几乎完全同步。当婴儿移动自己的腿时,他们在屏幕上也同时看到腿在动。其中一个录像是从我们所谓的自我角度拍摄的,由安置在婴儿后上方的摄像机进行拍摄。自我角度的图像是婴儿所熟识的图像,是婴儿在进行本体性视觉和触觉的自我探索时可亲自体验到的图像。摄像机拍摄下来的图像与婴儿从他们坐的位置低下头可以看到的自己双腿的样子相同。但研究人员让婴儿坐在一个向后靠的位子上,这样他们只能抬头看电视而无法亲自进行这种直接的观察——在这个年龄,并且又处在一种往后倾斜的姿势,婴儿无法坐直身子直接看到自己的双腿。我们给婴儿穿上黑白条纹的长筒袜,而且他们每次移动双腿都会同时产生一些他们能够听到的磨擦声。袜子和声响都是为了让录像更加有趣,以吸引婴儿观看电视荧屏并继续蹬脚。婴儿动得越多,录像变化就越多,也更有趣。

在这个实验设计中,我们试图测定婴儿是否更喜欢注视从自我角度拍摄的双腿的录像(熟悉的),而较不喜欢注视从其他不同角度即通过观察者角度拍摄的双腿的录像。所谓从观察者角度拍摄的录像是指从非自我的角度拍摄,与自我角度所拍摄的录像相比,它拍到的双腿的运动方向是相反的。更详细地说,从自我角度观察或直接从自己的角度看自己的腿,就是当婴儿通过本体感觉觉察到自己的腿向右移动时,他同时从屏幕上看到自己的腿移向视野右边。空间方面的本体感觉与视觉信息完全吻合。相反,如果婴儿从观察者角度观察自己的腿,那么当他本体感知到自己的腿移向右边时,从屏幕上看到的是自己的腿移向视野左边。这种相反使得本体感觉所感知到的身体移动与所看到的身体移动之间出现了矛盾,因此违反了能够从自我角度明确反映身体的跨通道校准。我们想研究的是,年幼婴儿是否已经对这种差异很敏感了。如果答案是肯定的,这就说明婴儿很早就形成了自己身体的空间图,并且期望身体能按他自己所看到的特定方式移动。身体空间图的绘制要建立在对身体经验的跨通道校准的基础上。

我们的研究结果证实了这个观点。整体而言,当向婴儿同时播放从自我角度和观察者角度拍摄的双腿的录像时,婴儿观看观察者角度的录像的时间明显更长。观察者角度的录像之所以更有趣,可能是因为它与婴儿移动双腿和直接观察双腿时所经历的正常经验有所不同。有趣的是,我们也发现当婴儿观看观察者角度的录像时,他们双腿会动得更多,好像他们正积极地探索这个角度所提供的新的本体感觉与视觉的关系。

我们的其他许多实验(Rochat,1998)也都证实了上述研究结果,并且还表明无论是以外部环境为参照物(即相对于外部环境的向左或向右的移动)还是

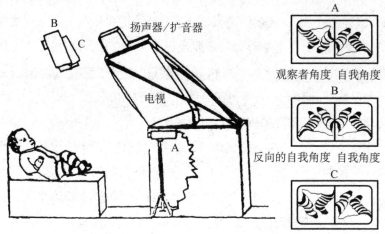

图 2.2 用于考察小婴儿自我探索的实验设计图。在婴儿面前放置一台宽屏电视机,电视屏幕上同时播放两个从不同的视角拍摄并经过空间重构的婴儿双腿踢动的现场录像,同时记录下婴儿的视觉偏好情况和踢蹬模式。实验过程中给婴儿分别看的三组录像是:(A)观察者角度的录像与自我角度的录像;(B)反向的自我角度的录像与自我角度的录像;(C)反向的观察者角度的录像与自我角度的录像(Rochat 和 Morgan, 1995; Rochat, 1998)。

以双腿互为参照物,婴儿对双腿的特征和移动方式都很敏感。

我们在一项实验(Morgan 和 Rochat, 1997)中向婴儿播放由不同的摄像机拍摄的左腿和右腿的合成录像。分别拍摄的左腿和右腿的录像同时并排在屏幕上播放,以重新构成一种自我角度的录像。但在实验过程中,我们会突然调换摄像机拍摄图像的位置,让左腿的录像出现在屏幕右边,右腿的录像出现在屏幕左边(参见图 2.3)。这样一条腿相对于另一条腿的运动以及双腿的整体形象或外貌特征就发生变化了。对于相对运动,这种改动改变了一条腿相对于另一条腿的运动方向。例如,当婴儿感觉到一条腿移近另一条腿时,出现在屏幕上的却是一条腿远离另一条腿。而对于外貌特征,这种改动改变了表面上腿与身体其他部位的连接方式,尤其是颠倒了膝关节的弯曲方向,从向外弯曲变成了向内弯曲。

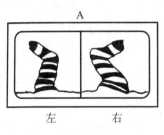
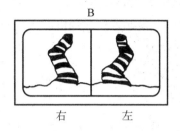

图2.3 摩根和罗夏（Morgan和Rochat，1997）的实验中即时地向婴儿播放经合成和重构的双腿录像。图像A与正常的自我角度的录像相似。而图像B中腿的位置被调换了，改变了双腿与身体其他部位的正常连接方式。实验表明，三个月大的婴儿能够对有关自己双腿的正常角度的录像和相反角度的合成录像予以区分。

我们发现三到五个月的婴儿关注正常的双腿录像和反转合成的双腿录像——相对运动方向和外貌特征（膝盖的弯曲）发生了改变的录像——的程度明显不同（因此能够区分）。在随后的实验中，我将大号袜子套在婴儿腿上以掩盖正常录像和合成录像中膝关节弯曲的改变。在这种情况下，婴儿对这两种录像的关注程度没有什么不同，他们无法进行区分。根据这个研究结果，以及婴儿在可以看到外貌特征的情况下确实能够区分这两种录像的事实，我们推断婴儿确实熟悉上述第一个实验中的这些身体特征。

这些研究结果使我们了解到婴儿除了知道自己的身体不同于环境中的其他实体外，对自己的身体还有哪些认知。在我们所采用的实验设计中，婴儿所看到的是通过电视屏幕来呈现的婴儿双腿的不同录像。从某种意义上说，他们看到的是"肢解"的双腿，因为它们呈现在婴儿面前，远离婴儿的身体。因此，当婴儿进行自我探索时，他们的本体感觉经验与视觉反馈经验之间不可能存在重合。尽管这个实验设置的环境相当不同寻常，但确实证实了婴儿对自己的身体有一些了解：他们能够区分什么与自己的亲身经验吻合，什么与自己的亲身经验不同。在我们的实验中，这种区分基于本体感觉与视觉之间的跨通道校准。但是除此之外，它还与婴儿对出现在屏幕上的双腿图像的熟悉性和陌生性的具体预期有关。通过观察，我们可以推断婴儿能够预期自己的腿会以怎样的方式移动，看上去会是什么样子。当他们感觉到腿朝某个方向移动时，他们期望看到自己的腿也朝同样的方向移动。他们能从空间上感知自己的身体，而且他们预期到构成身体的各个部位是以某种相互关联的方式组织起来的。当他们感觉到一侧肢体移向另一侧肢体时，他们不仅期望看到它朝同样的方向移动，而且还以相对于其他肢体的适当方向移动。婴儿能产生这种预期是因为他们能感知到身体是一个具有特殊外貌特征的有组织的整体，而不仅仅是彼此独立的不同部位的集合。

总的来说，这些实验观察结果说明，婴儿对自身身体的意识既包括对自己所处的空间位置的意识，也包括对身体部位彼此之间关系的意识。但是，婴儿能够识别出屏幕上播放的是自己的双腿吗？当然，这与几个月后婴儿面对镜子识别自己的方式不同。但也有迹象表明婴儿可以发现一些时间信息（temporal information），这些信息对于婴儿识别所看到的镜像是自己还是他人十分重要。你或许看过一种传统的幽默喜剧表演：一名演员穿得与另一个人完全一样，然后假装成那个人的镜像面对那个人，模仿他所做的任何动作。这个模仿者会戏弄被模仿者，直到自己的模仿动作太落后于被模仿者而被发现。对可反射表面所反映的自身动作的感知，不论是镜中影像还是即时的录像的感知，都依赖于本体感觉与视觉反馈之间的完全吻合。如果视觉反馈瞬时中止，这只能说明是另外一个人在做同样的事情。

一些研究者指出，大约从五个月开始，婴儿对在一个电视屏幕上播放的自己双腿运动的即时录像与在另一个电视屏幕上播放的其他婴儿双腿运动的录像之间的瞬时差异十分敏感（Bahrick 和 Watson，1985）。在这个研究中，婴儿双腿都穿着同样的袜子，所以看上去完全一样。唯一明显不同的是，其中一个录像（关于婴儿自己的双腿）与本体感觉完全同步，而另一个录像（关于另一名婴儿的双腿）与本体感觉不同步，也即一个针对自己，而另一个则有关他人。当面对这两个录像时，婴儿观看与本体感觉不吻合的另外一名婴儿的双腿运动录像的时间明显要多些。因此，婴儿能够区分自己与他人的双腿运动，并且对他人的双腿运动更感兴趣。

但这个研究结果无法证实五个月的婴儿在观看这些录像时能够辨认出自己,或者辨认出什么不是自己的。通过前面提到的涂抹胭脂的实验以及其他实验我们知道,这种能力在以后才会逐步发展起来。但是通过这个实验我们可以得出结论,婴儿到五个月大时已经可以觉察非自我实体的时间信息,并且可能会由于这些信息提供了更多新颖性而开始更多地关注它们。婴儿期研究者约翰·华生(与行为主义之父不是同一个人)(John Watson,1995)指出,出生不足三个月的婴儿都特别偏好与自我特征能够很好地耦合的跨通道反馈信息,但三个月后他们开始偏好那些不能够很好地耦合的反馈信息。这个观点与婴儿在这个年龄阶段开始发展社会兴趣,并开始将注意力从最初的自我定向转向他人定向的观点一致。

因此,我们有理由认为,婴儿在开始能够关注他人之前需要校准对自己身体的知觉。至少从出生第三个月开始,我们可以清楚地观察到婴儿对身体的这种跨通道校准。这种校准为婴儿开始探索人们如何与自己相互关联提供了必要基础。年幼婴儿在进行有关自己身体的跨通道探索过程中所发展的自我意识确实是社会探索的先决条件。

自我定向的动作:嘴的感知

嘴的探索以及年幼婴儿喜欢口腔刺激的嗜好是促进早期发展的重要(如果不是首要)力量,它们在自我意识的起源中,特别是在婴儿了解身体是具有物理边界和特性的不同于环境中其他物体的系统的过程中,可能扮演了十分关键的角色。

我与艾略特·布拉斯(Elliott Blass)及其他同事合作,对可能决定婴儿伸手触摸嘴唇这个嗜好的一些因素开展了一系列研究(Rochat,Blass 和 Hoffmeyer,1988;Blass,Fillion,Rochat,Hoffmeyer 等,1989)。我们提出假设,刚出生几个小时的新生儿吮吸手指动作的出现并不是偶然的。通过对实验条件进行特殊控制来预测这个动作的出现,我们提出的这一假设得到了证实。例如,用一个注射器将一滴蔗糖水(含15%蔗糖的水溶液)滴到婴儿的舌头后,新生儿吮吸手指的次数明显增加。通常,受到蔗糖刺激后,婴儿显得很平静,接着开始相对顺利地将一只手或双手移到嘴边,并最终将手指伸进嘴里吸吮。有趣的是,如果在蔗糖刺激后立刻将一只安抚奶嘴塞进婴儿嘴里,我们会发现新生儿吮手的可能性明显减少。可能是由于安抚奶嘴的塞入能实现吸吮这个目的,从而使婴儿中断了吮吸手指的活动。

值得一提的是,之前的发展理论特别是皮亚杰的理论都不认为出生时的手与嘴的接触是一种有组织的定向活动。相反,他们认为这在新生儿期只是随意的偶然行为,而直到第二个月这种接触才是由协调活动所产生的结果。我们目前已经证实,手与嘴的协调不仅在出生时就已存在,而且它是可以通过特定刺激进行控制的复杂动作系统的一部分。

婴儿因为期待吸吮手指而张开嘴的这个研究事实,也同时证实了新生儿时期的吮手动作具有目的指向性。我们发现在许多情况下,婴儿都是举起手直接伸进嘴里,而无需对脸部或嘴周围进行预备性的触摸刺激(参见图2.4)。婴儿的嘴在接触手之前就已经张开,作好了吮手的准备。这进一步证实,吮手行为既不是偶然的,也不是一连串简单的刺激—反应的产物,而是针对某一功

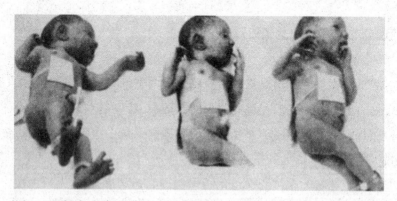

图2.4 新生儿的手嘴协调。刚刚出生的新生儿就抓着自己的手进行吸吮和探究。上图从左至右,是对一个刚出生24分钟的新生儿的这种手嘴协调动作进行连续拍摄的三张快照。请注意婴儿是如何将嘴张开期待与手的接触的。(Cleo,照片由P. Rochat拍摄)

能目标的有组织的动作系统的表现。婴儿可能还没意识到这种目的,但是动作是围绕这个目的而组织产生的。而且,这种动作系统甚至在出生前似乎就已具有:研究发现,胎儿也会吸吮自己的拇指并伸手触摸自己的脸和嘴。在子宫里经常吸吮双手以致出生时腕部或手上有瘀青的新生儿并不少见。

新生儿的意识问题是一个难以研究的问题。目前并没有确凿的证据证实有关新生儿天生就具有高层次的运动或认知能力的观点。但是,需要强调的是,婴儿的行为天生就具有组织性,而并非是随意的或受其大脑中无规则的脑电所控制。婴儿的行为限定在受特定功能目的(例如嘴的接触、食物)控制的动作系统范围内(例如,将手伸进嘴里、吸吮)。这种功能环境限制了出生时新生儿的行为,不仅为婴儿提供了确保其生存的手段,还为其提供了了解自己及周围环境的机会。

嘴的敏感度很高且功能齐备,很适合作为进入身体内部的一个主要通道口,作为婴儿行为的一个主要吸引子、组织者和终止点。与身体其他部位相比,嘴高度集中了各种触觉感应器。发达的口腔触觉系统,与同样位于口腔区域的味觉和嗅觉系统一起,使得嘴成为进行食物选择、物体探索和自我探索的重要的信息收集工具。嘴是婴儿期早期一个优越的学习场所,而这种学习远远不止于吸吮和食物消化。

刚开始从事婴儿期研究时,我对新生儿的口腔触觉活动十分感兴趣。我的主要目的是考察是否有任何迹象表明,新生儿把自己的嘴作为一种探索工具,也就是说,婴儿是否用嘴从事吸吮和食物消化之外的其他任务。通过研究我发现嘴不仅用于吸吮,而且也参与感知和探索活动(参见图2.5)。在这些研究中,我将不同类型的橡胶奶嘴放进婴儿嘴里让他们吸吮,然后记录下他们的嘴部活动(Rochat,1983)。这些安抚奶嘴在形状、质地和弹性上都各不相同。通过记录他们的嘴唇、牙龈和舌头作用在奶嘴上的压力,我对婴儿的嘴部活动进行了分析。这些奶嘴通过气管与一个空气压力传感器相连。空气压力传感器将奶嘴里空气压力的变化转换成电信号,再通过多道生理记录仪收集这些电信号,以进行后期分析。换句话而言,通过这种实验设计,我能够获得新生儿吸吮奶嘴所产生的压力变化模拟图。

图2.5 嘴是婴儿探索物体的一个重要场所。出生第二个月，婴儿就开始积极地用嘴来探索物体，甚至是那些不能吃的物体。注意上图中三张连续拍摄的快照，拍摄的是一名四个月的婴儿身子前倾用嘴咬一个物体的情形。研究人员要求母亲将婴儿的双手固定在两侧，以防婴儿用手将可抓握的物体放进嘴里。婴儿找到了一种新的极具创造性的方法来实现嘴的探索。（照片由 P. Rochat 拍摄）

通过研究我发现，除了普通的吸吮方式，也即规律性地开始吸吮和停止吸吮外，婴儿还会进行一种由舌头、嘴唇和下巴三者无节奏的杂乱运动而产生的随意性吸吮。奶嘴越古怪（在形状、质地和弹性上与人类的乳头相比），这种无节奏的运动越多。这项研究表明，新生儿能采用一种截然不同的非进食模式的口头反应来了解其周围世界中的物体。

那么，婴儿在嘴的探索中，除能够获得食物外还能获得些什么呢？弗洛伊德（[1905]1962）以及之后的卡尔·亚伯拉罕（Karl Abraham, 1927）的大多数关于人格的精神分析观点都建立在嘴的性冲动以及婴儿刺激嘴部区域的原始动力的基础上。弗洛伊德认为，嘴是促进早期行为发展的性欲区，是表达愉悦感的主要区域,也因此是婴儿与外界交换情感的主要区域。嘴是个人发展的最初舞台,而口头刺激是婴儿愉悦的一个主要来源。对这些理论我不能一一加以详细阐述。但重要的是,它提醒我们年幼婴儿的嘴唇接触嗜好首先是为了寻求快乐。口腔刺激肯定是婴儿行为的一种主要强化刺激,但是除了性冲动和食物带来的快感外,嘴的接触还为婴儿提供了了解自己的机会。

我们已经知道,自我触摸伴随着能将自己的身体与环境中的其他物体区分开的独特的跨通道知觉(也就是,本体感觉加双向触觉)。除了这种婴儿一出生似乎就能收集的知觉信息外,自我口腔刺激和吮手也能帮助婴儿了解口腔是进入身体内部的一个通道。通过手指的伸进和拿出,婴儿知道自己的身体还有一个内部:即身体不仅有一个外部,还有一个内部。外部是敞开的、干燥的,而内部是被包裹的、湿润的,两者具有不同的温度和机理。正如一些精神分析学家所提出的,嘴是知觉的摇篮(Spitz, 1965)。我们还可以补充一句,作为自我定向动作的主要场所,嘴也是自我知觉的摇篮。

身体功能意识的发展

婴儿了解自己的能力吗?这个问题问得似乎很牵强,但从某些研究结果来看,并非如此。从出生开始,婴儿就学着控制环境:他们明白了如何获得食物、注意力以及舒适感;他们能进行一些有趣的知觉事件,例如凝视一个正在晃动的摇铃,聆听母亲的声音,注视出现在屏幕上的母亲的面孔。

当然,婴儿并不是一开始就会带着明显的意图去获取和控制周围环境中的资源。但是,从出生开始,婴儿就有能力学习能让自己的身体引发某种因果事件的方法。他们在这方面很努力,并且积极地探索他们所做的与他们做时所发生的事件之间的新联系。从事这种探索时,婴儿获得了一些自我认识:对自我效能和身体有效性的认识。

认识到自己与周围环境中所发生的事物多少有些联系是自我感知的一个重要方面。作为成人,我们主要是通过自己所做的以及这些行为所导致的结果来获得对自我的认识。我们不会花很多的时间在镜子面前审视自己或直接检查自己身体的各个部位。我们认识的自己并不仅仅是一具静态的躯壳,我们还了解自己在这个世界上的作用,了解我们能够实现什么,已经实现了什么,还有什么没有实现。我们知道我们自己对我们所引发的或被支配的环境中的情形具有或多或少的控制力。我认为婴儿也经历了同样的过程,只不过他们是在一个相当隐性的层面上经历的。

由于年龄太小,婴儿当然还不能清楚地知道他们可能是某些结果的导致者,但他们可能已经能够通过某些方法发展出对自我效能的意识,也即意识到自己具有导致某种结果的能力。自我效能是一种有关自己的行动与某些结果之间联系的意识,但还不是对本质上的因果关系(自我作用)的理解。婴儿可能是因为注意到自己的动作刚结束或正在进行时就有事情发生而直接获得这种感知。跨通道知觉也是产生这种意识的关键因素,而发展心理学家所面临的最大挑战就是了解这种隐性的通过感知的自我效能感如何发展成显性且理性的自我作用意识。下面我会更多地讨论这个问题,这里我们先来看一看自我效能最初是如何发展起来的,支持它的实验证据是什么。

20世纪60年代,当婴儿期研究潮流尚未兴起,行为主义和学习理论仍占据心理学主导地位时,一些研究者自然而然地对婴儿何时开始表现出学习行为和行为的可塑性产生了好奇(Lipsitt, 1979)。为了寻求这个问题的答案,他们设计了一个十分巧妙的实验情景来挖掘新生儿的全部行为技能(Papousek, 1992)。他们采用类似于巴甫洛夫训练狗产生条件反射的实验方法,通过一套经典的条件控制程序试图使新生儿产生条件反射。这个条件控制程序就是由一个中性刺激配合一个非条件反射,最终使这个中性刺激变成一个可以引发条件反射的条件刺激。例如,研究证实,新生儿能够通过学习将头转向某一特定声音刺激的声源方向。当发出这种声音(中性刺激)时,研究人员会同时用一个奶瓶碰触与声源同一方向的婴儿的嘴角,引发婴儿产生觅食反应(非条件反射)。反复重复这种配对程序后,婴儿一听到声音就会将头转过来期待能碰到奶瓶。最初的声音只是一种中性刺激,但最后却成为一种条件反射刺激,而转头这个动作,则从最初的非条件反射变成了条件反射。

同时，研究人员还将婴儿所表现的这种经典条件作用与动物的学习进行了比较，并从人类大脑发育特别是婴儿期大脑皮层功能发育方面对其进行了讨论（Lipsitt，1979；Papousek，1992）。如果婴儿具有的经典条件作用与他们行为的可塑性及学习潜能有关，那么就不能证实婴儿积极地参与了学习的过程。从自我的角度来看，婴儿没有机会了解自己操作环境事件的效力。在前述范例中，研究人员给婴儿提供的是已经配对的声音和奶瓶，婴儿不需要自己进行配对。他们只能被动地将实验人员提供给他们的中性刺激和非条件刺激关联起来。

为了了解婴儿是否能够积极地参与学习，研究者改进了这个经典条件作用的实验设计。他们让婴儿处在一个可以通过自己的反应激发正强化刺激的环境，从而将传统实验中的刺激—反应序列变成了反应—刺激序列，也就是所谓的操作性条件作用。在最初的研究中，婴儿被平放在一块垫子上，头部枕在一个装有压力感应计以记录头部转动情况的枕头上（Papousek，1992；Watson，1972）。每一次婴儿转动头部，悬挂在婴儿床上方的床铃就会晃动。研究表明到三个月大时，当头部转动能够促使床铃晃动时，婴儿的转头动作明显增多。这个观察结果说明，婴儿能够积极地参与学习，并且对自己的动作（转头）与环境中所发生的事情（床铃的晃动）之间的联系十分敏感。对于自我来说，这种注意倾向或天生的好奇心让婴儿开始体验自己在世界上所具有的能力。这是婴儿心理发展的一个重要过程。

研究人员利用操作性学习，有时也配合习惯化程序，研究了诸如婴儿期早期记忆和语言理解的问题。卡罗琳·罗夫-科利尔（Carolyn Rovee-Collier，1987）的研究，利用操作性条件作用程序揭示了三个月大的婴儿的程序性记忆特点。研究人员让婴儿躺在婴儿床里，然后在婴儿上方悬挂一个十分漂亮的床铃，将一根带子的一端系在婴儿的脚踝上，另一端系在床铃上，婴儿只要一蹬脚床铃就会晃动。很快婴儿就发现只要他蹬脚床铃就会晃动。在测试中，一旦婴儿达到一定的学习标准（一分钟蹬脚的次数达到一定数目），研究人员就会让他们休息几个小时、几天甚至几个星期，然后再进行测试。

与没有参加过实验的婴儿以及有过床铃晃动与自己蹬脚动作不相关的经

验的婴儿相比,这些经过床铃操作训练的婴儿在以后的实验中能够更快地重新学会这种关联。这说明他们对于一蹬脚床铃就会晃动这种关联保存了记忆。除此之外,它还说明婴儿对自己在某一特定实验情境下的自我效能有了一些了解。

为了研究婴儿更早阶段的学习能力和知觉能力,研究人员对新生儿的技能也即嘴的活动(包括吸吮)进行了研究。研究人员通常采用让婴儿吸吮奶嘴的方法,奶嘴与一个空气压力传感器相连,从而捕捉到婴儿吸吮或咀嚼奶嘴时奶嘴内空气压力的变化。这个传感器将空气压力的变化转换成能够被计算机识别、记录和使用的模拟电子信号。计算机再将与婴儿特定的吸吮模式相对应的视觉或听觉刺激反馈给婴儿。例如,每次当婴儿使劲吸吮奶嘴或以某一预定的速率吸吮奶嘴时,婴儿就会听到某种特殊的声音。或者,只有当他们断断续续地吸吮安抚奶嘴(中间有短暂的停顿)时,他们才能听到某种声音。

采用这种具有不同强化模式的实验程序,婴儿期研究者发现,婴儿在很小时就具有惊人的能力。新生儿会调节奶嘴吸吮方式,从而听到自己母亲的声音而不是其他陌生女性的声音(DeCasper 和 Fifer,1980)。当新生儿以某种方式(例如,吸吮动作之间伴有较长时间停顿)进行吸吮时可以听到母亲阅读的声音,而以另一种方式(例如,吸吮动作之间伴有短暂停顿)进行吸吮时会听到另一位陌生女性阅读的声音,新生儿倾向于以能够听到母亲声音的方式进行吸吮。婴儿熟悉母亲声音的事实很好理解,因为婴儿的听力系统在出生时甚至在怀孕的第六到九个月就已经发育良好了。

最近,研究人员又进行了一项类似的实验,不同的是这次实验采用的是视觉刺激。研究表明,新生儿会以某种方式吸吮奶嘴以让自己母亲的面孔而不是陌生女性的面孔出现在屏幕上(Walton,Bower 和 Bower,1992)。另外,多年前的实验亦证实,两到三个月的婴儿会以一种特殊的方式吸吮奶嘴,从而最大程度地增加视图亮度,甚至让自己看见的影片进行聚焦(Siqueland 和 DeLucia,1969;Kalnins 和 Bruner,1973)。

通过将上述实验方案与习惯化程序相结合开展研究,研究人员在婴儿早期语音发展领域也取得了较大的研究进展。研究表明,不到六个月大的婴儿很快就能发现,吸吮动作超过一定幅度后可以引发某种声音。通常在施以强化的前三分钟婴儿的吸吮速度会增加,但接着会由于逐渐习惯而反应减弱。当达到某一习惯化标准时,又给婴儿提供一种新的声音刺激进行强化。声音变化所引起的吸吮速度的增强被当作一个去习惯化指标,因此也是一个婴儿能否区分习惯时声音与习惯后声音的指标(Jusczyk,1985)。

最近我的实验室开展了一些研究,以试图了解当吸吮伴随特定声音时,婴儿到底会关注些什么。从自我方面看,婴儿可能会如前面所述表现出操作性学习能力,甚至知觉识别和归类能力,但没能意识到是自己的行为引发了所听到或看到的事件。因此,婴儿只是简单地学习到了通过塑造行为(以某种方式进行吸吮)来获得两种强化中更具效力的强化因素(例如,母亲的声音、母亲的面孔,或一种新的语音)。这种学习可能只是建立在行为塑造和简单关联的基础上,而不需要婴儿的任何意志(volition)感或自我效能感。就如老鼠按下控制杆以获得食物一样,这仅仅只是一个伪装得很好的旧式条件反射。

我们认为,只要能证实婴儿行为并不仅仅是伴随条件刺激的强化结果,就可以证实婴儿是在积极地探索自己的行动结果,特别是他们的行动与特定的结果相关联的方式(Rochat 和 Striano,1999b)。我们的基本观点是,这种探索的存在体现了婴儿的自我效能感。为了验证这个观点,我们创设一种环境,在这种环境下婴儿会听到与自己吸吮奶嘴完全同步的不同声音(图2.6)。需要强调的是,在我们的所有实验条件下,只要婴儿的吸吮压力超出某一最低阈限,就会产生一种伴随的声音。因此,实验中强化时间的安排与前面例子中强化时间的安排完全一致,我们改动的只是婴儿所听到的声音内容。

在一种实验条件下,每次婴儿吸吮时,他们就会听到一串断续的、由从低到高的随机声调或音频组成的颤音。这种颤音会持续两秒钟,然后停止。当下一次吸吮产生的压力超过阈限时,这种颤音又会出现。我们把这种实验条件称为"随机"条件。在另外一种实验条件下,每次婴儿吸吮时,他们就会听到一种持续的声音,声音音频(声调)的高低变化与婴儿吸吮奶嘴时奶嘴中压力的高低变化完全一致。我们把这种实验条件称为"模拟"条件,因为声音是对所记录的奶嘴中压力变化的一种模拟。

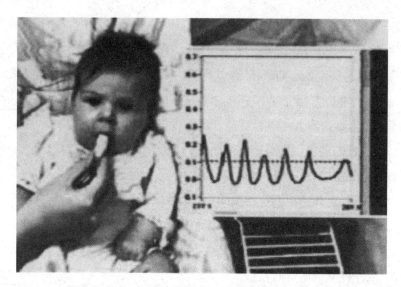

图2.6 婴儿从出生开始就能学会通过吸吮奶嘴产生特定的听觉或视觉事件。图中一名两个月大的婴儿正在一边吸吮奶嘴一边听同步产生的声音。图右显示的是婴儿作用在奶嘴上的压力变化的即时电脑记录。水平虚线代表婴儿能够听到同步声音的最低压力阈限（Rochat 和 Striano，1999b）。

我们想了解在"随机"和"模拟"这两种条件下婴儿的吸吮方式是否会有所不同。这两种条件都是伴随性的（一种吸吮方式同步产生一种声音），但是其中一种实验条件同时还向婴儿提供了一种对婴儿的吸吮动作的本体感觉的听觉模拟。我们的观点是，如果婴儿在这两种条件下的吸吮方式不同，那么就能有力地说明他们对自己的能力和自我效能具有一定认识，而不只是简单地将吸吮活动与任何同步发生的听觉事件相关联。

我们首先对一组两个月的婴儿进行了测试，结果发现，他们确实在随机条件和模拟条件下具有不同的吸吮反应。在模拟条件下，婴儿的吸吮反应明显较为缓和，作用在奶嘴上的压力通常刚好处在产生声音的最低压力值上。在此模拟条件下，婴儿确实会更多地探索自己的能力，以产生特殊的反映婴儿自己本体感觉的听觉结果。整体而言，与随机条件下的测试结果相比，在模拟条件下，婴儿对自己的吸吮动作与他们所听到的声音之间的联系表现出更强的协调性。

　　有趣的是,我们又以新生儿为被试,试图获得相同的实验结果,但失败了。在这两种实验条件下,新生儿的吸吮方式没有差异,在行为表现上也无法体现其具有自我效能感或诱发探索的能力。新生儿的表现只适合用简单的条件作用来解释。之所以会是这种结果,我认为是由于婴儿在出生第二个月左右发生了某种重大转变,婴儿正是在这个阶段产生了有意的、系统性的自我探索行为。在第五章,特别是在讨论什么是婴儿发展中的"二月革命"时,我会再次论及这一解释。

　　研究者已经收集了一些十分有趣的与两个月大的婴儿有关的观察资料,有力地证实了这个年龄段的婴儿特别关注自己的行为对环境产生的影响:婴儿似乎对将会发生什么产生了某些预期,并且乐于实现这些预期并发现新的结果。这些观察资料均源于对婴儿进行操作性学习时的面部表情的分析。在其中一项研究中(Lewis,Sullivan 和 Brooks-Gunn,1985),研究人员将绳子的一端系在音乐盒上,另一端系在婴儿的手腕上。每次婴儿拖动绳子,音乐盒就会响起很动听的音乐,同时出现很有趣的情景。与绳子没有系在音乐盒上的基线阶段相比,婴儿只要几分钟就学会通过适当的手的动作触发音乐盒发出乐音。婴儿手臂拖动的次数明显增加,并且他们还会笑起来表达自己的快乐。

　　在另一个基线阶段发生的事情则更为有趣。这个基线阶段也就是紧跟在学习阶段之后的消退阶段。在这个阶段,绳子不再与音乐盒相连,因而拖动手臂再也不会对音乐盒产生影响。在这个消退阶段,婴儿会继续拖动绳子,甚至拖动的次数会更多,显然这是为了让音乐盒产生乐音。而且,他们会对自己不能让音乐盒产生乐音感到十分沮丧,微笑的次数会明显减少,愤怒的表情却明显增加。再没有什么能比这个更好地说明婴儿对自己的能力具有一定认识了。当学着行动并产生有趣的结果时,婴儿对自己在环境里所具有的功效性构建了一定的期望。成功时他们会很高兴,而失败时会很沮丧。从学习阶段的微笑到消退阶段的愤怒,这种转变证实了婴儿具有自我效能感,并对自己的行动所产生的特定结果存在预期。

　　但是,有必要指出的是,人们对这个现象还持有其他一些貌似合理的简单解释。在此我仅列举其中一种，以反映研究者们如何进行理论争辩，并提出一些可能更贴近数据但也对婴儿行为缺乏推测的解释。这种观点认为，在消退阶段婴儿微笑次数的减少和愤怒表情的增加可能仅仅是因为婴儿兴奋状态的变化。在学习阶段，婴儿因为有机会听到音乐盒发出的声音而变得很兴奋并笑起来。在消退阶段，婴儿因为不大兴奋，所以笑得越来越少，苦恼(愤怒)越来越多。换句话说，在消退阶段主要表现出来的不是沮丧，而是基本兴奋状态的变化所引起的无聊。这种解释无需婴儿具有太多的个人意志。这种简单的解释是否更接近事实的真相呢？这还有待研究者采用相同的但对基本兴奋状态进行了控制的实验范式，展开进一步的研究。

出生两个月后，婴儿发展了新的动作系统，从而可以进一步体验自身的能力和功效。当婴儿能够进一步控制自己的身体，能够独坐或走动时，他们就会发现新的身体功效，进一步调整作为环境中的作用者(agent)的自我知觉(Rochat, 1997)。这种发展最终会随着将物体作为扩展自我效能的工具来使用而达到顶峰。当发展达到这个顶峰时，婴儿将具有通过计划来协调手段和结果的新能力，并且对自己能够导致某种结果具有更显性的理解(Piaget, 1952; Frye, 1991)。在第五章我们将看到，这个发展顶峰大概在婴儿九个月大的时候出现。如果我们把婴儿期的上限定为婴儿开始独立行走时，那么它出现在临近婴儿期结束的时候。

但是，在可以独立行走之前，婴儿通常就已经具有有意图的动作，并获得了对自身功效的认识。大约在四个月左右，婴儿开始系统地伸手抓物，而手最终会取代嘴成为主要的触觉接触区(Rochat 和 Senders, 1991)。在四个月大时，婴儿为了把物体送到嘴里，会禁不住试图伸手抓物。即使这个时候手眼协调已经发展得很好了，嘴仍然是婴儿最中意的接触终端。通常在六个月左右，婴儿才喜欢主要用手来探索物体——敲打物体，用手指触摸物体，以及将物体在两只手中来回倒换。手的大量技能都是在第二个月到第六个月期间得以发展的(Rochat, 1989)。随着双手技能的发展，婴儿也发展了自身在环境中的功效意识。他们开始根据自己认为能做的或不能做的来计划自己的行动，从而发展了有关自身动作能力的限度意识。这种计划性表明，婴儿对自身能力和功效已经具有了一定的意识（Field，1976；Rochat，Goubet 和 Senders，1999）。

为证实以上观点，我再提供一份实验结果。我们对五到六个月的婴儿进行了测试。这个年龄的婴儿已经能够很熟练地伸手抓物，但还不能很好地独坐。当婴儿开始伸手抓物时，如果没有外物支撑，通常会坐不稳。如果没有很好的外物支撑就去抓物，即使他们不会摔倒伤到自己，也会面临失去平衡和拿不到物体的风险。因此，对婴儿而言，特别是在他们没有得到很好的支撑时，伸手抓远处的物体时就存在一种权衡：拿到物体但自己会摔倒，或不拿物体但自己也没摔倒。通过在实验中提供垫子、座位和其他支撑物进行研究，我们知道这种权衡涉及一个重要的婴儿心理学话题。

随着肢体控制能力的发展，婴儿的行动越来越自由，身体功效从而也发生改变。例如，当婴儿开始能够独坐时，他们所获得的这种平衡控制能力就意味着他们可以在不失去平衡的情况下协调手与身体前倾的动作来抓取更远的物体。我们做了一些实验以证实，当六个月的婴儿开始能够灵活地抓物时，他们确实意识到了身体功效的限制。在一个实验中，我们将已经可以独坐或还不能独坐的婴儿放在直背的婴儿凳上，分析他们伸手抓取一个分别摆放在他们面前不同位置的玩具的情况（Rochat，Goubet 和 Senders，1999）。最近的物体放置位置距婴儿身体 30 厘米，正好与其脚趾平齐，另外三个位置分别是以这个位置为参考往外推进 5 英寸（约 12 厘米）、10 英寸（约 25 厘米）、15 英寸（约 38 厘米）。放在位置 1 和位置 2 的物体，婴儿伸手就可拿到；位置 3 处于婴儿取物的极限位置，婴儿只有将上身和上肢前伸才能最终拿到这个位置的物体。研究所要了解的问题是婴儿是否会根据自己的相对独坐能力试图伸手抓取处于最远位置的物体。我们将物体放在每一特定位置 30 秒钟，然后记录婴儿注视物体的次数和时间长短，以及婴儿伸手抓物的倾向和趋势。我们发现与那些已经能够独坐的婴儿相比，那些还不能独坐因而也不具有同样的行为自由度的婴儿伸手抓取放置在最远两个位置上的物体的次数明显要少。

在另一项研究中（Rochat，Goubet 和 Senders，1999），我们在五到六个月婴儿的手腕上先后戴上两个不同重量的手镯（一个轻的，2 克重；一个重的，

200克重)。戴上不同重量的手镯后,在不失去平衡的情况下婴儿取物时身体前倾的程度就会受到限制。如果婴儿对这个限制十分敏感,他们戴着重的手镯抓取远物的尝试就会减少。请注意,手镯并不会妨碍婴儿,不会影响婴儿手臂的动作。研究结果显示,与戴重手镯时相比,戴轻手镯时婴儿伸手抓取远处物体的尝试次数明显较多。这些实验结果表明,即使身体功效暂时发生了改变,婴儿还是会根据自己所感知的身体功效,采用视觉和本体感觉信息来调整自己伸手抓取远处物体的尝试。

与任何有目的的自发行为一样,婴儿早期伸手抓物行为中所表现出的这种计划性是源于对身体功效的知觉。这种知觉整合了婴儿对自身行为能力以及自己在环境中所处的特殊情形的了解。我们认为这种知觉能力是婴儿期自我意识的一个主要方面。它与生态自我意识相似(Neisser, 1991; Neisser, 1995; Rochat, 1997),这种生态自我意识是所有生物系统的一个自发特征,即不仅能够对刺激作出反应,而且也会采取行动,探索并发明新的手段,以实现功能目的。人类从出生开始就具有这种能力并逐步发展了这种能力。但是,至少对人类而言,自我知识的发展不仅是对身体功效的逐步知觉,还蕴涵着更为丰富的内容,包括在婴儿期末期甚至婴儿期结束后婴儿能识别镜中或照片上的自己。

婴儿如何从早期对身体和自我效能的跨通道意识,发展到最终认识到自己是可识别的实体呢? 这是一个具有挑战性的发展问题。它与婴儿对自己不仅是一个有感知能力和行动能力的不同实体,还是一个可以被反映和识别的个体的这种理解能力的起源有关(概念性自我)。在婴儿的发展过程中,宾格"我"的观点和内容是如何出现的呢? 这种自我客体化的作用机制又是什么呢?

人类,可能还包括我们人类的一些近亲,是仅有的具有这一发展性飞跃的动物种群。接下来我将讨论,既然自我识别起源于婴儿期,而且它不可能在18至20个月期间突然奇迹般地出现,那么发生这种飞跃性发展需要具备哪些条件呢? (Kagan, 1984; Lewis, 1992; Lewis 和 Brooks-Gunn, 1979)。

自我识别的起源

如果婴儿很早就认识到自己的身体是不同于环境中其他物体的独立实体,那么他们什么时候才能真正识别自己,又如何识别自己呢?为回答这个问题,我们必须区分不同发展阶段的自我意识水平:最初是年幼婴儿对身体的早期隐性意识,然后发展到一岁后的显性自我识别。接下来我们就试着说明是什么导致了这种发展。

一些实验观察结果证实,三个月的婴儿在电视上看到自己和别的同性别的同龄婴儿时能稍作区分(Bahrick,Moss 和 Fadil,1996;以五到八个月的婴儿为被试所获得的相似的实验结果,可参见 Legerstee,Anderson 和 Schaffer,1998)。通常,婴儿注视其他婴儿的时间要长些。那么这是否就能说明他们能够识别电视中的自己呢?当然不能。它仅仅意味着婴儿基于以前的镜像经验而较熟悉自己的身体特征(面部特征),其他婴儿的特征相对而言则较为陌生,因此婴儿也就更易为之吸引。没有直接证据表明三个月的婴儿"知道"电视上的那个人正是他自己。

婴儿通常会在镜子面前花很多时间观察自己在镜中的样子,一边看,一边欢笑着挥动自己的四肢。他们对自己在镜中的成像很感兴趣,但这并不意味他们能够辨认镜中的自己。他们利用镜子提供的这个机会体验和探索本体感觉和视觉之间完好的耦合。这种机会对婴儿来说很独特,特别有诱惑力,因为它为婴儿提供了无法直接看到的身体较大部分的视觉—本体感觉经验。作为成人,我们也经常利用镜子来修饰自己的外表,但这种整理头发和化妆的行为表明我们知道镜子里面的人就是我们自己。显然,婴儿面对镜子表现出来的行为还不能说明他们具有同等程度的自我意识,如同成人对着镜子涂口红或学步儿面对镜子显得很害羞或发觉鼻子上涂有胭脂而伸手去摸时所表现出的自我意识。那么,婴儿的这种能识别并最终确定镜子里面的人就是他们自己的能力是如何发展起来的呢?

首先我要指出的是,尽管通过镜子测验我们可以获得有关自我识别的一些信息，但它并不是评定婴儿发展过程中自我客体化（self objectification）和自我识别之最初出现的最佳测试方法。镜子是自然环境中一个十分独特的物体，能够带来一种我称之为"自我—他人悖论"的基本的自相矛盾经验。如前面所述，当你注视镜中自己的成像，你可以看到自己无法直接经验的身体部位，尤其是你的整个面孔。在第一章，我间接提到了社会交往中的双眼对视，特别是母婴间双眼对视的重要性。通常我们只有面对他人而非自己时才能看到一张正注视着自己的面孔。因此，与正面注视自己的他人进行交流的正常社会经验不适用于镜像的自我识别。简而言之，自己身体在镜中的成像是一种悖论，镜中人是正常外表下的你或另一个人的伪装，它是你又不是你。它是你，因为视觉和本体感觉信息完全耦合且在时间上吻合。但同时它又不是你，因为你就像其他人一样出现在你面前，而不是以你体验依附在你身体里的自我的方式出现。在某些程度上，观察镜中的自己并识别它就是"我"，这是一种超越身体的经验。镜像自我识别以及其他录像和图片测试任务所要测定的是个体的一种能力，一种暂时终止对自我的正常经验，而反思超越身体的新经验的能力。镜像实际上就是身体在光亮表面上的物理反射，而这需要人们进行思考才能真正地认知到。

在这个方面，我推荐大家读一些人类学家的观察资料，他们让从来没有看到过自己倒影的成人体验镜像。埃德蒙·卡朋特（Edmund Carpenter, 1975）让与世隔绝、居住在巴布亚高原的拜阿密（Biami）部落的成员看一面镜子。他们居住的地方没有任何可以成像的石板或金属表面，而且河水也是浑浊不堪的，根本看不到自己在水中的倒影。以下就是卡朋特所记录的部落成员首次看到自己在镜子里面的样子时的最初反映："他们吓呆了：惊讶（双手捂住嘴巴，缩着头）过后，他们站在那里一动不动，眼睛盯着镜中的自己，只有他们的腹部肌肉反映出他们很紧张。就像希腊神话中的那喀索斯，他们呆住了，完全被镜中的样子迷住了。确实，那喀索斯的神话正好反映了这种现象。"（Carpenter, 1978, 第 452—453 页）我想那喀索斯除了爱上了自己外，可能还对反射表面所提供的"自我—他人悖论"的存在性经验十分着迷。

尽管镜子本身具有这种自相矛盾性，但镜子实验仍然是评估认知层次的自我知识的一个有效手段,尤其适用于评定婴儿实现自我客体化并最终克服"自我—他人悖论"的能力。从发展的角度看,与这种能力有关的两个问题特别值得关注。一个问题是,在自我探索的发展过程中,婴儿从什么时候开始思索,进而不仅仅是通过直接感知和行动来体验物化的自我?另一个问题是,婴儿在探索自我的过程中采用反思立场的发展过程是怎样的?这两个问题也就是有关自我识别起源的"如何"和"为什么"的问题。这些问题仍有待研究,但根据目前所了解的实验证据,我可以提一些解释性意见。

婴儿似乎从出生开始就具有收集反映自己不同于环境中其他实体的知觉信息的能力。因此,自我知觉的发展并不是始于最初的混沌状态。婴儿一出生就能以某种知觉手段将自己与其他物体区分开,我们已经知道他们似乎会利用这些手段来理解自己是环境中不同于外界的、存在着的有效力的实体(生态自我)。

直接感知和动作,而不是反思,决定了生态自我意识。当婴儿从摆放在面前的电视中看到自己踢腿时,婴儿自我探索所反映的是对视觉与本体感觉一致性的直接经验,而不是有关屏幕上的人可能是自己的思考。如果他们喜欢从电视上看到其他婴儿踢腿,那是因为其他婴儿的腿部动作所引起的视知觉与他们对自己腿部动作的本体感觉不相吻合,而不是因为他们意识到是别的婴儿在踢腿。对他们来说,认识到这是自己的脚而那是别人的脚,需要他们进一步思索,也就是需要进一步向自我客体化发展。

而在镜像自我认知中,婴儿需要进行自我客体化,同时还需要将对环境中被物化并定位的自我的直接感知的思考与对自我的非物化表征(镜子反映的"我")的思考综合起来。这二者一个是直接经验的产物,另一个则是间接的心理反应的产物。儿童是否只有到学步阶段才表现出这种对知觉与表征的综合呢?正如前面我们在镜像悖论问题中讨论过的那样,镜像识别实验给了我们肯定的回答。

看来,两个月的婴儿除了能够形成有关自己身体的跨通道的经验外,还开始表现出最基本的有关自我的思考。他们开始关注,并以更强的识别能力探索自身动作所产生的后果。当伴随吸吮发出的声音与婴儿本体感觉到的努力一致或不一致时,婴儿的吸吮方式也会随之不同。当他们能够成功地产生特定的结果,例如通过拖动绳子让音乐盒放出音乐时,他们显得很高兴;当不能成功地实现特定的结果时,他们就会感到灰心或愤怒。

到第二个月,当婴儿开始对他人十分好奇并感到很好玩,例如会对人微笑或双眼对视时(参见第四、五章),他们对自己也感到好玩起来。他们开始花很多时间自娱自乐,并通过重复观察作用于自己或别的物体的动作来探索自己的身体。他们会抓住手或脚,把它们举到眼前长时间地仔细观察。他们会抓住任何机会重复能够产生有趣结果的动作。除了能够在身体这个具有高度组织性的动作系统范围内进行知觉和行动(例如吸吮、觅食、目光追踪)外,两个月的婴儿开始将自身功效作为一个可以与所感知的事件相关联的动态系统进行思索:比如自我激活发音系统的听觉事件,又如在眼前晃动手臂或用脚踢响床铃的本体感觉—视觉事件。婴儿经常会重复这些新动作,而且,他们显然是为了了解这样做的感受以及这些动作是如何与其他知觉结果相关联才不断重复这些新动作的。

这个过程是婴儿迈向超越直接知觉和身体动作的自我客体化的第一步。为了向他们自己表征自己,婴儿需要从物化自我的直接知觉中超脱出来。这并不意味着跨通道知觉所明确的物化生态自我意识被概念性自我所取代了。相反,如镜像自我识别所证实的,这种新的、允许有显性表征的自我知觉立场是对隐性的、不具有任何有意识或有意图过程的生态自我意识的补充。

在婴儿开始从物化自我的直接知觉中摆脱出来,并发展显性自我识别的这个阶段里,出现了一个重要发展,但我们对这一发展的了解还不甚明了。出生两个月的婴儿特别关注自己的反复嬉戏行为所产生的后果,这个行为可能是引发以上发展的最初原因。带着这种特别关注,婴儿开始系统地复制特定结果,并逐步发现,他们的自我(也就是他们自己的身体)是能够通过手段实现目的的动力系统。在这个过程中,婴儿除了具有从一出生就已经拥有的对物化自我(生态自我)的直接意识外,还产生了一种认为自己是有意图的或顽皮的个体的新意识。所谓的有意图性(一个赋予语义的词汇),就是认为自己是一个能够预期未来事件并能将之与过去事件相关联的计划性实体的意识。它是一种自我意识,但与物化生态自我相反,它与直接知觉和行动的即时性("此时此刻"方面)无关。

为了探究伴随吸吮所产生的听觉结果,两个月的婴儿会系统地调整自己的吸吮动作。他们这样做实际上是在探索自身的本体感觉努力与所听到的声音之间的联系。与新生儿不同,两个月的婴儿已经成为探索自己作为动因引发特定结果的探索者。这种新出现的自我探索预示了前面所提到的思考立场的出现。而且,婴儿倾向于重复自身动作,这可能也促进了这种思考立场的产生。在所有知觉事件中,自我产生的动作出现得最频繁,也最可靠。它们提供了对自我控制的经验以及对自我产生的因果关系的知觉分析。探索自我产生的动作及其知觉结果需要重演动作,也即要重现导致某一特定事件产生的动作或动作模式(例如,为听到一特定声音而以一特定方式进行吸吮)。在重复探索自身动作的过程中,婴儿以某种方式模仿着自己。我认为,在婴儿摆脱物化或生态自我的直接经验的过程中,自我模仿可能是一个十分重要的环节。在某种意义上,自我模仿可能与人们的祈祷相似。在祈祷过程中,人们会反复对自己默默祈祷,以期望实现超越肉体的自我经验。

这里我要阐述的一个基本观点是,婴儿通过不断的动作重复获得关于自己是环境中的作用者和有意图实体的认识。当然这个观点还只是一个推测,有待进一步的实验证明。在这个重复动作的过程中,婴儿有机会发现自身引起的连续跨通道事件之间的变化以及它们之间的对应关系。它使得婴儿开始能够将自身可控制的过去、现在和将来的自然事件关联起来。同时,这个过程说明了婴儿的自我不仅与即时的身体知觉有关,而且还与有计划性的行动(意图性自我)有关。

将所观察到的年幼婴儿的行为变化与人类进化过程中所发生的变化进行比较是一件十分有趣的事件。与其他灵长类动物相比,人类正是靠这种不断成长的,能反映过去、预测未来和参与符号象征功能的能力来实现不断的进化。关于这一点,可以参考梅林·唐纳德(Merlin Donald, 1991)关于人类进化的精彩描述。唐纳德认为,现代人类的起源就是从片段情节文化到模仿文化的过渡,也即从局限于当前即时性经验的生活,到既能生活在现在,又能生活在对当前经验的模仿或表征中的过渡。我们从年幼婴儿身上所看到的发展正是这种心理发展过程。

"mimetic"是"mimesis"的衍生词,指对所感知或想象的事件的有意图重演或模仿。唐纳德有关进化的阐述认为,模仿能力是现代人类所特有的,其他猿类动物均没有这种能力。如果模仿能将人类与其他灵长类动物区分开来,那么这个人类特有的过程似乎在人类个体发育的早期就已发挥作用。唐纳德指出"人类儿童例行公事似的重演日常事件并模仿其父母或同胞的动作。他们经常这样做,除了反映自己所表征的事件外并没有任何明显的目的。猿的行为中基本上不存在这种现象"(Donald,1991,第172页)。

我认为在个体发育过程中,模仿(mimesis)大约在出生后两个月开始出现。从这个时候开始,在具备了思考和通过重复模仿自身动作的能力的基础上,婴儿发展形成了镜像自我识别和一般性自我概念所需要的退耦(decoupling)能力。但是问题是,为什么婴儿是在两个月大而不是更早时候就会思考这些呢?我们认为,随同自我模仿出现的知觉分析可能是大脑成熟(也就是大脑皮层的不断发育)、肢体发展、运动发展以及社会性发展等多个正在发展的系统的一个新出现的认知特性。

婴儿期具有不同类型的自我吗?

与所有复杂的问题一样,不将概念分解成更易操作的部分就很难将自我知识概念化。威廉·詹姆斯在其经典的阐述中将自我的两个基本类型也就是主格的我与宾格的我进行了区分。主格的我是作为身体的体验者和环境中的体验者的自我。它是存在的、被置于情境中的自我。而宾格的我是被识别或概念化的自我。这种区分强调了被识别、被回忆和被再认的自我与只是从物质这个层次通过和环境的互动所体验到的自我的不同。对于宾格的我,詹姆斯把它进一步划分为"物质的自我"、"社会的自我"和"精神的自我"。如果这个分类与有关成人的自我知识的阐释有关,那么它是否也与婴儿具有明确的自我识别（也就是宾格的我的概念或概念化自我）之前的婴儿期自我有关呢？

乌尔里克·奈塞尔（Ulric Neisser，1991）提出，婴儿是从物质和社会这两个基本领域开始认识自己的。这两个基本领域都为婴儿提供了特殊形式的知觉信息，使得婴儿能够发展自我知识。在物质领域，婴儿通过对身体和环境中物体的探索获得了有关自己的知识。在社会领域，婴儿通过与人的交往获得了自我知识。奈塞尔认为，在每个领域，婴儿从出生就发展了两种类型的自我知识：生态的（物质的）和人际关系的（社会的）。

我在前面章节集中讨论了作为探索、校准和识别对象的身体，而较少提及婴儿在与他人的交往中所获得的自我意识。因为我认为婴儿对于自己身体的意识比任何其他发展中的"自我"都更根本。自我确实首先是物化的，是婴儿最初体验和探索的自我的物化体现。物质交换和社会交换确实能带来不同形式的知觉信息，并且都能促进婴儿期自我知识的发展以及不同发展环境的形成。但是，无论自我是通过自我探索、与物体的互动还是与他人的社会交往来体现，自我经验首先是通过身体的不变性，特别是通过对身体的跨通道经验的整合来实现的。

对于婴儿期的自我知识，我们需要对不同的发展环境和在这些环境中出现的不同自我意识的水平进行分类，而无须区分不同的自我类型。将婴儿期不同的自我类型进行分类会产生一种错误观点，即婴儿对自己的意识是多面的，是根本不同的。目前没有实验证据能够证明这点。虽然年龄较大的儿童和成人能够对自己进行多面表征，但不应该从这个层面对婴儿进行评定。婴儿期的自我从根本上是统一的，而不是划分开的。婴儿成长的自然和社会环境给他们提供了不同的学习机会。从这些环境中，他们收集了有关知觉的自我的各种信息，即能够触摸、微笑、回应，并能被动作所娱乐的物化自我的各种信息。

随着年幼婴儿能够有效地进行计划，并预期自己的行动所产生的结果，他们也开始体验到痛苦、饥饿与巨大快乐的产生和消逝，以及成功、失败、回报和挫折。所有这些经验都汇集于能提供动作、感受（情感知觉）以及情感（感受的交流）的身体。

当儿童通过自我识别并在语言及社会交往中不断提及自我，从而实现从概念层面上表征自己时，他们达到了新的自我知识层次。他们不仅成为能对自身产生思考的个体，而更主要的是成为能对他人进行思考的个体，正如多年前乔治·赫伯特·米德（George Herbert Mead，1934）所做的精彩阐述那样。出生后第二年，"次级"情绪或自我意识情绪，如困窘和羞愧之类情绪的出现（Kagan，1984；Lewis，1992），正是这种新的自我知识层次的体现。婴儿期后儿童开始从他人的角度理解和思考自己，这就产生了不同类型的自我知识。自我因而也具有了多重性，从而在本质上有了多种类型（Kagan，1998a）。

但是在语言——标志着婴儿期结束的象征性符号——出现之前，他人在决定自我意识发展中的角色作用并不清晰。在第四章我们将了解到不满两个月的婴儿的社会反应技能非常有限，他们的社会交往也缺乏互动性。但在婴儿满九个月后，他们对他人的注意发生了显著的变化。比如，面对陌生人时他们会开始显现焦虑；又如，他们开始将其他人纳入自己对外部世界的探索中。

尽管婴儿在一岁之前，对他人已经具有高度的感知和响应，但他们大部分时间还是在自娱自乐，探索自己的身体，把玩自然物体。就是在这样的环境下，婴儿首先获得了对自己身体的意识，知道自己是环境中一个独特的实体，一个具有活力、情感和功效的实体。我认为，婴儿从实质上还没有发展出不同类型的自我，但基本具有了两种层次的自我意识：对物化自我的直接认知和对意图性自我的认知。物化自我的认知从一出生，甚至可能在子宫内就已发展。意图性自我认知则从出生第二个月开始出现。在整个婴儿期，这两种自我认知在与自然物以及人们——自我意识中最明显的决定因素——发生互动的特定知觉情境和知识领域内持续发展。

自我与他人

毫无疑问，他人是自我客体化最主要的反馈来源。这一点从一开始就很明了。儿童发出的第一个单词通常就是为了吸引他人对自己或物体的注意。

从很早开始,儿童就通过他人来进行自我客体化,寻求社会的认可,并了解自己是不同的独特实体。

儿童,与成人一样,把别人当镜子来了解自己。我们对自己的认知,确实在很大程度上来源于我们有关他人是如何看待我们的思考。自我知觉与我们对作为旁观者的他人的知觉是不可分的。正是从这个角度,我们认为自我意识离不开所谓的观众效应。当儿童不断叫父母观看他们做一些自认为很有挑战性的壮举时,例如从跳板上跳下来、骑不带训练轮的自行车,他们除了试图给观众留下印象外,还希望人们对他们所认为的自己——勇敢的、蛮横的、可笑的或聪明的——给予认可。自我从本质上而言是带有社会性的,要通过他人来表达和认识自己。而在这个过程中,存在着与自我及社会知识不可分离的共同知觉和共同认知。

但是婴儿又怎样呢?是否有证据表明婴儿能够共同知觉自己和他人呢?第四章我们将了解到一些研究人员提出的观点,他们认为婴儿可能从很早,甚至从出生开始就能通过模仿成人的面部表情(例如,当成人反复伸出舌头或露出悲伤的表情),使自己与他人保持一致。尽管研究表明新生儿能够模仿,但认为新生儿的模仿体现了婴儿想与他人保持一致(有时候称为"像我立场")却是一个理论上的飞跃。可以肯定的是,从婴儿出生开始,婴儿照料者就关注于培养婴儿的社会互动,让婴儿的感觉与周围世界相协调,而这种协调可能是共同知觉的一个来源。

父母与年幼婴儿进行互动的一个最常见的方法就是回应和模仿婴儿的情绪(Gergely 和 Watson,1996;1999)。在面对面的互动中,父母常会模仿婴儿的动作表情。在这个过程中,婴儿从父母的反馈中看到了自己所表现出来的情绪,同时这种情绪还被父母以夸张的表情和语调加以增强,使之能和其他情绪相区分。这种情绪反映对婴儿而言当然是自我知觉的一个来源,因为它使得婴儿能够看见并客体化自己的情感:他们的内心感受被投射到外部(外化),然后又通过交往同伴反馈回来。在这个过程中,婴儿面对的是显性且可分析的个人感受。

作为成人,我们必须移情感受婴儿的情绪。例如,当婴儿伤心欲哭时,我们常会走近婴儿，轻轻拍着婴儿的背部，并皱着眉头用一种哀伤的声音安抚他们。这样做的时候，我们事实上是对婴儿的内心感受进行一种情绪模仿，一种对其主观生活的模仿。

当婴儿注意成人的面部表情并开始在面对面的互动中做出回应的时候，他们就是在了解他人并形成基本的社会预期。在四个月到六个月期间，我们会看到当交往同伴突然显得面无表情或面部表情缺乏情感的协调配合时，婴儿会显得很伤心。

简而言之，在理解他人方面的进步与婴儿期在理解自我方面的进步是不可分的。现在让我们再回到自然物上，回到婴儿对自然物进行的实际操作与他们所感知到的可以对自然物进行哪些操作这两者之间可能存在的联系上。正如自我意识的发展与社会理解的发展之间存有关联，自我意识的发展与物理世界理解的发展也是不可分的。

共同知觉和共同认知

从生态学角度解释知觉的詹姆斯·J·吉布森(James J. Gibson, 1979)提出，感知环境也是对自己的共同知觉。从生命出生的最早阶段开始，自我知觉就与物体知觉密不可分。当躺在婴儿床里的婴儿追踪一个在视野范围内移动的物体时，他们所体验的不仅是物体的移动，还有对眼眶内眼球移动的本体感觉。婴儿收集的信息既涉及环境中移动的物体，也包括追踪物体的自己。

在乘坐火车或汽车时，我们通常都会被自我运动的错觉所迷惑：尽管我们会因为看到旁边的一辆车子在动而认为我们自己在动，但事实上我们是静止的。附近车子的运动状态能够反映（在这个例子中是错误地反映）我们自己的运动状态，它的运动告诉了我们一些有关自己在环境中所处的状态的信息。婴儿也在关注身体外的其他物体的同时不断明确自己。任何知觉都需要一个观察角度，也就是知觉者的观察角度。正如前面列举的错觉性自我运动，物体也常常是通过知觉者特定的状态和位置而被感知的。

对物的知觉必然会带来自我知觉,而且当婴儿开始关注物体时,他们也开始关注自己,尤其是关注物体与身体的相互关联方式。在婴儿的发展过程中,自我知觉的发展总是伴随着物体知觉和动作的进步。当婴儿发现自己能够对物体做些什么(例如,伸手抓、咀嚼、发出声音或打碎某物)时,他们也发觉和了解了自身的潜在功效和能力。

认知也是如此。对事物的了解与对自我的了解是不可分的。当婴儿了解物体时,他们也在了解自己。例如,当婴儿开始理解客体永久性概念时,也即,即使物体会暂时从视线范围内消失,它们依然继续存在,婴儿也逐渐了解自己在环境中的永久性。只有在婴儿开始了解自己是可以在视线范围内出现和消失,是能够来去自如的知觉者时,客体永久性概念才会产生。如果婴儿预期物体会重新出现在某一特殊位置,那么他们的这种期望是基于他们对物体和自身的了解:这两个过程是不可分的。

通过追踪和探索物体,婴儿学会了不仅仅将自己定位成环境里的旁观者(spectator)和行动者。当他们开始绕过障碍,计划重新获得物体的系统步骤以搜寻藏起来的物体时,婴儿获得了关于自己是有期望目标的积极的计划者的新认知。当婴儿在要求更高的任务中发挥自我效能时,他们一定经历了自己作为高级战略家的经验。婴儿对意图性自我的认识的不断发展确实伴随着他们与客体世界的互动和控制能力的不断增强。当婴儿计划对一个物体做些什么时,他们将自己当成未来的行动者,并预期自己在自然环境中的未来情形。通过发展自我效能和有关物体的意图性自我认识,婴儿扩展了有关即时的、直接可知觉的物化自我的最初意识。

但是,如果婴儿与客体世界的互动是获得自我知识的一个来源,那么婴儿对自然物是独立于自我的实体又有什么样的认识呢?换句话说,婴儿有关物理客观性的本质及发展是什么?在第三章我们将接着讨论这个问题。

(本章由郭力平翻译)

第三章 婴儿期的客体世界

婴儿从出生开始就接触自然物体。他们以看、摸、听、尝、闻等方式接触各种各样的物体，如食物、奶嘴、摇铃、树木、动物、墙纸、摇篮内衬和橡胶安抚奶嘴等。与人不同，自然物体不会做出回应，而且当个体不作用于它们时，它们的状态完全独立于个体自身。那么婴儿对物体具有怎样的认识，婴儿又是如何认识它们的？

婴儿直到出生后的第二个月，才开始在更多的时候处于清醒而警觉的状态。在吃饱睡觉之前，他们会四处张望，被周围那些不依赖婴儿的行动而自然发生的静态和动态的物理事件所吸引。小睡后，如果他们睁开眼睛，看到窗帘的影子在天花板上晃动，他们通常会为之所吸引，并长时间地盯着看。事实上，到第二个月，当婴儿不睡觉，不感到饥饿疲劳，也没有表现出任何不适时，他们的主要活动就是探索并仔细观察周围环境，尤其是环境中的自然物体。

大多数婴儿期研究都致力于了解当婴儿关注周围的自然物体时，他们的心理实际上在处理和经历什么。在过去的二十年里，研究者们采用注意偏好和习惯化范式进行了一些新的实验研究。这些实验表明，从很早开始，婴儿就以相当复杂而理性的方式处理和体验着物理世界。这些研究提出了与早先的理论完全相反的观点。早先的理论认为，婴儿缺乏有关自然物体的知识，因为出生时他们对物理世界的认知完全处于一种混沌状态。

对物理环境的早期感知

是否记得第一章中提及的卢梭对新生儿的认识？他认为新生儿具有学习的能力，但不能了解或认识任何东西。然而，目前的研究否定了这个观点。确实，在刚出生时，婴儿的视力系统远未发育完全，但他们从出生开始就能感知这个自然世界的一些基本特征，比如深度、运动和形状。婴儿正是从这样的感知开始逐步理解客体世界的。

第二章阐述了有关新生儿在自我方面的感知和动作的研究。手口协调、蔗糖刺激反应、头转向声源以及工具性吸吮等，所有这些行为都证实，婴儿从出生开始就对各种不同的感官刺激十分敏感。在怀孕最后三个月期间，胎儿的听觉系统已经发展得很好了。这一点可以通过超声成像技术记录婴儿听到从母亲腹部表面传来的噪音脉冲后的眨眼、心率以及腿部运动情况予以证实。据报道，从怀孕29周也就是正常生产前11周开始，婴儿的这些反应就已经非常稳定了（DeCasper和Spence，1991）。

子宫内充满了各种各样的声音。到怀孕末期，胎儿似乎认识了熟悉的声音，特别是母亲的声音，尽管母亲的声音经过羊水的过滤后变得很微弱，但声音节奏和相对音高却仍与子宫外一致。研究表明，让33周到37周间的胎儿每天聆听母亲大声发出的短节奏声音后，他们能最终将这种节奏与另一种新的声音节奏予以区分。胎儿心跳记录显示，每天听到母亲的声音节奏的胎儿当重新听到这些节奏时心跳速度明显减缓。而当胎儿听到另一种新的声音节奏时，则无迹象表明胎儿的心跳会减缓（DeCasper等，1994）。胎儿经常听到的特定声音似乎能够影响出生后听到同样的声音时的反应。胎儿的这种惊人的听觉学习能力表明，婴儿在子宫内就能认识母亲声音的时间模式。子宫是一个十分嘈杂的环境，除了母亲的声音，胎儿还能听到母亲身体内的心跳声、生理噪音、消化声和其他声音。胎儿经常听到母亲有节奏的心跳声的事实大概可以部分解释为什么节奏性的安慰手段对年幼婴儿十分有效。我们常常可以看到婴儿照料者自发地采用一些节奏性的重复动作来安抚婴儿或是刺激他们吸食母乳或牛奶。例如,婴儿照料者会一边摇晃着婴儿,一边重复地说一些话,用舌头发出咯咯声(这也可以鼓励婴儿吃奶),并轻轻地抚摸婴儿。

新生儿不仅能够听,而且也具有高度发达的味觉和嗅觉能力。研究表明,当新生儿通过奶嘴吸吮到的是甜水而不是白开水时,他们会对吸吮模式作明显的调整。当吸吮到甜水时,他们会放慢吸吮速度,似乎是在品味这个味道。这个现象十分明显地说明儿童天生就具有享乐反应(Lipsitt,1979)。

在嗅觉上,当把浸有不同气味的棉球凑近新生儿的鼻孔时,新生儿会作出明显不同的反应(Soussignan等,1997)。出生不到48小时的新生儿闻到酸味(醋酸)和甜味(茴芹)时的心跳、呼吸和身体运动反应完全不同。在闻到甜味(蔗糖)、酸味(柠檬酸)或苦味(奎宁硫酸盐)时,他们会做出各不相同的面部表情。闻到甜味时,新生儿会笑、吸吮和舔嘴唇;闻到酸味时,他们会噘嘴唇、皱鼻头、眨眼;闻到苦味时,他们会嘴角向下,上嘴唇翘起,显得很不开心,一些婴儿甚至还会吐口水(Soussignan等,1997)。因此,婴儿似乎从一出生就能区分不同的气味,并对它们做出各不相同的特定反应。

不能把新生儿的嗅觉简单地归结为生理反射。婴儿从出生起甚至在出生前就能对不同气味做出基本的区分。出生仅几小时的新生儿就能区分自己母亲与陌生女性的身体气味、乳汁气味,甚至羊水的气味(Marlier,Schaal和Soussignan,1998)。研究者做了一个实验,他们分别把浸有母亲气味或非母亲气味的棉球放到躺在婴儿床里的婴儿的两侧。新生儿头部转动的记录表明他们在出生几个小时后更喜欢将头转向浸有母亲气味的棉球方向。这种区分是新生儿通过出生时就已高度敏感的嗅觉系统所学到的。

如果说早期儿童的听觉、嗅觉和味觉在出生时就已相当发达,那么他们视觉的发展尚不成熟,在出生后还在继续快速发展。发展心理生物学家已经证实,从鸟类到哺乳类动物,感官系统的发展都遵循一个不变的发展顺序:从触觉的、前庭的(平衡觉)、化学的(嗅觉与味觉)、听觉的,最后到视觉的(Gottlieb,1971)。哺乳动物包括人类的视觉发展之所以延迟,一方面是因为视觉系统相当复杂,另一方面是因为子宫内缺乏视觉刺激(如果不是完全没有的话)。从神经科学角度采用动物模型进行的视觉发展研究表明,光刺激对视觉系统的发展和视觉调整的产生相当重要。这个假设得到的实验性支持包括托尔斯滕·尼尔斯·威塞尔和戴维·休伯尔（Torsten Nils Wiesel 和 David Hubel, 1995）的经典研究。该研究证实，剥夺小猫一只眼睛的视觉刺激会导致另一只眼的异常视觉优势。每只眼睛在视觉皮层区域所占据的区域大小由它们所受的光刺激程度决定。

视觉的正常发展需要大量的光刺激，而其他感官系统的发展可能也需要相应的刺激。但不同于视觉系统，其他感觉系统在出生前就可以获得大量的刺激。例如，胎儿通过吸吮和吞咽来品尝并闻到羊水，在子宫内可以听到来自母体内外的各种各样的声音等。

虽然出生前也可能会有一些微弱的光线穿过子宫壁进入子宫，但子宫内的环境基本上还是一片黑暗。尽管如此，超声成像显示到怀孕第 23 周，胎儿已开始有缓慢和快速的眼动反应（de Vries, Visser 和 Prechtl, 1984）。可见，眼睛活动早在出生前就已存在，但尚无证据表明这一活动与透入子宫内的光刺激有关。那么，当婴儿出生时突然面对大量的可见光，尤其是面对妇产科手术室内照明设备发出的强烈光线时，他们会有怎样的感受呢？婴儿出生时并不眼盲，他们似乎马上就对光线刺激十分敏感，他们的眼睛会睁开又闭上。当用手电照射新生儿的眼睛以进行出生后的常规眼睛检查时，他们会眨眼并显得很不舒服。但是，除了具有视觉敏感性并能够对各种光源做出反应外，他们怎么知道光线反映了周围的环境，反映了这个自然客体世界呢？

作为发育成熟的个体，我们通过视觉所感知的事实上并不是光刺激本身。除了对光很敏感外，我们还是客观的感知者。我们感知外形，也即环境中各种物体构成的表面，而这些物体有时是动态的，有时是静态的。我们通过捕捉以特定方式从各个物体及其轮廓上反射回来的光线来了解这个视觉环境。物体的阴影，也就是物体表面反射或发射的各种光线，能够告知我们物体的深度、形状以及它与环境中其他物体的相对位置。这个物体与其他物体的相对关系，例如它的支撑表面、构造坡度以及亮度变化，都可以告诉我们该物体与周围其他物体的关系特点。

采集从环境反射回的光线中所蕴涵的信息是感知的一个重要内容。詹姆斯·J·吉布森以此为基础，从生态学的角度研究了视知觉以及其他各种知觉系统。吉布森(Gibson, 1979)的理论基础是：我们眼睛所接受的光线并不是随意和紊乱的，而是能反映自然环境的构成。物体对光线的反射遵循一定规律，由物体的物理特征以及布局位置所决定。根据吉布森的观点，我们主要是通过识别这种不变的信息来感知这个客体世界。请注意，吉布森的生态学理论对感知提出了一个特殊观点。除此之外，还有许多其他理论，也试图从各种角度对我们如何通过各种知觉系统了解(不只是敏感)这个物理世界的过程进行解释。

有关早期感知的研究大多数都集中在视觉领域。目前已经有很好的研究证据证实，婴儿，即使是新生儿，都是客观的感知者。尽管出生后头几个月婴儿的视觉系统还相当不成熟，但除了对自然刺激很敏感外，婴儿还能感知客体世界，并对其有一些基本的认识。

与拥有健康视力的成人相比，新生儿的视敏度或者说新生儿察觉细节差异的能力只相当于成人的1/20。婴儿的视敏度在一岁时才接近成人的水平(Slater 和 Butterworth, 1997)。婴儿的视觉对比度(看见一个视觉目标所需的最少亮度)和颜色视觉(色彩辨别)也是如此。通过测试，研究者发现新生儿的这两种能力在出生头几周很不发达(Banks 和 Shannon, 1993；Banks 和 Dannemiller, 1987；Teller 和 Bornstein, 1987)。例如，他们采用纯灰色和黑白相间的线条图案对新生儿的偏好程度进行了比较。如果婴儿注视线条刺激的时间较长，说明他们能够感知这种图案的细节。通过连续测试并系统地改变线条的空间密度，研究者可以有效地评估婴儿对细节的敏感度(婴儿的视敏度)。这种方法可与习惯化程序相结合，用于测定婴儿的视觉对比敏感度和色彩敏感度。

立体视觉(stereopsis)的采用，也即决定物体相对距离的双眼深度线索的采用，是婴儿在出生后头几个月内出现的一个显著发展。双眼深度线索需要综合每只眼睛所传递的对同一物体的不同信息(也就是视差)。大约到六个月时，婴儿才能收集到这种深度信息。当婴儿开始伸手抓物时(大约四个月)，他们倾向于抓两个物体中较近的物体(Yonas 和 Granrud, 1985)，下面这个实验的结果巧妙地说明了这种发展趋势。实验中，将两个相同的三维物体并排摆放在婴儿面前,但离婴儿的距离不同;同时,在某些实验条件下,将远处物体的形状增大,使之看上去与近处物体的外观大小(视网膜成像大小)相同,然后让婴儿抓这对物体。在这些情况下,如果婴儿将其对深度的知觉建立在物体的外观大小(视网膜成像大小)的基础上,认为物体越远看上去就越小,那么这两个物体与婴儿的距离就相同,而他们伸手抓这两个物体的几率也应当相同。但如果他们利用双眼深度线索感知距离,那么他们就应该能够知觉到尽管这两个物体的外观大小(视网膜成像大小)相同,但它们与自己的距离不同,这样他们抓近一点的物体的次数应该较多。研究发现六个月和六个月以上的婴儿具有这种能力(Yonas 和 Granrud,1985)。

除双眼深度线索之外,其他的信息,例如外观大小、结构坡度、封闭性,以及运动视差的动力线索(改变物体观察角度所获得的深度线索,如当婴儿转动自己的头部时),都有助于对物体的深度感知。新生儿似乎可以收集一些信息。例如,艾伦·斯莱特(Alan Slater)及其同事发现,新生儿看三维物体的次数明显比看照片的次数多,即使在遮住了他们的一只眼睛后也仍是如此(Slater,Rose 和 Morison,1984)。在后面这种情况下,婴儿必须利用运动视差的动力线索来实现这种区分。这些研究结果表明,从出生开始婴儿可能就对非双眼的深度线索十分敏感,虽然他们的视敏度还很差。

通过将物体或图像摆在距婴儿大约 30 厘米(也即 1 英尺)的最佳敏感度范围内,一些实验证实了新生儿及年幼婴儿确实能够知觉位于三维空间的三维物体。最佳敏感度范围是婴儿视觉探索所覆盖的主要空间区域,基本相当于婴儿伸手取物的距离。当然,婴儿也会关注一些较远处的物体或动态事件,例如移动的树、驶过的车,或远处的人物等。但是,由于年幼婴儿的视敏度很差,我们不清楚婴儿对这些事物能有哪些辨别。

一些婴儿期研究者提出了一个很有趣的问题,即新生儿的视觉不发达是否会限制他们对那些能反映物理世界的基本原理的推断与表征。正如天体物理学家只能通过天文望远镜提供的有限视觉信息去推测那个遥远的未知世界一样,婴儿对世界的推理可能也受到他们所收集到的有限知觉信息的限制。当然这还只是一种推测,未被实验证实,但是这个问题使研究人员试图了解,通过其有限而不断发展的视觉能力，婴儿到底能对这个客体世界产生多少认识。

简而言之，与成人标准相比，婴儿出生时就像是看不到东西的盲人，但是他们并不是生来就无法感知的。新生儿视觉研究证实，新生儿能够区分各种轮廓形状，有时甚至能够区分那些只有复杂的细微差异的物体；他们能够区分处于静态或动态状态的相似图案，能够区分只在方向上有所不同的形状，甚至能够区分钝角和锐角，他们还倾向于较长时间地注视高对比度的图案（参见 Slater, 1997）。所有这些研究结果说明了一个事实，即尽管婴儿的视敏度、对比敏感度和颜色视觉能力很不发达，但婴儿天生就能感知和区分这个"客观化"的世界：一个由丰富的轮廓和表面所构成的充斥着各种不同的自然物和事件的世界。

无论新生儿所表现出来的知觉能力多么不成熟且有待进一步发展，它为婴儿早期对物理知识进行精细加工与表达提供了基础。婴儿的所有这些能力表明，从出生开始他们就能知觉，而并不仅仅只是感受和反应而已。

婴儿期的客体探索

从出生开始，婴儿就能将感知和动作相协调，能将头转向声源处，追踪看到的物体，用特殊的方式咬陌生的物体。婴儿不仅是客观的感知者，而且还天生就是环境的积极探索者。婴儿的这种积极探索最明显地体现为他们开始用手触摸物体，以对它们获得多通道的感觉体验。在这个阶段，婴儿在探索物体的活动中表现出一种新的主动性。婴儿从声音和景象的积极观众转变成客体世界的积极改变者，他们会自发地进行实践和探索，而不再仅仅是对外在刺激作出反应。这种发展，和我们已经了解的其他方面的发展一样，与婴儿两个月大时产生的一个重要转变同时发生。

在能够操纵物体之前，婴儿的自发探索行为似乎主要针对身体，而不是物体。婴儿似乎是在首先以身体为中心的探索活动中产生了对物体的兴趣。我想以多年前我参与有关年幼婴儿手口协调决定因素的研究时所收集的观察资料来对这个观点进行阐述(参见第二章)。

我试图通过一项简单的实验了解,婴儿从什么时候开始产生将抓到的物体放进嘴里进行嘴的探索的系统性偏好。我把婴儿放在婴儿床上,并在婴儿的每只手上放一个物体让他抓。那是一种适合新生儿抓握的质地各不相同的橡胶咬牙器。实验发现,直到两个月大时,婴儿才开始用手抓着物体往嘴里放。两个月之前,婴儿只是倾向于把物体抓在手里,但不会把物体放进嘴里或举到视线范围内,他们更没表现出任何特殊的操纵物体或两只手同时触摸探索物体的偏好。但是,从出生开始,婴儿会系统地倾向于将手伸进嘴里进行探索。因此,早期的手口协调首先是以身体为对象的,直到两个月后才变成以物体为对象(Rochat, 1993)。

在接下来的实验中,我记录了二到五个月婴儿对所抓到的物体的自发探索行为(Rochat, 1989)。这些实验设计都很简单。我将一个手感柔软、色彩绚丽、易于抓握的新物体放到婴儿的左手或右手中让他抓。婴儿坐在一张婴儿椅上,面前架着一台摄像机,而我则站在婴儿后面,婴儿无法看到我。然后,我将物体放在婴儿的手上,同时摄像机拍下婴儿将物体放入嘴中进行口部触觉探索或举到视线范围进行视觉探索的过程。我还系统地分析了婴儿在看着物体或咬到物体时对物体的手动探索。

这项实验获得的结果表明,二到五个月期间的婴儿在如何开始探索物体上有一个基本的发展趋势。从两个月他们能够把物体送到嘴里开始,婴儿逐步倾向于交替采用眼睛和嘴巴来探索物体:他们先把物体举到眼前,然后放进嘴里。在手动方面,我观察到一些十分有趣的倾向,即随着年龄的增长,婴儿越来越倾向于用两只手来探索物体,如在两只手中来回倒换物体,或一只手抓住物体另一只手触摸物体。后面这种行为反映了大约四个月左右开始出现的手的双重功能,即支撑物体的辅助功能和探索物体的知觉功能。从这个月龄开始,手的这两个功能通过视觉控制变得更协调了。到第五个月,在婴儿开始将物体举到眼前进行观察时,一只手拿着物体而另一只手触摸物体的现象就很普遍了。因此,手指触摸行为似乎主要受视觉控制,并与婴儿期的手眼协调有关联。

我们观察到年幼婴儿在手眼协调上也存在相似的发展轨迹。有研究报道,当婴儿追踪最近视线范围内的物体时,他们会产生所谓的"预伸手行为"(von Hofsten,1982)。致力于对婴儿期伸手行为进行微观分析的克拉斯·冯·霍夫斯滕(Claes von Hofsten)的研究证实,与面前没有物体的情景相比,当新生儿看到一个物体在前面不远处移动时,他们会表现出更多的伸手向前的动作。这些观察结果说明,婴儿出生时就具有最基本的手眼协调性。但是,直到四个月大时,他们才能成功地、系统性地伸手抓物——不仅抓住物体(von Hofsten 和 Lindhagen,1979;von Hofsten 和 Fazel-Zandy,1984),而且还能把物体放进嘴里并把玩物体,以作进一步探索(Bruner,1969;Rochat 和 Senders,1991)。

总而言之,有关早期物体探索的研究表明,婴儿从出生到出生后六个月期间发展了理解自然物体的新途径:从出生头两个月时主要的口部探索发展为大约第四个月时手、嘴和视觉探索相结合的复杂探索,以及成功而系统的手眼协调(von Hofsten 和 Lindhagen,1979;Rochat,1989;Rochat,1993;Rochat 和 Senders,1991)。

皮亚杰及其他动作理论家认为,物体探索的早期发展是婴儿获得物理知识,并能最终超越感知经验,即时性地去表征和推理客体世界的过程(Piaget,1952;1954)。但是,下面章节中将提到的研究则认为,完全以动作发展来解释客体知识的起源,这种观点即使没有问题,也是不充分的。这些研究认为,一些基本的物理知识可能早在婴儿自发的物体探索之前就已存在,并指导着婴儿的物体探索。

物理知识的起源

过去二十多年来,皮亚杰关于早期知觉以及物理知识的起源的理论在多个方面都受到采用更灵活的实验范式对婴儿期进行研究的研究者的"攻击"。

这里使用"攻击"这个词只是为了反映婴儿期研究新趋势的重大影响。这些研究者要求对皮亚杰在七十多年前,研究手段极其有限的情况下,以自己三个孩子为观察对象所提出的研究观点进行重大修改。在我简略阐述皮亚杰有关物理知识起源的主要观点,并摘录一些要求对其进行修正的实验研究依据之前,我必须要说明的是,皮亚杰的研究观察仍然是十分有效且具有启发性的。当代婴儿期研究者想证明的并不是皮亚杰对其孩子的仔细观察是无效的,相反,他们质疑的只是皮亚杰对其观察结果所作出的理论解释。

通过对自己的孩子从出生到出生后头几个月的发展情况的观察,皮亚杰指出:从出生到出生后的头两个月,婴儿还不是客观的知觉者。在视觉方面,皮亚杰认为婴儿还只能感知到无意义的、稍纵即逝的刺激混合物,他称之为感官图片(sensory pictures),法语称"静态画面"(tableaux)。婴儿可以感知到这些感官静态画面的出现与消失,但无法分辨它们的次序或特定形态。在感知层次上,婴儿所体验的是一种杂乱无章,如威廉·詹姆斯对新生儿的描述:来自环境的无意义的感觉轰炸。下面一段引自皮亚杰的经典著作《儿童智力的起源》,是他有关年幼婴儿对客体世界的最初视觉经验的解释。在这段论述中,皮亚杰首次报道了他对出生五周的儿子注视婴儿床的行为所进行的观察。"例如,他躺在婴儿床上,盯着婴儿床顶篷上的某个位置。我把顶篷移到婴儿床的另一端,这样他的头顶上没有顶篷了,而是一片以顶篷边缘为界的没有遮挡的空间。劳伦特(Laurent)马上注意到了这小片空间,并不时从这一边到那一边地搜寻这片空间。因此,他的目光会跟随顶篷的白边,直到最终将目光固定在顶篷边的某个特定可视点上。"(Piaget,1952,研究观察32,第64页)

对皮亚杰而言,这种行为完全受婴儿周围感官条件的支配。婴儿所看到的事物还不具有任何意义,它们自然也不可能是被知觉的物体。皮亚杰认为,在这个早期阶段,婴儿的注视只是受"看"这个简单动作的引导,而缺乏知觉的引导。以下是皮亚杰对此类观察所作的解释:

这种行为模式要如何分类呢?毫无疑问,婴儿对自己试图注视的物体没有任何兴趣。这些感官图像没有任何意义,既不能引起吸吮和抓握行为,也不能引发其他任何一种对物体的需要反应。何况,这些图像既没有深度也没有凸出……因此它们只构成了一个个的点,它们出现、运动、消失,但没有固体形态和体积。简单而言,它们还不是物体,还不是独立的图像,甚至还不是具有外在意义的图像(Piaget,1952,第64—65页)。

视觉感知只有在婴儿开始能将视觉与其他感官形态如听觉和触觉等协调起来时,才变得客观化,这是皮亚杰作出这番解释时所遵循的指导性理论假设。当婴儿开始能够同时听到、看到或摸到环境中的物体时,这些物体才开始物化,成为有深度、有实质,并在一致空间里组织起来的客观化实体(例如吉布森所描绘的形状)。因此,只有通过协调的跨通道感觉运动活动,物理世界才开始被婴儿感知并真正物化。根据皮亚杰的假设,视觉感知的产生(也即感知物理世界的开端)取决于感觉运动的协调性发展。

如前面一章所述,婴儿从出生起就能将不同感官形态组织起来,他们从很小开始就能进行跨通道感知和多通道匹配。因此,如果皮亚杰的假设是正确的,那么新生儿应该能感知物体,而不仅仅是体验到随意的感觉。但这与皮亚杰对发展之初的婴儿所作的描述相矛盾。他认为,在出生后头几周内,婴儿还不能将有关一个物体的触觉、视觉和听觉感知相整合。对皮亚杰而言,这种将不同感觉通道所获得的对物体的感知进行整合的能力是后天学会的,而不是天生具有的。

由于目前已有证据表明,年幼婴儿能够进行跨通道匹配并产生协调的动作,因此,我们显然必须对认为婴儿早期处于无协调性的初始状态的假定进行修正(参见第二章)。事实上,年幼婴儿的感知能力的发展常领先于以控制性和系统性方式协调动作的能力的发展。例如,研究表明,在婴儿能够成功地伸手抓住看到的物体之前(也即在产生手眼协调性前),他们就能够感知真实而一致的物体。因此,我们很难说清,物体感知与物理知识是否起源于动作的逐步发展,尤其是各种感知形态之间的逐步协调。当前对早期感知和物理知识起源所做的婴儿期研究指出,皮亚杰低估了年幼婴儿的感知能力和动作能力。

对于皮亚杰的物理知识源于动作的逐步协调的假设,有一种反对观点认为物理知识的发展受到一些基本限制。婴儿如何能够从一种无协调状态和对杂乱无章的环境(皮亚杰所称的各种变化的感官"静态画面")的体验中发展并获得知识的呢？假定婴儿是从试误中汲取知识，并通过逐步的协调动作一点一点地构建物体世界，那么又是什么引导这种发展呢？是什么使它具有一致性？婴儿如何知道物体的哪些方面是相关的，他们需要对哪些不变量进行识别才能预测到物体的状态呢？

物体及其运动十分复杂。如果不做一些限制，很难想象婴儿如何才能对客体世界有足够的认识，并最终能够以成人的方式预测、推理和了解它。一个可能的解释就是婴儿天生就具有理解物体和事件的能力。鉴于已有证据表明新生儿已具有客观知觉者的行为，这种先天论观点并不牵强。婴儿可能也同时是物理世界的客观推理者。

当代大多数有关婴儿认知的研究将婴儿所拥有的惊人能力的出现时间推向了更早的年龄，同时认为婴儿具有先天(隐性)的物理理解能力。根据多项对婴儿期物理知识和推理的独创性实验研究(其中一些我将在后面详细阐述)，伊丽莎白·斯佩尔克(Elizabeth Spelke)、勒妮·巴亚尔容(Renée Baillargeon)以及其他许多婴儿期研究者在过去十五年来收集了许多令人感兴趣的证据，表明婴儿至少从三个月起就可能具有最基本的物理知识以及以此为基础的推理能力。例如，我们会看到年幼婴儿可能根据物体要占据空间、物体不能同时存在于两个空间或物体会持续存在等原理对物体进行推理。尽管婴儿只有到三个月甚至更大的时候才表现出这些物理推理能力，但一些研究者，特别是斯佩尔克认为婴儿显然从出生开始就拥有这些从发展之初就影响他们对客体世界的感知和理解的基本物理原理。

简单而言，与皮亚杰的物理知识是通过协调性动作的发展而逐步构建的建构主义观点相反，斯佩尔克的先天论观点认为婴儿的物理知识并不是从一无所有开始发展的。从一开始婴儿感知和推理客体世界的方式就受到高度的制约(Spelke, 1991; 1998)。然而，尽管过去二十年来出现的大量富有创造性和启发性的实验研究都是在这种观点的推动下产生的，它依然备受争议。一些知名的婴儿期研究者对先天论以及先天能力在婴儿认知中具有重要作用的观点提出了质疑,并对此进行了研究,在此基础上,他们对婴儿早期的物理知识提出了全新的观点(Haith,1998)。

对物体的某些基本理解似乎是动作发展的先决条件。如果动作通常由物体引发并具有指向性,例如四个月的婴儿开始出现的伸手取物行为,那么这和我们所想理解的婴儿如何通过动作来逐步构建物体的企图确实是自相矛盾的。如果对所抓的物体没有形成一些基本概念,婴儿发展过程中又如何会出现伸手取物的行为呢?这里所指的基本概念包括物体是真实的,不同于婴儿自身,物体占据空间并可以被伸手抓住。下面我提供的一些研究描述了当婴儿作用于物体的、自发的工具性和变换性的动作还十分有限和很少时,婴儿所具有的物理知识和推理能力。在出现反映物理知识和推理的操作动作(例如皮亚杰在其有关客体永久性的经典观察中所记录的寻找隐藏物体之类的系统性搜寻动作)之前,婴儿很早就已经能通过对物体的系统的视觉关注反映出他们所具有的客体知识。

婴儿如何理解物体

皮亚杰提出只有九个月以上的婴儿才能理解客体是永久存在的。因为他发现,当把一个可爱的物体藏到一扇不透明的屏幕后面时,九个月不到的婴儿不会尝试用手去搜索物体。皮亚杰认为,这说明婴儿还没有形成物体虽然不在视线范围内但依然存在的概念。由此他断定,婴儿还不能对感知上不存在的物体作出推断。婴儿不能从思想上理解或表征物体存在于持续的空间里。从屏幕后面搜索到物体需要婴儿具有能引导他进行手动搜索的客体概念。另一种解释则认为,皮亚杰研究任务中九个月不到的婴儿之所以缺乏手动搜索的行为,可能是由于肌肉运动的限制而非认知的限制(Baillargeon,1993)。这种解释目前已经得到有力的实验证据的支持,本节将列举一些此类的实验证据。我首先要解释一下什么是通常意义上的客体概念。

与不能和物体的直接感官体验相分离的感知不同,客体概念是一种与感官体验分离的精神活动的结果。它是思维的产物,是一种观念或观念系统。

对客体的观念通常要建立在感知的基础上,但从某种意义上讲,它们又是独立的。例如,如果你感知到一个物体移到一块挡板(一个阻挡你视线的物体)后面,你目睹了反映物体消失的事件。除了这个与直接且即时的感官体验相应的感知事件之外,物体依然作为一种观念(一种概念)持续存在于你的脑海。通过这种观念或客体概念,你可以描述已经从感知上消失的物体,推理其目前的状态及其所处的空间位置,并期待其可能重新出现的地点和时间,或考虑需要怎样做才能重新感知它。因此,客体概念是对一个在感知上已消失的物体的精神想象或记忆。它也包括对消失于视线范围的物体应该在哪里的各种推断或想法(例如,物体奇迹般地消失了,物体藏在某个地方,约翰拿着它)。但无论体现为何种方式,它都需要一种对消失的物体进行表征的能力。

现在我们来了解一点当前的研究发现。这些研究表明,物体表征能力是生命的一个早期事实,早在婴儿能够寻找藏在屏幕后面的物体之前就已存在。在一个对皮亚杰搜索任务进行了改进的实验中,研究者没有采用挡板隐藏物体,而采用可以在黑暗中进行拍摄的红外线照相机对婴儿在黑暗中伸手抓物的行为进行了分析。研究者证实,当四个月大的婴儿开始伸手抓物时,无论是对在光亮处看到的物体还是对在黑暗中听到的物体,他们都会伸手去抓,而在黑暗中没有视觉线索引导他们去抓物(Clifton 等,1993)。婴儿无论是在光亮处还是在黑暗中都伸手抓物的倾向使得研究人员开始利用这种行为去研究早期客体概念。这些实验的基本逻辑是,在黑暗中排除了视觉反馈后,婴儿的持续抓物行为可能暗示了某些客体概念或表征的存在,因为黑暗里视觉感知不能引导手动搜索。这个实验的优点是利用黑暗代替挡板来暂时隐藏物体,因为挡板试验除了要求年幼婴儿具有潜在的物体表征能力外,还有一些可能超出他们能力范围的要求,即绕过障碍物或移走障碍物的活动能力(Bower 和 Wishart,1972;Clifton,Perris 和 Bullinger,1991)。

在九个月前,大多数婴儿都不害怕突然陷入完全的黑暗中。我们与蕾切尔·克利夫顿(Rachel Clifton)共同合作,利用年幼婴儿的这一特点,分析了婴儿在黑暗中的抓物行为以考察早期客体概念。通过这项研究,我们证实六个月的婴儿在黑暗中抓物时,他们的行为受到对这个看不到的物体的特定表征的引导(Clifton,Rochat,Litovsky 和 Perris,1991)。

我们让六个月的婴儿伸手抓一个大的(直径 30 厘米)或一个小的(直径 6 厘米)圆圈。在每次尝试中,我们都先让物体出现在婴儿够不着的地方,然后慢慢地将物体移近至婴儿面前能够得着的范围内。每次,实验人员都会摇晃物体以发出特定的声音,如门铃声或咯咯响声。在连续六次在光亮中将物体呈现在婴儿面前后,我们把灯熄灭,又再次将物体呈现在婴儿面前,这个时候婴儿只能听到物体发出的声音,而不能看到物体。我们利用红外线摄像机拍摄了在完全的黑暗中婴儿伸手抓物的行为。

我们发现,在光亮中进行实验时,婴儿伸手抓大物体或小物体的行为有所不同。当伸手抓大物体时,他们倾向于伸出两只手,预期用双手才能抓住这个物体。而当伸手取小物体(除了直径小很多之外,其他都与大物体相同)时,婴儿倾向于伸出一只手,预期用一只手就能抓住物体(图 3.1)。有趣的是,在黑暗中,他们继续以与物体大小相对应的两只手或一只手抓物。这说明他们仅仅是基于对物体发出的相应声响的听觉识别来预测他们将抓到的物体是哪一个。

我们认为,黑暗中的这种预期的伸手抓物行为说明,婴儿能使用对物体的表征来指导自己在黑暗中的抓物动作(Clifton 等,1991),而这种能力就是客体概念的表现,婴儿表现出这种能力的年龄比皮亚杰在利用挡板的手动搜索任务中所证实的年龄至少要早三个月。

为了了解月龄更小的婴儿所发展的动作能力,一些婴儿期研究者设计了一些实验,以测试在更早的月龄,当婴儿还不能熟练地伸手抓物,但已经能够用视觉关注物体和事件时,婴儿所具有的客体概念。这些实验采用所谓的期望违背范式,均建立在测定婴儿对导致可能或不可能结果的特殊自然事件的视觉关注程度的基础上(Spelke,1985)。

这一实验范式基于一个简单的事实,即婴儿和成人一样,当经验到的自然事件所导致的结果是未曾预料的结果时,会更加仔细地观察这个事件,甚至会很惊讶。例如,在观看魔术表演时,你的注意力完全被那些小伎俩所吸引,因

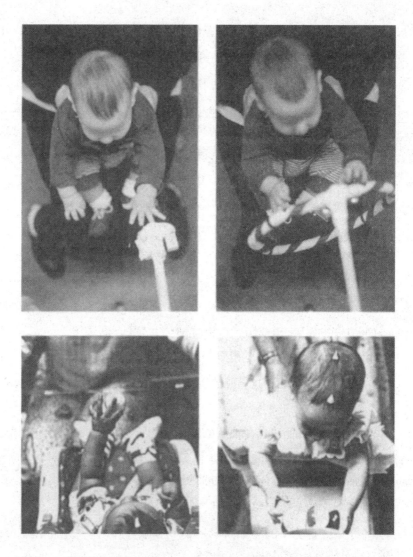

图 3.1 当面对大物体时,六个月的婴儿会伸出两只手来抓;当面对一个相似但直径相对较小的物体时,六个月的婴儿会伸出一只手来抓。六个月的婴儿对在黑暗中发出声响的物体具有表征能力。他们预期手的特定接触,使手的动作符合无法看到的物体的形状和大小。贴在婴儿头上的白色胶布用作分析抓物时婴儿头部移动和朝向的标记(Clifton, Rochat, Litovsky 和 Perris, 1991;照片由 P. Rochat 拍摄)。

为它们违背了你所掌握的有关物理知识的那些基本原理。因此,你会全神贯注地观看，有时还会眉毛扬起、嘴角向下，琢磨到底是什么让你产生了围巾变成兔子或绳子在空中消失的错觉。

近年来，婴儿期研究人员成功地研究了年幼婴儿在目睹一部分被遮挡的物体（如一个隐藏在挡板后面的物体）重新以物理上可能或不可能的方式出现时的视觉反应。通常，研究人员通过重复将一个物体遮住或移到挡板后面的动作（大约六次）让婴儿先熟悉这个事件。之后，研究人员再次让婴儿面对同一事件，但这次在完成这个事件后将遮蔽物移走，让婴儿看到好几种物理结果。例如，物体可能仍在那里（可能的结果），也可能消失了（不可能的结果）。在婴儿熟悉事件之后进行的尝试中，研究人员测定婴儿注视所发生的结果的时间。根据该范式的基本原理，如果婴儿能够区分这两种结果，那么他们注视不可能结果的时间应该比注视可能结果的时间要长些。这就表明，婴儿目睹不可能结果时，可能感到了意外。这样，我们就能评估这种期望中所蕴涵的物理知识。

勒妮·巴亚尔容和她的同事首次采用期望违背范式进行研究，并证实五个月的婴儿在实验中注视不可能事件的时间明显更长（Baillargeon，Spelke 和 Wasserman，1985）。在这个也被称为"吊桥实验"的实验中，研究人员在婴儿面前的桌子上，让一扇挡屏沿一边做向后翻转 180 度的旋转。她们先让婴儿对这一情景习惯化。一旦婴儿对这个物理事件已经习惯化，研究人员就用同一扇旋转的挡屏对婴儿进行测试，不过这次她们在挡屏后面放置一固体物，以阻止挡屏的旋转。在一组实验中，挡屏会因为固体物的阻碍而停止旋转；而在另一组实验中，当挡屏垂直于桌面婴儿无法看到后面的物体时，实验人员会偷偷地将物体拿走，这样挡屏就可以一直向后旋转直至完全水平于桌面。如果婴儿认为挡屏应该在最后看到物体的地方停止旋转，则可以预期他们会对这种不可能的事件产生新的关注。巴亚尔容及其同事在这个构思巧妙的实验中确实发现了这样的结果：当挡屏旋转着通过了本该会被物体阻挡的位置时，婴儿注视这个事件的时间明显更长。

在后来的实验中，以三个半月的婴儿为被试的实验也得到了同样的结果。这说明从很早开始，婴儿就能够通过对被遮挡的物体的心理表征对这些无法感知的物体进行推理。基于这种表征,年幼婴儿能够预期特定的物理结果,比如挡板的可能或不可能的运动(Baillargeon, 1993)。

这些研究结果还进一步表明,年幼婴儿具有一些基本的客体概念原理,从而能够在成功地进行手的搜索任务之前就可以对物体运动作出预测。有迹象表明,从很早开始婴儿就能理解物体会占据空间,是固态的,且会互相阻碍。这种理解可能是建立在早期的知觉学习和经验的基础上,但显然,从很早开始,这种理解就可以与知觉相分离,并且能在缺乏有关物体的知觉信息时,仅仅通过物理推理来进行推断,并引导婴儿的行为。

其他许多研究也通过采用部分遮挡事件的期望违背范式,进一步说明了婴儿期早期物理推理和客体概念的性质。伊丽莎白·斯佩尔克及其同事已通过多个构思巧妙的实验(例如,参见 Spelke 等, 1992)证实,至少从四个月开始婴儿就似乎已经了解物体的这些性质:(1)在空间持续存在并有连续的运动轨迹(持续性原理);(2)以排他性的方式占据空间,两个物体不能同时存在于同一个空间(固态原理);(3)独立运动,除非它们碰巧与另一个物体发生物理接触(相隔不作用原理)。

比如,斯佩尔克、布赖恩林格、麦坎伯和雅各布森(Spelke, Breinlinger, Macomber 和 Jacobson, 1992)的研究证实,年幼婴儿会较长时间注视不可能的结果,如物体似乎通过了一个按理会阻碍它们通过的固体障碍物,或物体通过了一个太小而无法容纳它们的小孔。在所有这些情形中,其结果都违背了这三个基本原理中的一条或多条,导致年幼婴儿注视的时间明显增长。

所有这些研究都说明,年幼婴儿能够对不出现在他们视觉范围内的事件进行推理并作出特定的推论。而婴儿至少在出生三到四个月就开始拥有一些基本物理原理,能够指导他们理解直接感知和非直接感知的物体在环境中的运动趋势,并且成为婴儿进行此类推理的基础。这里我想再次提请读者注意的是,一些研究资料对婴儿早期的物体知识进行了更为朴素的解释,同时对我此处所提及的这些观点也提出了质疑。例如,他们采用知觉学习理论而非基本物理知识的理论来解释婴儿在巴亚尔容、斯佩尔克及其同事最初设计的期望违背范式中的反应(详细参见 Bogartz, Shinskey 和 Speaker, 1997; Haith,

1998)。

现在我想谈谈我与我以前的学生苏珊·赫斯波斯(Rochat 和 Hespos，1996；Hespos and Rochat，1997)所做的一系列研究工作。根据这些研究,我们认为,如果四个月的婴儿具有客体概念,那么这个概念不仅有助于对不能感知的物体进行静态表征,还有助于预测表征物体在视线范围外的运动和空间变化的情况。在多个采用期望违背范式的实验中,我们让几组四到六个月的婴儿坐在木偶剧舞台前。在舞台上,一个彩色的 Y 形物体突然消失在挡板后。物体或是从舞台上方垂直落到挡板后(平移条件),或是旋转下落,从时钟指向四点的角度消失于挡板后面(旋转条件)。

在每种条件下进行了六次习惯化尝试后,研究者开始测定在这两组实验条件下婴儿的视觉关注程度。在这些尝试中,当物体消失于挡板之后,挡板就会降低下来,婴儿可以看到物体按照可能或不可能的方位落在舞台中央。可能的方位即根据被部分遮挡了的物体的运动轨迹推断出来的物体应该处的方位,而不可能的方位则是将物体旋转 180 度后的方位。在不可能结果的尝试中,实验人员会在婴儿最终看到结果之前偷偷地在舞台后面将物体换个方向(图 3.2)。

根据期望违背范式的基本原理,婴儿注视不可能结果的时间应该比注视可能结果的时间更长。每次实验都采用不同的婴儿做被试,并对演示稍加控制以消除挡板后物体运动的偶然性,因为这些偶然结果可能会使婴儿对意料之外的结果有心理准备。通过进行多个这样的实验,我们发现,从出生后第四个月开始,婴儿对不可能结果的关注时间要比对可能结果的关注时间要长。这些结果有力地说明了年幼婴儿具有复杂的表征能力。

如果我们认为这些结果表明儿童的客体概念包含了他们对物体的特定期望,那么形成这些期望的基础是什么？这种期望又是否能告诉我们,年幼婴儿是怎样理解那些正在移出自己视线范围的物体的呢？

根据我们的研究结果,我们认为婴儿至少从四个月开始能够产生动态的心理意象。这种动态意象或表征能力延伸了感知所提供的信息,使得婴儿能对可见和不可见的空间变化进行预测。婴儿对物体消失在视线范围后仍继续存在以及物体移到挡板后面后仍以空间上持续的方式继续运行的现象具有了隐性的认识。

在我们的研究里,婴儿看到物体消失在挡板后面后,利用概念性表征试图预测物体落地时的最后方向。当物体还能被看见时,婴儿目睹了它的初始方向、运动、下落轨迹以及逐渐的消失。在物体完全消失于挡板后面后,为了预期这种转变的最后方向,婴儿运用了自己的想象,尤其是能让他们从心理上追踪物体在挡板后的空间变化的表征能力。正是这种心理追踪使得婴儿能够对可能的最终方向和不可能的最终方向进行区分。

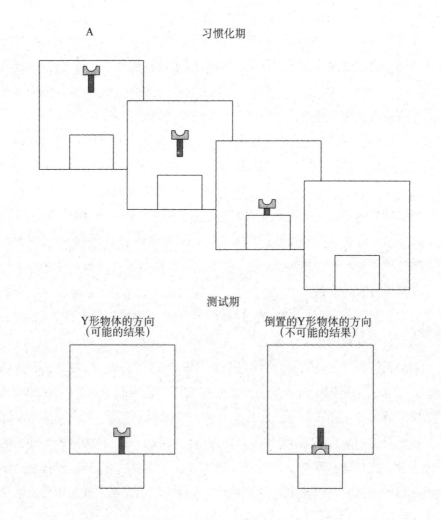

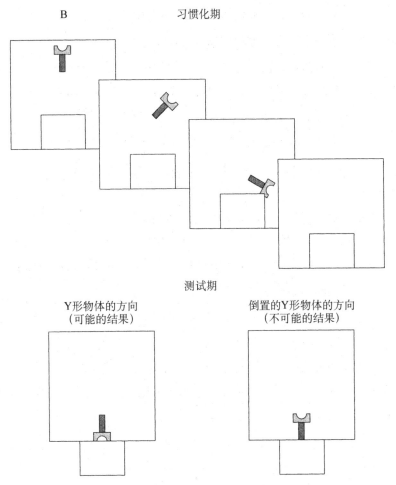

图 3.2 四个月的婴儿似乎开始能够对移出视线范围的物体的运动进行表征。熟悉了物体无论是以垂直平移方式或 180 度旋转方式消失于挡板后的情景,婴儿对于物体按照不可能的结果重新出现之情景的注视时间明显长于对于物体按照可能的结果重新出现之情景的注视时间(Rochat 和 Hespos,1996;Hespos 和 Rochat,1997)。

请注意,婴儿确实考虑到了物体的运动和轨迹,他们注视不可能结果的时间之所以较长不仅仅是因为从实验开始到实验结束物体的方向发生了改变。比如,在一组控制组中,先让婴儿熟悉物体静静地搁在舞台顶部(没有运动发生)的情景,结果在后面的测试中,无论物体以哪种方向落在舞台上,他们的反应都是同等的,在注视时间上没有什么不同。而且,只有在平移实验条件下,才能将最终的异常(不可能的)方向结果与开始方向作比较。而在旋转条件下,不可能的(异常的)方向其实就是初始方向。换句话说,平移和旋转条件能减少婴儿只是简单地根据开始方向和结束方向的静态对比而作出反应的可能性。

既然婴儿并不只是记住并比较物体位于舞台顶部和底部的静态方向,并且当物体移到挡板后面后也没有任何感知线索可以帮助婴儿追踪物体,那么他们对物体的最终方向的预测只可能是基于心理追踪。这里,婴儿再次表现出了明确的表征能力。旋转条件实验还同时表明,婴儿拥有延长感知信息的基本的心理旋转知识(有关详细的讨论请参见 Rochat 和 Hespos,1996;Hespos 和 Rochat,1997)。

总而言之,至少从四个月开始婴儿就具有一种客体概念,他们能够对暂时从眼前消失的物体进行表征和推理,表现出具有客体永久性的基本知识,这比皮亚杰在手动搜索任务中得出的年龄提早了五个月。而且,这种早期的客体表征并不只是在心理上对物体进行快速拍照的静态心理模拟。相反,有关年幼婴儿对无法看见的空间变化的心理追踪的实验研究表明,婴儿可以从心理上改变和操纵自己对客体的表征。从很早开始,婴儿的客体表征就是动态的,而非静态的。它涉及心理活动,即由基本原理所指导的物理推理。通过物理推理,婴儿能够对物体及其行为作出预测并赋予意义,从而扩大自己对客体世界的非直接知觉经验。

对物理因果关系的关注

婴儿从出生开始就倾向于更多关注运动的物体,而较少关注静止的物体。在设计实验时,研究者知道与静态情景相比婴儿更能被动态情景所吸引。出生头几个星期的视敏度缺乏可能可以解释为什么年幼婴儿特别关注运动的物体。运动为婴儿提供了大量关于物体的信息,例如物体是环境中独立的、有边界的、有形状和大小的实体。运动也能让婴儿了解物体的动态特征,例如什么促使物体运动,物体运动的特征又是什么(连续的、加速的、光滑的、有节奏性的)等。现在我们来了解一下,有关婴儿对物体运动方式的理解以及物体的运动方式作为环境中的事件对婴儿而言有何意义的研究有哪些发现。婴儿是否也能察觉促使物体运动的环境条件,例如重力、惯性,或与其他物体相碰撞等?对这些条件的察觉和理解,既是康德所提理论的基本范畴之一,也是我们如何理解物体世界的一个重要内容。

五十多年前,比利时实验心理学家阿尔伯特·米乔特(Albert Michotte, 1963)设计了一些十分巧妙的办法,以研究我们理解物理因果关系的感知基础,特别是研究我们如何解释一个物体的运动可能有赖于另一个物体的运动。他设计了一个两维情景,其中一组几何形状的物体依次重复地在一屏幕上移动。例如,红色方块沿直线移向蓝色方块,碰到蓝色方块,然后与蓝色方块一起沿直线移动。在另一种情形中,当红色方块碰到蓝色方块后红色方块停止移动,而蓝色方块开始移动。米乔特让成人看这两个情景,然后要求他们描述自己的感知。多次实验后,米乔特确定,根据物体运动的时机和速度,成人从这些实验中感觉到了强烈的因果关系。例如,他们认为红色方块"推动"蓝色方块,而蓝色方块"牵引"红色方块。他们从这个抽象的两维情景中感知到了力量、惯性和阻力,并且对它们赋予了含义,也就是因果解释。

米乔特证实了对物理因果关系的这些可靠印象是基于对物理因果关系的特定知觉。这些现象反映了成人是如何依据因果关系来解释物理事件的倾向。成人思维的一个重要特征就是具有察觉因果关系的倾向,而要对客体世界,特别是物体如何运动和如何相互影响进行基本理解、预测并掌握有关理论,这种倾向是必不可少的。基于米乔特的观察,以及对物理因果关系的知觉在某些条件下十分强烈且不可避免的事实(至少对成人是如此),很可能这种倾向是人的心理从发展之初就具有的一个本质特性。

通过测试年幼婴儿区分因果物理事件和非因果物理事件的能力,婴儿期研究者对这一问题进行了研究。例如,他们让婴儿熟悉红球沿直线滚到屏幕后面,紧接着一个白球从屏幕的另一边滚出来的情景。实验想探索的问题是,婴儿是否能够理解白球的滚动(从屏幕后面出来)是由于红球的滚动(碰撞)所引起的？换句话说，他们是否能够从因果事件的角度——红球碰撞白球——对屏幕后发生的情况作出推测？一旦婴儿熟悉了部分被遮掩的事件，实验人员就将屏幕拆除，然后测定婴儿对两种不同测试事件的视觉关注程度。在非因果关系的测试事件中，红球接近白球，但不接触白球，红球停止运动，稍后白球开始滚动。在因果关系的测试事件中，红球滚动碰到白球，接着白球就开始滚动。研究显示，两个月大的婴儿关注非因果关系事件的时间更长（Ball，1973，由 Spelke，1985 引用；1991）。根据期望违背范式原理，婴儿注视非因果关系事件的时间较长是因为它是异常的，不能符合他们在熟悉实验阶段所推论出的因果关系。

其他采用习惯化范式进行的研究也同样证实，六个月的婴儿能够理解物体间的因果关系（Leslie，1984）。首先，实验人员让婴儿习惯一种因果关系事件（物体 A 与物体 B 发生碰撞）或者习惯一种非因果关系事件（物体 A 和物体 B 独立运动，彼此不发生碰撞）。一旦婴儿习惯了这些事件，实验人员就测试他们对与所习惯的事件截然相反的事件的反应。习惯了因果关系事件的婴儿在截然相反事件的测试中表现出去习惯化（重新获得视觉关注），而那些习惯了非因果关系事件的婴儿则对此没有这种反应。

按照推理，这些实验结果说明，六个月的婴儿已经认识到与因果事件截然相反的事件是一种较新鲜的事件，因为它颠倒了两个物体之间的因果关系。换句话说，如果婴儿确实能觉察这种因果关系，那么颠倒了的事件只有与因果关系事件相比才具有意义。正是因为婴儿察觉了因果事件中的物理因果关系，他们才会对颠倒的测试事件产生了去习惯化。相反，因为婴儿没有察觉到非因果事件中的任何因果关系，所以他们对习惯化阶段之后进行的测试中的截然相反的事件没有产生去习惯化。

同样，一些研究者采用类似的基本实验程序和设计，分别对十个月大的婴儿和六个月大的婴儿进行了测试。对十个月大的婴儿的测试获得了相同的实验结果，而对六个月大的婴儿的测试没能获得同样的实验结果（Oakes 和 Cohen，1990）。由此，这些研究者认为，婴儿对物理因果关系的觉察能力在出生的第一年中不断发展，从只能对独立运动物体进行处理发展到能对运动物体之间的关系特别是因果关系进行处理。当然,对此有关的争议还在持续,而且对于婴儿在出生后的第一年及其后的时间里对因果关系的觉察,形成与客体世界的发生发展有关的显性理论等问题,肯定还有待进一步探索。但婴儿期研究证实,感知因果事件的倾向确实在婴儿很小的时候就出现了。它可能在出生时还不存在,因为婴儿并不需要一出生就拥有"因果关系察觉模块(Leslie,1994)"(某些人认为出生时就拥有了),但从某种仍有待解释的过程看来,察觉因果关系的倾向确实是在婴儿出生的第二个月到第八个月期间就出现了。

有关婴儿理解物理因果关系的研究指出,婴儿可能从两个月开始,最迟也在十个月之前,就能以一种超出直接知觉体验的复杂方式来理解客体世界。许多研究探讨了早期儿童对客体世界进行高度抽象的能力,如物体分类能力、不同集合的比较能力以及数量推断能力等,进一步支持了这一观点。

早期的数意识

几年前,我们当地的一家报纸刊登了标题为《宝宝会数数》的文章,记者摘录了美国婴儿期研究者卡伦·温(Karen Wynn,1992)发表在著名的英国杂志《自然》上的一篇文章。通过采用期望违背实验范式,温的研究结果表明,婴儿可能知道从两个或三个物体组成的小集合中增加或减少一个物体会得到什么结果。由此,温认为,年幼婴儿拥有早熟的数概念,也即,他们很早就能够识别数量并能区分从一个小集合中增加或减少物体所产生的不同结果。四个月大的婴儿已经能够从有形物体的操作中对数字进行抽象化,但几年后他们才能够在所学到的符号系统的规范内对符号性物体(例如阿拉伯数字)进行抽象的数字操作。下文我将列举一些让人感兴趣的研究结果,并讨论研究者对这些结果所作的解释。但首先我们要对"数字抽象化"进行定义,并区分它可能涉及的不同水平的认知加工。

总体而言,数意识需要对由独立自然物体形成的集合中的数量进行抽象化。它可能涉及不同的认知水平：从对小数量数目的最基本水平的低级区分，到使用抽象加工的精确而复杂的推理。举例来说，我可能大致知道今天观看棒球赛的观众比上次观看棒球赛的观众要多。对此我很肯定，即使我无法对两次观看棒球赛的观众人数的差异作一个更准确的估计。我的这种确信是通过感知得来的，而非计算得出。它并不涉及我将在后面定义的任何严格意义上的计算能力或数概念。但它确实可能包含了一种数意识，一种我认为反映了另一认知能力层次如感知能力或算术能力层次的数意识。

认知心理学家已经证实了这种依靠某种直接知觉的数意识的存在。如果只是短时间地面对一组物体（例如幻灯片呈现的一组圆点，显示时间数秒），而没有足够的时间数一数物体的数量，我们就不能准确地分辨这一组物体比随后短时间内又呈现的另一组物体多多少还是少多少。这种没有进行计数的知觉量化过程被称为"数感"（subitizing）。对不要求精确计数的最多由 7 到 9 个物体组成的小集合，成人常使用数感能力。

至少在数感的层面上，物体量化能力并不是人类所特有的，它也不需要以语言为中介。大量的动物研究文献表明，鸟类和非人类的哺乳动物可以根据某种量化方式区分物体集合（Gallistel, 1990）。以下是鸟与猎人的故事，摘自托拜厄斯·丹齐克（Tobias Dantzig）的经典专著《数：科学的语言》。

> 一个地主决定射死那只把巢筑在自家瞭望塔里的乌鸦。他曾经多次试图吓走这只乌鸦，但都没有成功。每次他接近鸟巢，乌鸦就会飞走。它会飞到远处的一棵树上，但一看到地主离开，它就又飞回鸟巢。一天，地主偶然想到一个诡计：两个人进入瞭望塔，一个人留在里面，另一个人离开。但乌鸦没有上当。它一直待在远处，等到里面的那个人也出来才飞回去。在接下来的几天里，地主连续采用两个人、三个人和四个人做了这个实验，但都没有成功。最后，他派五个人来。和以前一样，五个人都进入塔内，一个人留在里面，其余四个人都离开。这一次乌鸦无法计算了。由于无法区分四和五，它最终飞回了自己的鸟巢。（Dantzig, [1930]1954, 第三页）

对于小数目,乌鸦表现出惊人的数意识。就乌鸦有限的量化能力来说,它所采用的策略可能是一种对应,即入塔人数和离塔人数的一一对应。正如前面提到的棒球赛例子,这并不一定涉及计数或简单的算术。超过数字4后,乌鸦不能存储对事件的对应,也就最终被捉到了。

另外一个有关非人类动物具有数意识的例子是,老鼠为了吃到食物,会学着将一定数量的连续声音与对应数量的作用于操纵杆的动作相关联。它们似乎不仅仅是对呆板的刺激—反应关联作出响应,还能够将这种学习推广到涉及不同感官形态(例如闪烁的灯光)的其他刺激。然而,即使牛、老鼠以及其他的动物具有数意识,这种意识与人类的数概念相比也是有限的。人类婴儿所发展并最终具有的算术和量化能力显然超越了动物的数意识的极限。它意味着一种严格意义上的数概念,需要进行数学运算或对数量作出精确的推断。进行精确的加、减或除运算以比较不同的物体集合,这种行为只能建立在数概念的基础上,而不能依靠数量直觉,无论后者有多么可靠。这种概念依赖于对两个基本原理——基数和序数——的综合掌握。基数是一个特定数字所代表的绝对数量,如"2"即两个,"21"表示二十一个,"100"表示一百个;而序数则表示一特定数字与另一个数字的关系,如 2 一定比 1 大,但比 3 或更大的数字小。如前所述,基数和序数的综合概念是可以运用于任何集合(无论大小)的算术或计数运算的基础。利用这些原理,即使大到无法理解的数字,例如遥远银河系里成亿的星星的数目,也可以被运算,并将之与其他数字进行关联。

那人类婴儿又是怎么样的呢?如果他们具有数意识,那么是否只有数感这种低层次的意识,还是如刊登在我们当地晨报上的那篇文章的标题所声称的,他们很早就发展了数概念?

为了测试婴儿是否能够进行简单的计算,卡伦·温采用前面提到的期望违背范式中的注视时间程序,设计了一个简单而巧妙的实验。在实验中,五个月大的婴儿坐在木偶剧舞台前,舞台上放着一个米老鼠玩具。几秒钟后,屏幕升上去遮住了米老鼠。一名实验人员从舞台的另一侧伸出手,把另一个米老鼠玩具放在屏幕后面。完成这个动作后,屏幕降下来,舞台上露出一个米老鼠玩具或两个米老鼠玩具。一种是可能的结果,即如果按照基本的计算原理,结果应该与已经发生的变化一致（一个物体加上另一个物体等于两个物体）；另外一种是不可能的结果，即结果与数学计算结果不一致（例如，一个物体加上另一个物体仍然等于一个物体）。

在连续的尝试中，实验交替重复呈现了可能与不可能这两种结果，并记录下婴儿注视结果的时间长短。在一种实验条件（即减少的条件）下，舞台上原来有两个娃娃，实验人员从屏幕后取走一个娃娃。在另一种实验条件（即增加的条件）下，实验人员增加了一个娃娃。结果表明，无论是在减少还是增加的条件下，婴儿注视不可能结果的时间明显比注视可能结果的时间更长。采用三个物体而不是两个物体做实验（即 3－1 或者 2＋1），也得出了相同的实验结果。

温认为，这些实验结果说明年幼婴儿具有真正的数概念，也就是说，他们至少对小数字（3 以下的数字）能够综合运用基数与序数的原理。尽管其实验结果是来自对五个月大的婴儿的观察，但温认为，人类天生就具有进行简单的数计算的能力。毫无疑问，记者们对这则新闻十分感兴趣，并将它传播给所有热衷于为自己的孩子设计新的认知训练的家长。

但是，另外一种解释则认为，婴儿的这种特别关注并不是产生于他们的数字能力和数概念，相反，他们只是因为这种数字上的不可能结果事实上也是一种物理上的不可能而作出这样的反应。前面我们已经了解婴儿至少从五个月开始就能够根据基本的物理原理，如物体在空间里持续运动的原理，来解释客体世界。在温的实验中，婴儿的反应可能只是说明他们具有物体不可能无缘无故地消失或出现的物理原理，而不能反映他们能进行数字概念的计算。为了检验这种解释的可靠性，托尼·西蒙、苏珊·赫斯波斯和我一起试图采用同年龄的婴儿（四或五个月大）重复卡伦·温的实验，但我们添加了一个条件，即变化后的结果是一种物理上不可能但数学上可能的结果。例如，当厄尼（Ernie，美国儿童节目《芝麻街》中的玩偶）被遮住后又增加一个厄尼，一种结果是两个厄尼（数学上和物理上都可能的结果），另一种结果是一个厄尼加一个被偷偷换上的艾摩（Elmo，《芝麻街》中的另外一个玩偶）。后面的结果是数学上可能（两个物体重新出现）而物理上不可能的结果，因为无缘无故地出现了一个新的玩偶(Simon，Hespos 和 Rochat，1995)。

实验探讨的问题是，婴儿会更长时间地注视这个物理上不可能的结果，还是完全忽略这个结果，只把它当作一个数学上可能的结果。如果是后者，就进一步支持了温的解释，即年幼婴儿至少对小数目的自然物体集合具有一些数概念。我们的实验结果证实了温的观点。实验获得了与温的原始实验相同的结果，而且，通过新增加的实验条件，我们还发现婴儿确实没有考虑物理上的不可能性。

那么，婴儿除了能够根据基本物理原理和因果关系原理来解释物理世界外，从四到五个月开始，他们似乎还能对简单的物理事件进行数的抽象化。但这种能力显然只限于小数目的物体集合，与儿童掌握语言并了解传统的数概念后所最终发展形成的数能力相比还相距甚远。不过，对早期数字抽象化和基本数概念知识进行的研究表明，在发展早期，婴儿所具有的数字能力已经超过了简单的感知上的数感和估计总数的数字本能。除了根据物体的自然特征(颜色、特性、大小等)外，五个月的婴儿确实能够根据自然实体组合中物体之间的相互关系来追踪物体。他们表现出惊人的抽象能力，并借此推论和预期物理结果。我们尚不清楚婴儿抽象思维的真正根源是什么。由于婴儿在出生后第一年及之后具有很多经历和发展这种能力的机会，因此，将这种能力归咎为天赋是不合理的。正如对数理解的发展进行了深入研究，并认为婴儿具有基本知识原理和表征基数数字能力的罗歇尔·格尔曼(Rochel Gelman)所说：

> 认为婴儿具有运用非语言的计算和推理规则的能力并不就是说婴儿也知道如何使用语言中的计数词。儿童需要进行学习，他们要发现、记住并反复练习以掌握如何正确地使用计数词，已有的原理能够指导婴儿对输入信息的关注，而这些输入信息能够促进婴儿在这个领域的发展。同样，这些原理也有助于婴儿记忆的存储，能够将那些一旦被理解就能对纲要性原理加以充实的内容聚合在一起。但是为了能对数有一个全面的理解，他们还是需要学习。婴儿先天具有的知识基础只限于一些纲要性的原理。以上就是我在这个问题上的看法。(Gelman，1991)

最后,一些研究者通过计算机模拟技术,提出了数字能力的发展起源于感知学习和识别而非天生的数字能力的新观点。托尼·西蒙(Tony Simon,1997)提供的研究证据表明,一台机器,尽管没有由基数和序数概念构成的基本的表征性知识,但经过简单地编程使之可以运用基本感知和关注原理后,它就可以模拟婴儿所具有的数字能力。

对客体世界的分类

婴儿除了能够以量化这种高度抽象的方式对客体世界进行分类外,还有研究表明,他们从很小开始就确实能够将物体分成一组组看上去、听上去相似或具有共同特征的事物以进行知觉和记忆。例如,研究人员采用习惯化和去习惯化范式证实三个月的婴儿就能区分动物种类,如马和猫(Eimas 和 Quinn,1994)。

在一项实验中,研究者先让婴儿习惯每个动物种类的不同样本(例如不同类型的马或猫),然后测试他们对相同种类的新样本(例如,一匹未见过的马或一只未见过的猫)或其他动物种类的新样本(例如,一只长颈鹿或斑马)的反应。采用幻灯片测试婴儿注视幻灯片时间长短的实验记录表明,婴儿对不属于同一种类的新样本(例如,习惯了各种马的图片后出现一张长颈鹿的图片)会产生去习惯化或明显地加以视觉关注。这个实验结果说明,三个月的婴儿能够收集物体的种类特征,感知客体世界中物体之间不变的共同性。彼得·艾姆斯(Peter Eimas)和保罗·奎因(Paul Quinn)的研究认为,年幼婴儿已经对动物形成基本的种类表征。但是,这种表征的确切本质是什么,至今人们仍对此存在很多的争论,而这也是当前研究的重要课题(例如,参见 Mandler,1997)。问题是,年幼婴儿的这种分类感知是否已经是概念性的? 例如,三个月大的婴儿是否能理解狗和猫作为众多不同动物中的两个不同种类,它们的本质区别是什么? 这些早期的分类与其说是概念性的,还不如说是感知性的,婴儿不是根据物体如何彼此相关的理论,而是根据所察觉到的不变的物理特征(小物体对大物体,鼻子的形状,有没有胡子,等等)来进行分类的。尽管人们目前正在研究这一问题,但是,对概念性分类在发展过程中是如何与早期低层次的知觉分类相关联的这个深奥问题,目前尚没有答案。

无论是知觉性的还是概念性的,有关婴儿早熟的分类能力的证据都再次表明,婴儿从很早开始就能超越直接而孤立的知觉体验,将一个事物与另一个事物关联起来。研究证实,婴儿并没有把呈现于眼前的幻灯片当作一个个独立的事件进行体验,而是将连续呈现于眼前的幻灯片的感知当作一个整体进行关联并积极地加以组织。

如果年幼婴儿能够将连续呈现在其眼前的物体图像进行分类,他们也似乎能够将物体的动态特征,也就是物体的移动方式,进行分类。从某种意义上说,这是一种双重认知技能,因为它既要求婴儿具有按物体处于静态时作为有界限的单个实体所具有的特征对物体进行组合的能力,也要求他们具有按物体的动态特征,也即按物体如何一起运动以及相对于彼此如何运动,来对物体进行组合的能力。一些年前,瑞典感知心理学家贡纳尔·约翰松(Gunnar Johansson,1973;1977)拍摄了关节处(肘部、手、臀部等)绑有发光灯的人们身处黑暗环境的情形。从成年人的眼光来看,当人们不动时,他们就是一群毫无意义的随意的灯光组合。但动起来时,灯光就很容易被理解成一个整体,反映了一个人正在行走或正在做一个有意义的动作(例如,跳舞或举起重物)。约翰松的实验证实,成人具有将灯光点的运动理解为一个动态整体而非单个灯泡运动的叠加的非凡能力。

这种指导成人的运动感知的原理似乎也影响着婴儿对所感知的动态事件种类的分类方式。研究人员通过测试婴儿面对类似约翰松实验的光点表演时的反应,发现婴儿也具有将这些表演当作动态的整体进行区分和分类的类似倾向。采用习惯化范式,贝内特·伯滕肖(Bennett Bertenthal)和他的同事发现:三个月和五个月的婴儿确实能够将一个人走动时身上附着光点的有序变化与同一个人身上附着光点在空间和时间上的无序变化区分开(Bertenthal,Proffitt,Kramer和Spetner,1987;Bertenthal和Pinto,1993)。换句话说,当婴儿习惯了一个人走动时身上附着光点的有序变化后,他们对无序的光点变化会重新产生视觉关注（去习惯化）。更加惊人的是，尽管五个月大的婴儿确实能够对走动的人身上附着光点的有序变化和无序变化进行区分，但他们对一个陌生动物（例如一只蜘蛛）躯体上附着光点的变化却没有这种区分能力（Bertenthal 和 Pinto，1993）。对此，从事这项研究的研究人员提出了一种可能性解释，婴儿到五个月大时已经存储了有关人类外形和人类运动方式的一些知识。有关陌生动物的研究结果进一步说明，从很早开始婴儿的感知就具有分类性，而不是随意的或仅仅是对环境产生的感官体验的简单叠加。

婴儿积极地进行着对物体的组合。研究再一次证实，婴儿很早就具有对物理环境中事物的共同特征进行抽象概括并将之进行分组的倾向。这种分类能力可能是所有动物的知觉系统所具有的一个低级的特征，婴儿可能天生就具有这种倾向。

在前面的章节，我曾列举证据说明新生儿能够区分母亲的声音和陌生女性的声音。事实上，许多研究证明，早在六个月前婴儿就能意识到相似语音，如"ba"和"pa"以及"ra"和"la"之间的不同（Eimas 等，1971；Jusczyck，1997）。

作为成人，我们理解"ba"（一个浊辅音节）和"pa"（一个清辅音节）之间的类属对比，它们是根据发音时声带的震动与嘴唇的张开等情况进行类属定义的。发浊辅音节"ba"时，声带的震动在嘴唇张开之前或张开的同时发生；相反，发清辅音节"pa"时，声带的震动在嘴唇张开之后发出（你自己可以试一下）。因此，两个语音的对比通过嗓音起始时间（voice onset time，VOT）来实现。借助合成器，在保持声音刺激的所有其他方面一致的情况下，让嗓音起始时间在一个连续范围内变化，这会产生一种十分有趣的结果。在这个实验条件下，成人能清楚感知的只有"ba"或"pa"这两种语音。当嗓音启动时间在这个连续范围的某个区域变化时，我们听到的是某一个音节的不同表达。而当嗓音启动时间在这个连续范围的另一个区域变化时，我们听到的是另一个音节的不同表达。这种现象与语音分类感知相符。正是由于这种分类感知，我们才能听懂（例如）英语口语，尽管每个人的语音发音各不相同，而且在风格、音调、口音与运用水平上存在很大的个体差异。

研究人员采用习惯化范式，以高振幅吸吮为实验手段（Jusczych，1985），证明了年幼婴儿确实能够以与成人相似的分类方式感知语音,不过在六到九个月之前婴儿能够更敏锐地感知到发声中的差异。出生九个月后的婴儿似乎已经能够把所听到的语音与他们生活环境中使用的语音进行对比,以对语音进行分类感知。例如,众所周知,日本人很难区分音节"ra"和"la",因为日语中没有与"ra"对应的音素。但是,研究证实,不到六个月的日本婴儿能够像西方国家的婴儿和成人一样感知和区分这两个音节。但是,由于日本婴儿最常接触并最终学会使用的日语中没这种音素,所以他们逐渐丧失了这种分类感知(Kuhl, 1993)。由此可见,分类感知是生命早期的一个事实,并在发展中逐渐与婴儿周围的特殊文化条件相适应(Jusczyck, 1997)。

近期有关婴儿对自然物体的知觉和认知的研究文献为我们提供了一个主要信息:婴儿早期就能够超越知觉经验的即时性而对信息进行处理。婴儿倾向于将过去、现在以及将来的经验与客体世界相关联。婴儿理解客体世界的方式与成人理解客体世界的方式并非全然不同。但这是否意味着,从很小的时候起婴儿的行为举止就像一名小科学家呢?他们(作为行动者)对物体又有怎样的实践知识?一方面,婴儿能够区分、分类、概念化并察觉物体的抽象特征;而另一方面,这些能力又不能通过婴儿对物体的操作体现出来,对此,我们该怎样解释呢?例如,在出生后第一年的大多数时间里,婴儿在寻找隐藏的物体时经常会犯系统性错误,尽管他们能够表征这些物体。同样,尽管研究表明,婴儿在非常小的时候就能够理解在动态演示中观察到的物理因果关系,但直到一岁左右,婴儿才能以物体为工具证明自己能够区分手段与结果。这个明显的自相矛盾要求我们必须区分婴儿期形成的与客体世界有关的两个知识系统:一个是在系统观察中发展起来的,另一个则是在自发的物体操作中发展起来的。接下来,在本章节的结尾,我将讨论婴儿期发展的一个主要成果,即婴儿能够对这两个知识系统进行整合,使其成为自己了解客体世界的独特的知识来源。换句话说,婴儿是通过"看中学"和"做中学"来认识世界的。

"知道怎么做"和"知道是什么"

正如我在前面所间接提到的,皮亚杰认为婴儿行为是婴儿认知能力的直接反应,但这恰恰是他的经典婴儿发展理论的缺陷。近期婴儿期研究认为,婴儿所知道的远比我们认为的多,他们绝不是只会傻傻地看着那个关注婴儿自发的物体操作行为的观察者。从出生开始婴儿就是积极的探索者,但同时也是动作发展相对缓慢的笨拙的行动者。在能够对物体行使明确而有见识的行动(如有预期地伸手并寻找隐藏的物体等)之前,他们必须克服许多动作障碍和肢体障碍,因为这些障碍似乎妨碍了他们将物理知识转化为行动。事实上,所有揭示婴儿早熟的感知和知识的实验,都能给予婴儿最适宜的体位支持,并且观察的也是婴儿最容易做到的动作反应(例如注视或吸吮)。研究人员之所以提供这类支持性条件,是因为出生头几个月婴儿的头部重量大约占身体总重量的三分之一。想象一下,你是一个头部重量占总体重三分之一的人,毫无平衡性可言,却试图对物体进行一些精细的操作。如果某人根据你的动作表现对你进行评估,你肯定会认为这种评估结果是有问题的,是不公正的。

除了受肢体和动作限制而无法轻易地采取行动外,婴儿的物理知识也不仅源于一个知识系统,而是来源于两个知识系统,是通过系统观察环境中的物体所获得的知识与通过操作这些物体所获得的知识的综合。这两个系统都与婴儿所要了解的同一个客体世界相关,但对应于不同的知识类型:一个是"知道怎么做"(know how)的实践知识,另一个是关于物体的"知道是什么"(know what)的概念知识。这两个知识系统似乎是平行发展的,而不是如皮亚杰所认为的按先后顺序发展的(Rochat, 1999b)。

除了对作为婴儿期客体概念和知觉的表现之一的婴儿早期伸手抓物行为所进行的研究外,大多数揭示婴儿早熟的物理知识的研究都与"知道是什么",也即概念化的知识系统有关。婴儿对视觉偏好和习惯化实验中提供给他们的幻灯片、玩偶和其他道具的视觉关注,表现了婴儿作为观众而非行动者所具有的知识。在这些实验条件下,尽管婴儿很积极地注视那些实验道具,但他们并没有做出任何可能改变客体世界的以物体为中心的动作，比如推或抓。他们只是思考，而不进行积极的活动。

詹姆斯·J·吉布森及其妻子埃莉诺·吉布森对此持有不同的观点。他们认为婴儿对这个客体世界的感知和理解首先与具体环境有关（就是所谓的物体的可知度）。詹姆斯·J·吉布森的可知度理论（J. J. Gibson，1979；E. J. Gibson，1988）认为，我们所感知的是物体容许我们做什么：地面能让我们行走在上面；勺子能帮助我们吃饭；安抚奶嘴让婴儿有东西可以吸吮。根据可知度理论，物理知识与自我产生的动作如吃饭、行走或操纵相关。例如，对能够独立运动或不能独立运动的婴儿而言，地板作为环境里的一个自然特征具有不同的可知度。经验性研究证实当婴儿获得了新的运动能力之后，他们对斜坡的坡度会产生不同的感知（Adolph，1997）。当婴儿刚开始爬行或行走时，他们最初都是直接地从斜坡上冲下去，似乎完全无视跌倒的危险。最终，他们学到了如何评估一个斜坡的陡峭程度，采用更加谨慎和安全的策略来越过这些障碍。在婴儿运动发展的各个阶段，他们似乎都会重复这种过程。

可知度理论认为物理知识需要构建在功能性局限之内，即感知者作为环境中的行动者能够做和不能做的事情。吉布森夫妇认为，不能独立地看待感知和行动。在某种意义上，可知度理论与皮亚杰的早期实践智力，也即"知道怎么做"的理论之间存在相似之处，因为它涉及的对象也是年龄不到18个月的婴儿以及他们了解客体世界的能力。但是，这两种理论之间也存在根本的差异。吉布森夫妇认为，物体的可知度可以直接被感知，不涉及任何概念化或表征。而皮亚杰则提出有关物体的"知道怎么做"的发展导致了物体最终的概念化。与吉布森夫妇相反，皮亚杰（1954）主要是从年幼婴儿的"知道怎么做"方面来解释概念化物理知识的起源。他还认为，概念化物理知识是直到婴儿期末期才出现的。

吉布森和皮亚杰的共同之处则在于，他们都强调动作在婴儿感知和认知客体世界中扮演了十分重要的角色。这个观点与当前大多数对婴儿物理知识进行研究的学者所持的观点有很大差异。当然，吉布森的可知度理论能够阐释物理认知的一个重要方面。它从另一个角度解释了为何婴儿和任何其他有感知能力的生物体一样，为了能够在这个自然环境中生存下来，必须进行学习。婴儿学习发现与食物、舒适或危险有关的知觉信息，例如，吃奶的奶嘴、能够抓到物体的距离、可能会使自己跌倒的台阶高度等。正如吉布森所提出的，这种发现基本上都是直接的，它不需要运用计算、理解物理因果关系或对被隐藏的物体进行概念化等思维或表征过程。

可知度理论与婴儿早期客体概念化理论都能够解释婴儿的感知，而且二者也并不互相排斥，因此，如果我们试图将这两个理论进行调和，那么我们就必须假定在婴儿期发展了两种不同类型的物理知识：一种与直接感知以及能对物体进行的操作有关（即"知道怎么做"系统）；另一种则与物体是什么以及它们怎么了这些间接表征有关（即"知道是什么"系统）。但是，这两个物理知识系统是否可能并行发展、共同存在呢？

神经心理研究文献所报道的有趣的病理案例支持了这种认为有关物理知识的实践和概念可能可以分离的观点。这些案例指出，了解物体和采用同一个物体从事特定的动作是可以分离的。例如，报道显示，一名由于一氧化碳中毒造成大脑损伤的成年患者（枕叶双侧受损），虽然不能识别物体的形状或大小，但能以复杂的方式操纵物体。而这种复杂的物体操纵方式必须具有有关物体的物理特征的处理信息。当要求病人将手持物体的方向与另一个物体上切割出的斜槽的方向作比较时，他的表现很差，但当要求病人将一块卡片插入斜槽内，他要做的不是简单的比较而是直接采取行动时，他能够快速而准确地完成任务（Goodale 和 Milner，1992；同时也参见 Gazzaniga, Ivry 和 Mangun, 1998）。

采用脑损伤病人和非人类动物作为被试所获得的观察结果使得神经科学家认为，识别物体的大脑系统（即"是什么"系统）与对物体进行操纵的大脑系统（即"怎么做"系统）是分离的。这两个系统处理与客体世界有关的类似信息，但具有不同的功能目的：识别或实践动作。以此类推，婴儿可能从出生起就开始发展有关自然物体的"知道是什么"系统和"知道怎么做"系统。那么，在发展过程中这些知识系统彼此间又如何相关联呢？

学骑自行车或学开车的经历正好能够说明发展过程中这些系统是如何互

相关联的。当我们学习驾驶汽车时,我们经历的第一个阶段就是掌握每一个所要求的动作和动作次序,例如看汽车的后视镜、打闪光灯、换挡之前踩离合器等,这些都要求驾驶员密切关注自己在环境中的处境的同时,经过明确考虑和仔细检查后进行操作。一旦学会了驾驶并有了几个小时的练习之后,驾驶所要求的动作便成了第二天性,可以应用于任何的车辆,而且做这些动作时并不需要明确的思考,信息似乎可以被直接感知,如道路、车辆和交通状况可以隐性地被察觉。事实上,这种有意学习的自动化可能会因为重新恢复到显性的意识水平而受到破坏。如果你过多地考虑驾驶,你实际上就是在增加出车祸的机会。参加体育竞赛的运动员都认为,自我意识是取得胜利的最大敌人:网球、高尔夫或台球运动员们普遍反映,他们由于比赛时太多考虑自己的动作而使自己失去了成功机会。

在学习新技能的过程中,"知道是什么"系统似乎是在探路,并为"知道怎么做"系统中动作的最终自动化打下基础。通常,我们会在行动之前考虑自身处境并探测周围环境。例如,为更好地搜寻遗失物体,我们会尽力想一想我们最后是在什么地方看到了该物体,该物体可能会发生什么事情。在结冰的湖面上行走之前,我们会先考虑天气情况以及湖面上冰的厚度。如果动作成功了,我们就会重复这种动作,但会减少明确的探索行为或不再做明确的探索。在与客体世界打交道的过程中,特别是在学习操纵物体的过程中,物理知识的"是什么"与"怎么做"系统之间存在不断的相互交换。婴儿期可能也是如此,这种相互交换可能在婴儿期就存在,并能不断发展(进一步探讨请参见Rochat,1999b)。

在第五章我还将提到,对环境的系统性探索以及相应的"知道是什么"系统是在足月出生后的第二个月才出现的。出生时以及出生后的头六个星期,通过先天的动作系统如吸吮或目光追随移动的物体,婴儿只表现出了自己的实践知识或"知道怎么做"的知识。新生儿察觉并学习行为的新的可知度,但这种学习不需要与本章所讨论的"知道是什么"系统进行任何交换。

至此,我已经讨论了婴儿对其自身及其物理环境的知觉和了解。但是婴儿对于他们的社会环境的知觉又是怎样的呢?婴儿对人又有什么样的知觉、理解，又能从人们那里潜在地学到些什么呢？显然，最后这个问题对了解婴儿心理的本质十分重要。婴儿依赖于人们；人们除了能够给予婴儿基本的照顾外，还能给予回馈并支持婴儿的发展。从一开始，人就确实是拥有特殊知识的独一无二的生物。

（本章由郭琴翻译）

第四章 婴儿与他人

在第三章我已经罗列了一些研究,以证实婴儿从很早开始就是一个客观的知觉者,期待着自然物按照一定的基本原理运转,例如,物体是真实的,占据一定空间,不能同时在两个地方存在。婴儿似乎在尚未具备丰富的物体操作经验时就已经开始能运用这些原理了。但是我们并不能轻率地假定这些原理是新生儿先天拥有的知识,因为婴儿很可能首先是通过对周围事物的积极观察或思考而无需自身的积极参与就获得这些基本原理了。那么,婴儿对他人的认知发展是否也是如此呢?

亲密的一对一的关系是社会理解的摇篮。尽管隔着一段距离观察他人而不直接参与社会交往也能有许多收获,但这无法代替共享社会经验所提供的学习机会。婴儿并不能仅仅通过暗中的社会观察,以及对周围人物的观察或积极关注,就发展形成一种社会理解。婴儿必须通过与他人的相互交往来进行学习。

五十多年前,婴儿精神病学家和精神分析学家勒内·斯皮茨(René Spitz)通过拍摄和研究孤儿院里的婴儿,明确地证实了这一点。镜头中的那些孤儿由于缺乏与照料者一对一的接触,会经常前后晃动脑袋,好像否定与外部世界的任何接触(Spitz, 1965)。他们躲在自己的世界里,不向外人敞开心灵。由于对社会性引逗毫无回应,他们错过了原本就不多的学习社会交往的机会。尽管这种情形并不是不可逆转的,但它会延误甚至严重影响婴儿的发展,特别是婴儿的社会认知发展。

通常,社会认知可以被理解为个体发展出对他人行为进行密切关注、控制和预测的能力的过程。这种能力的发展还要求具备不同程度的理解能力,从对面貌特征和情绪表达的知觉辨认,到对作为行为决定因素的意图和信念的复杂表征(心理理论)。

主体间性和社会知识的根源

尽管人人都有躯体,借助物理知识可以对人们的部分行为作出解释(例如,人们可以独立移动,可以躲藏或摔倒,要受重力的支配,不能同时存在于两个不同的地方),但关注他人并对他人行为进行预测还需要物理知识以外的其他知识技能。社会认知需要能够领会情绪、情感、意图以及微妙的交互作用等,所有这些使人从根本上不同于其他物体。换句话说,它需要一种对私人世界或具有个性的世界的了解,也即对个人的感受及个人倾向的了解。但是,我们怎样才能具有这种理解呢?

人们常常通过自己对他人的回应,以及自己如何与他人分享共有经验,来展示自己是一个怎样的人。动物和宠物也是如此。即使是长时间地观察野生的或动物园中的某种动物,你所获得的对这种动物的认识,也与把这个动物当作宠物饲养时观察所获得的认识不同。对共享经验的了解深化了社会理解,并有助于更深入地理解个体的个性特征,动物和人类皆然。这种从交互作用中产生的对共享经验的了解就是主体间性(intersubjectivity)。在很大程度上,对共享经验的了解决定了婴儿期社会认知的发展。

主体间性要求能够对自我与他人作基本的区分,并能够将自己的个人经验与他人的进行比较并投射给他人(所谓的"类我"立场)。宠物的主人显然知道宠物与他们不同,但他们确实投射了一种对共享经验的感受(移情作用)。这种感受能够逾越他们之间的不同。这种投射能力就是社会理解的核心,有助于对他人的理解。有趣的是,主观性投射似乎是灵长类动物进化过程中产生较晚的一个发展。灵长类动物学家弗朗斯·德·瓦尔(Frans de Waal,1996)提出,和其他动物相比,与人类具有较近的进化关联的灵长类动物更经常地对种群内甚至种群外个体表现出各种各样的移情行为。在种群发展过程中,主体间投射能力与社会认知水平之间可能存在一种联系。研究证明,这种联系也存在于早期的个体发展中。

与近期关于物理知识起源的大量实验研究相比,与社会知识起源有关的研究很少(例如参见 Rochat,1999a)。巧妙的实验能帮助我们了解客体永久性、计算能力和对物体的适应性动作的早期起源,了解婴儿对物体如何运动的早期认识。但是,婴儿在发展的最初对人类有什么了解,为什么婴儿会被人所吸引,并对他们进行识别和预测,我们对此知之甚少。这似乎很有讽刺性,因为人们普遍认为婴儿从很早就发展了社会技能,而且从婴儿出生开始,人就似乎是他们最关心的对象。倘若婴儿的生存依赖于他人,那么婴儿对他人的吸引显然是一种适应性。

新生儿的早期行为以及其注意力的分配也反映出,与环境中的任何其他物体相比,人为婴儿提供了更加丰富也更有趣的感知经验。后面我们将了解到新生儿似乎对人特别感兴趣,特别是对人类的声音、动作以及面部特征。社会认知从很早就已存在,并将婴儿与其照料者联系在一起。

主体经验和相互作用

要透过人们性情世界的表面,去掌握可以监视、预测和控制的人们行为的本质信息,一个重要方法就是与人们进行相互作用。相互作用是婴儿将自己的主体性投射到他人的主体性上的作用机制。在讨论相互作用机制之前,我们首先要区分清楚三种基本的主体经验:感受(feelings)、情感(affects)和情绪(emotions)。无论是在一些研究文献中还是在日常使用中,这三个术语都易被混淆。下面我对这三种主体经验进行了定义,以澄清它们之间的不同。

> 感受是对具体的私人体验的感知,例如痛苦、饥饿或失望。与情感相比,这种主体经验的持续时间通常很短暂,并且在解决某一特定问题后就会消失,例如吃饱了就不再饥饿了,得到了安抚就不再疼痛了,实现了一个目标就不再失望了。

情感指对一种基本的状态或感觉到的私人气氛的感知,它作为感受和情绪的背景而存在。情感与感受相比,是弥散而绵长的。它会在一个范围内波动,从低(失落)到高(高兴)。以气候来比喻,情感相当于全球压力系统的反映,会不时地在高压到低压或低压到高压之间波动。

情绪是情感和感受通过运动、姿态和面部表情展示出来的可以观察到的(公开的)表现,例如痛苦、快乐、恶心、悲伤、惊讶或愤怒等。情绪具有交流私人情感和感受体验的特定而可识别的特征。(Darwin,[1872] 1965)

感受、情感和情绪是三种基本的主体经验,是婴儿在出生后能够谈论自己并对自己形成理论之前,所具有的自我个人意识的一部分。新生儿显然具有感受和情感,并能通过特定的情绪反应如痛苦、饥饿或厌恶来体现自己的感受和情感。当妇产科医院的护士按常规从婴儿的脚后跟取血时,婴儿会以某种方式哭泣;而当婴儿饥饿时,他又会以另一种方式哭泣。母亲通常都能通过反映婴儿内心感受的细微的行为变化(例如,痛苦、饥饿、高兴或舒服),来了解婴儿不同的需求。

婴儿与照料者之间亲密的一对一的相互交往使婴儿发展了对自己的内在感觉和经验的理解。这些个体经验从一开始就受到每个婴儿所固有的气质特征或情感基线的调节(Kagan,1998a)。例如,当婴儿面对一个新奇的情景,如遇到一个陌生人或当一个机械玩具突然移近他们时,他们会表现出或多或少的不适应。这种在怯弱—勇敢的连续系统内变化的基本气质在某种程度上是稳定的,能部分反映个体从出生到儿童时代所特有的个性特征(Kagan 和 Snidman,1991)。

尽管每个婴儿从出生开始就表现出来的多种稳定气质各不相同,但他们都是通过面对面这种在出生后头几个月最主要的相互交往方式,发展了对共享经验、情感和情绪的认识。在这些相互交往中,婴儿的感受、情感和情绪会通过应答(Gergely 和 Watson,1996)、传播(Hatfield, Cacioppo 和 Rapson, 1994),或短时间内的耦合反应(Murray 和 Trevarthen,1985),对交往同伴的感受、情感及情绪作出共鸣。我们可以在母亲与婴儿之间看到这种类型的交流，例如，当他们玩躲猫猫之类的游戏时(Fogel，1993；Kaye，1982)。

从出生开始，父母和照料者就鼓励婴儿了解他人的体验。对婴儿而言，父母通过重复性的动作、特殊的语调和夸张的面部表情所发起的面对面互动可能是他们接受的最主要的社会训练课程。至少对在婴儿期研究中具有绝对代表性的西方中产阶级婴儿而言是这样。这些互动通常是父母对婴儿应该如何感受的动态评论。

以下例子记录的是我躺在游泳池旁休息时偶然观察到的情景。它反映了在一对一的交流中照料者通常能够给予年幼婴儿的那种情绪支持和帮助：

> 游泳池里，一位父亲正抱着自己两个月大的女儿，让她逐渐靠近水面。他抱女儿的方式正好能够让自己完全看到女儿的脸，也能让女儿完全看到自己的脸。父亲一边紧盯着女儿，一边让女儿的一只光脚轻轻地碰到水面，然后立刻把女儿抱高，并尖声高叫着："哦，真冷！"同时脸上表现出夸张的痛苦表情。这个过程连续重复了很多次，每做完一次，都会停一会儿，让婴儿重新恢复平静。

在我观察到的这个情景中，父亲创造了一个期望婴儿能够产生特定情绪（害怕、高兴、惊讶等）的充满情绪化的情境。他会密切关注婴儿以捕捉到婴儿对所预期情绪的表达方式，以便能够以一种更容易察觉(夸张的)和耦合的方式重复她的表情。这就好像父亲正在对自己的女儿进行面试，以便察觉她的情绪，同时创造一种情境，从而能够表现出移情以及与她在一起所感受的全部快乐。父亲这样做并不是想给女儿上一堂游泳课或想告诉女儿有关温度、液体或水很危险之类的概念。但需要注意的是，这种移情演示需要亲密的一对一的接触，需要成人投入全部的注意力并准确地把握时机。不可思议的是，大多数父母天生就具有与婴儿进行这种高度复杂的互动的才能，因此，有时候我们把这种才能称为"本能的抚养能力"(Papousek 和 Papousek，1987)。尽管文化间存在很大的差异，但通过响应情感和感受来表达移情的能力是正常养育的一部分,在所有文化中都存在。

但是婴儿从共享的体验中能获得什么呢？为什么年幼婴儿要尽力让自己的个人情感与其他人的情感相适应呢？毫无疑问,感受和情感是行为的两个主要决定因素,对于婴儿密切关注、预期和控制他人对自己的行为(我们是否让他们高兴了,他们是否对我们的行为十分关注)也十分关键。因此,这对于依赖他人得以生存的婴儿极具意义。人类的婴儿期较长(参见第一章),因此,作为不成熟的个体,婴儿需要与照料者建立相互关系,并能待在照料者近旁。通过发展主体间性,婴儿就可以更加精确地密切关注并预期自己所依赖的那些人的行为。另外,那种透过别人的行为了解行为背后的意图和信念的能力的产生可能也和主体间性的发展有关。采择他人的观点并预测他人在特定情境下会如何感受,这确实是完成大多数心理理论任务或推断他人心理的任务("民俗心理学")所需的一个前提条件。而个体到三岁末开始能够成功地完成这些任务。

正是通过早期的主体间性的发展,婴儿才能最终不仅能考虑自己的观点,也能考虑他人的观点,或是将二者相协调。这种观点采择能力是通过社会认知技能反映出来的(Tomasello, 1999),而社会认知技能,如联合注意和象征性手势等,直到婴儿一岁末时才具有。自闭症的症状,特别是自闭症儿童所表现出来的社会冷淡,反映了与他人共享经验的能力是与发展心理理论的能力密不可分的。自闭症儿童通常被认为患有"心盲"(mindbindness)的社会认知性缺陷,也就是说他们不具有理解他人心理的能力(Baron-Cohen, 1995)。这种缺陷并不纯粹是认知性的,它还对人际关系具有破坏性的后果。自闭症儿童的家长以及自闭症儿童的教育工作者所面临的一个主要难题就是,怎样寻找与自闭症儿童进行交流和情绪交换的共同基础,因为自闭症通常都伴随有主体间性的缺乏或主体间性的发展滞后(Hobson, 1993)。

主体间性的缺乏剥夺了个体发展亲社会行为、移情以及道德判断的机会,而这些显然都是社会认知的重要产物。但是婴儿如何发展这些能力呢？什么时候主体间性开始成为婴儿密切关注、控制和预测他人行为的基础,并得以发展呢？研究者已经开始通过系统地研究社会交往(也就是双向的或面对面的交往)环境下婴儿的行为来回答这些问题。

眼睛与面部的重要性

母亲和照料者都试图以轻拍、摇晃、讲话或唱歌等多种方式建立与年幼婴儿的接触,并与之进行情感交流。不过最常见的交流方法仍是照料者通过近距离的面对面的双眼对视,将自己的面孔醒目地呈现在婴儿面前。这种面对面的呈现方式可以让照料者密切关注自己行为对婴儿所产生的影响,同时也能让婴儿尽可能地解读他们的情绪。

这个观察毫无创新。与婴儿交往时,没有人会用自己的背面对婴儿。但是,根据对其他灵长类动物所做的观察,特别是对与人类亲缘关系较远的动物的观察,我们发现,这种以面对面、双眼对视为主的交流方式可能是人类所独有的。而我自己的非正式观察也表明,母猿与猿幼崽之间的双眼对视都是短促的,猴子则更是如此。尽管也有某些动物如卷尾猴似乎会进行较长时间的双眼对视,但对于多数种类的猿和猴子,长时间的双眼对视通常潜藏着攻击意味。对人类来说,正相反,双眼对视是移情和愿意分享感情的表示——照料婴儿的一种主要表现。

大多数西方文化都教育儿童应该正视对方的眼睛。没有双眼对视或避免双眼对视时,我们会很快地断定对方很害羞、很不安,甚至可能在骗人。正是这种解读心理告诉了儿童什么是合适的,什么是不合适的。看对方的眼睛通常是进行全面的社会参与并准备与对方交往的标志。但对成人而言,它还可能预示着其他动机,从爱到嫉妒,从藐视到钦佩,从恨到同情,皆有可能。无论好坏,双眼对视是向社会敞开胸怀和发出交流邀请的一种最常见标志。当我在一些公共场所看到恋人们长时间地互相凝视,完全无视周围的喧扰时,我总是很受震惊。这种极端的双眼对视说明体验的共享已经达到了交融的程度。爱,包括母爱,确实和融合的主体间性以及与之相伴随的成为一体的快乐情绪有些关系。人类所具有的这种现象不仅体现在眼睛的呈现与解读上,也体现在面孔的呈现与解读上。

如果眼睛确实是他人心理特性和主体经验的窗户,那么整个面孔,包括嘴巴、鼻子以及眼睛周围的区域,则展现了这种体验的动态过程。面孔是心理的公开舞台。查尔斯·达尔文对动物和人类的情绪表达以及伴随特定情感的特定面部表情的进化进行了研究,在此基础上,保罗·埃克曼(Paul Ekman,1994)等心理学家进一步证实了面部表情在不同文化之间具有共同性。无论是美国人、日本人,还是生活在新几内亚偏远森林里的猎人部落,成人都采用同样的面部表情表达忧伤、快乐、愤怒或厌恶的情绪。人类已经进化形成了表达情绪的通用方式。但是,当某种文化因素适合表现某些特定的情绪时,它确实能够影响情绪的表达。在斯德哥尔摩、罗马或达喀尔,人们可以通过完全不同的方式使一场政治辩论变得激烈起来。相反,另一些文化可能更能压抑情绪的表达。

考虑到婴儿公开表示情绪的方式,如他们以特定的方式哭泣或皱眉表现痛苦,吃饱后会微笑并表现出面部肌肉的极度放松,我们就很容易理解情绪表达的普遍性和生物基础。如前面所述,婴儿尝到甜味会微笑,表现出放松的正面感情,而当他们闻到酸味时,会皱起鼻头、眨眼并闭紧嘴唇。这些面部表情与成人的表情基本相似,这似乎表明了这些情绪不是后天学来的,而是天生固有的情感的一部分。但是,情绪的表达并非不受发展的影响。出生时婴儿只具有基本的情绪(初级情绪)。次级情绪如伴有特定面部表情的羞耻或内疚情绪,在第二年才开始出现,这已被儿童在开始能识别自己时面对镜子所做出的反应所证明(Lewis 和 Brooks-Gunn,1979;Lewis,1992;第二章)。

与人交往时,婴儿密切关注人的眼睛和面孔特征。他们对这些特征在面对面的交流中表现出的相互感受的方式尤其关注。婴儿照料者与婴儿的面对面交流在双方的交流方式中占主导地位,而这种交往方式肯定有助于婴儿早期社会认知的发展。不过也有研究表明,婴儿天生就对面孔特别感兴趣,并且可能天生就具有分析和辨认面部特征的内在能力。因此,与照料者进行的面对面交流可能正好满足了婴儿天生的偏好。但是,什么证据能够说明婴儿具有这种早期的偏好呢?

20 世纪 60 年代以来,婴儿期研究者开始采用新的实验范式,如视觉偏好,以了解婴儿从出生就开始的视觉关注情况。他们发现婴儿的视觉探索通常取决于呈现给他们以供他们进行探索的图像。罗伯特·范茨(Robert Fantz)及其同事通过创造性的研究(如第三章所述)发现,即使是新生儿,也能对同时呈现在面前的两幅不同图案表现出明显不同的视觉偏好(Fantz,1964;Fantz 和 Fagan,1975)。例如,范茨和他的同事发现,相对于对比性很强的直线图案(西洋跳棋的棋盘)而言,新生儿更喜欢圆形的图案,例如牛眼睛。这种对圆形图案的偏好与婴儿倾向于处理带圆形轮廓的面部表情的观点相吻合。

马歇尔·海斯(Marshall Haith,1980)更准确地记录了新生儿和婴儿在浏览相似的两维静态图像时眼球的运动情况。他发现从出生开始,婴儿看物体时都表现出一个总体趋势,他们会搜索并让眼球对准轮廓形图像的边缘(例如三角形的顶点),然后系统地浏览这些边缘。这种有规律而可预测的精细的视觉活动说明,视觉探索由最佳刺激决定,尤其是由视觉皮层中神经元接受的最大刺激所决定。具有最高对比度的区域也具有最大的视觉刺激。海斯的研究结果说明,新生儿的视觉探索似乎取决于对对比度的反应以及接受的刺激程度。尽管这可能正确阐释了新生儿如何对几何图案进行视觉探索,但如果我们想了解年龄稍大的婴儿如何对更具意义的图像如面孔进行探索,那么我们还得对这一阐释进行补充。

出生后第五周到第七周期间,婴儿开始花更多的时间注视别人的面孔。一项实验证实,这种注视的时间从占成人面孔呈现时间的 22% 增加到 87%(Haith,Bergman 和 Moore,1977)。总而言之,大约在出生后的两个月左右,婴儿几乎将其全部的探索时间用于审视一张静态面孔的外部轮廓(Maurer 和 Salapatek,1976)。这就是我们在不足两个月的婴儿中发现的所谓的外周效应(externality effcet)。研究证实两个月不到的婴儿能够处理图像的外部特征,但不能处理图像的内部特征。例如,如果他们对由两个图形镶嵌在一起组成的图形很习惯(例如一个小圆镶嵌在一个较大正方形里),那么,他们将只对该图形的外部变化表现出去习惯化(例如,较大正方形的变化),而不会对图形内部的变化表现出去习惯化(Bushnell,1979)。

有趣的是，从大约七周开始，当婴儿面对一张正在对其说话的生动的面孔时，这种外周效应似乎变弱了。在这种情况下，与注视一张沉默的静态面孔相比，七周以及九到二十一周的婴儿可能会更多地注视眼睛（Haith, Bergman 和 Moore, 1977；进一步讨论请参见 Slater 和 Butterworth, 1997）。这时，社会环境对婴儿社交的影响似乎已经超越了外周效应和直接刺激程度。到第二个月末，婴儿开始将眼睛作为生动面孔上最佳的交流特征，作为感觉和感情的最好反映。

近年来曾有报道说明，新生儿具有能将自己母亲的面孔图像和整体特征，如头发颜色、皮肤颜色（亮度），与和母亲相似的陌生妇女的面孔图像进行区分的惊人能力。出生不超过 48 小时的婴儿注视母亲图像的时间比注视其他陌生妇女图像的时间要长。工具性吸吮实验研究发现，出生 12 到 36 小时的新生儿为了能从屏幕上看到自己母亲的面孔而非其他女人的面孔，会更长时间地吸吮安抚奶嘴（Walton, Bower 和 Bower, 1992）。这些研究结果说明，婴儿一出生就不仅能够处理有关面部的复杂信息，而且似乎能够通过搜集和存储与熟悉面孔相符的特征模式来进行记忆（参见 Bushnell, 1998，关于决定早期面部认知的面部特征的研究综述）。如果真是如此，那么婴儿从出生开始就能处理相当复杂的类似面孔的图形，并且可能具有面部记忆和面部区分的能力。

研究人员通过实验记录婴儿对在其眼前移动的类似面孔的两维示意性图形的视觉追踪，证实了婴儿具有偏好面孔图形的倾向。这些实验说明，与空白图形或将面部特征胡乱堆叠（但具对称性）的图形相比，新生儿明显更倾向于追踪那些按照正常方式排列了眼睛、眉毛、鼻子和嘴巴的面孔类似图形（Morton 和 Johnson, 1991）。

如果婴儿天生就具有处理面孔的能力，那么这种能力对于他们具有什么作用呢？我们知道这种能力可能有助于他们形成熟悉的面孔的模板，如自己母亲的面孔，但是对他人的面孔而言，这种能力又有什么作用呢？婴儿何时开始利用双眼对视或情绪表达来观察自己与所交往的同伴之间的互动？作为成人，我们关注别人的面孔主要是为了在互动的交流环境中观察和评估他们的性情，那么，这种观察的发展起源是什么呢？

西蒙·巴伦-科恩（Simon Baron-Cohen, 1995）提出，健康的婴儿从出生开始就拥有能够观察他人和解读他人心理状态的两种专门的加工机制。这些加工机制包括眼睛方向探测器(能跟随他人目光的专门系统)和意图探测器(能收集与他人计划性行动有关的信息的系统)。这些加工机制是所有健康婴儿一出生就具有的一种由进化产生的能力。巴伦-科恩认为,自闭症婴儿的"心盲"可能是由于缺乏或没有这种天生的加工机制造成的。意图探测器相当于一个内置的感知装置,能够解释运动刺激,特别是自我产生的运动的目标或意图。例如,当婴儿看到一个动物在移动时,他(从出生开始)就具有了将动物的移动解释为"去某个地方"的能力。

　　作为成人,我们能毫不费力地将他人的活动解释为有意图性的活动。但是,对巴伦-科恩提出的婴儿从出生开始就具有这种解释能力的观点,至今还没有明确的实验证据能够加以证实。本章后面部分我们将会提到,意图性的解释能力可能直到婴儿九个月时才开始出现。

　　现在有较多的实验证实,从很早开始(至少从两到三个月起)婴儿就开始注意眼睛和眼睛所注视的方向,也即具有巴伦-科恩所提出的眼睛方向探测器的能力。除了具有"外周效应"外,两个月大的婴儿注视一张画有眼睛的面孔类似图的时间也比注视一张没画眼睛的面孔类似图的时间更长(Maurer,1985)。这说明从很早开始,婴儿就能察觉到眼睛的存在与否。进一步的研究还证实,年幼婴儿能够察觉眼睛注视的方向。据研究报道,六个月的婴儿注视一张眼睛与自己对视的面孔的时间要比注视一张眼睛不对视自己的面孔的时间长 2 到 3 倍(Papousek 和 Papousek, 1974)。

　　有一项研究系统地观察了三到六个月的婴儿在与一位眼睛直视他们或眼睛从偏离中心 20 度的方向注视他们的成人交往时的情况(Hains 和 Muir, 1996)。当成人从偏离中心 20 度的方向注视婴儿时,婴儿的微笑次数明显减少,即使此时成人的头部位置与眼睛直视时的头部位置保持相同。这些观察结果说明,三个月的婴儿在面对面的交流环境下对眼睛凝视的方向很敏感。

　　阿尔伯特·卡伦(Albert Caron)和同事进行的另一项研究(Caron, Caron, Robert 和 Brooks, 1997)说明,三到五个月的婴儿已经对双眼对视具有较高的敏感性,而不再受头部方向的影响。他们的研究指出,出生头三个月的婴儿对双眼对视的敏感度还有赖于与他们面对面的交往同伴。当交往同伴将头偏到一边但仍维持双眼对视（从眼角注视婴儿）时，三个月大的婴儿的微笑次数明显减少，而五个月大的婴儿则没有这种变化。

如果从很早开始婴儿在与他人交往时就对凝视和双眼对视很敏感，那他们似乎也很快就了解到他人的目光视线具有指示性，也即，视线还涉及环境中的事物。例如，据研究报道，三个月的婴儿就能将自己的目光移向成人眼睛注视的方向（D'Entremont, Hains 和 Muir, 1997）。当面孔静止不动，只用眼睛去注视婴儿的左边或右边时，婴儿也会相应地将自己的目光移向左边或右边。这个惊人的研究结果说明，至少从三个月开始，婴儿就不仅注意到他人在看什么，而且还能将自己的目光移向他人注视的方向（也可以参见 Hood, Willen 和 Driver, 1998; Symons, Hains 和 Muir, 1998 的研究证据）。这种能力是出生第一年末，当婴儿开始能够和他人一起共同关注物体时才出现的主体间性和社会能力的早期预兆。

值得注意的是，我们成人也对双眼对视和注视方向十分敏感。很难想象还有什么比和一个避免与你双眼对视或不时将目光转向你身体的其他部位的人交谈更令人有社交挫败感了。当前的婴儿期研究有力地说明了，对眼睛和凝视方向的敏感是社会认知的一个基本内容，婴儿从中学会了密切关注和理解他人。有趣的是，我们人类身体特征的进化似乎也有助于我们注意他人正在注视着什么。眼白与虹膜之间的强烈对比是灵长类动物在进化过程的相对较晚期才产生的进化结果（Kobayashi 和 Kohshima, 1997）。同样，人类眼睛的形状也有助于我们观察他人。

一些研究结果表明，四个月大的婴儿对目光凝视方向的察觉取决于眼睛是否位于一张完整的直立的面孔图里（Vecera 和 Johnson, 1995）。面对一张将面部特征胡乱堆砌的直立的面孔图，婴儿似乎不太能够察觉到目光凝视方向。因此，从很早开始，对目光凝视方向的感知很可能就是将面孔作为一个整体进行加工的作用机制的一部分。但是，我们有什么直接证据可以证明婴儿除了能解释他人正在注视什么方向之外，还能将面部表情作为一个整体予以解释呢？揭示面孔是情绪体验的主要舞台的研究可以证明这一点。

面部表情和情绪

如果从出生开始,婴儿就能以特定的方式表达痛苦、悲伤、快乐或愤怒的情绪,而且这些表达方式在不同文化之间几乎没有什么区别。那么婴儿是如何感知和理解他人的这种面部表情呢?天生就能在感知(感觉)到某种特殊情感体验(感情)的同时产生一种情绪化的面部表情是一回事,通过注视他人的面孔而实际感知并最终理解他人的情绪则是另一回事。婴儿从什么时候开始能感知和理解他人的情绪,这种理解又能达到什么程度呢?这个问题是理解社会认知的早期发展,尤其是理解他人具有情绪变化(例如,有时候高兴,有时候悲伤)的核心问题。

通过让婴儿先习惯一张具有特定表情(高兴、悲伤、惊讶等)的面孔图,然后测试他们对新表情面孔图的习惯化,研究人员证实了年幼婴儿确实能够区分不同的面部表情。据报道,三到五个月的婴儿能够将快乐或悲伤的面孔与惊讶的面孔进行区分,将微笑的面孔与愁眉不展的面孔进行区分,将愉快的表情与愤怒或中性表情进行区分。研究甚至发现,这个年龄段的婴儿能够区分不同紧张程度的同一种情绪表情(Nelson,1987)。

婴儿区分这些面部表情时是不是不只是对这些表情的表面特征进行处理呢?研究人员通过实验,让婴儿习惯不同形式的同一种面部表情,回答了这个问题。例如,他们首先让婴儿习惯露齿程度不同和眉毛扬起高度各异的快乐的面部表情。习惯之后,研究人员用新模型测试婴儿对同一面部表情或不同面部表情的去习惯化。如果婴儿表现出去习惯化,这意味着婴儿不仅仅能够区分面部表情在表面特征上的不同,还能从情绪种类上区分这些表情。

研究表明,七个月的婴儿已经具有一些类别知觉,但还只是一种尝试性的分类,它依赖于婴儿已经习惯的面部表情。例如,首先让婴儿习惯快乐的面部表情,然后测试他们对害怕或惊讶的面部表情的反应,就可明确地证实类别知觉的存在。但如果首先让婴儿习惯害怕或惊讶的面部表情,然后测试他们对快乐的面部表情的反应,则并未发现婴儿具有这种类别知觉(Nelson,1987)。

那么七个月不到的婴儿又是如何的呢？卡伦、卡伦和迈尔斯（Caron，Caron 和 Myers，1985）所从事的一项研究发现，当四个月的婴儿习惯了惊讶或快乐的面部表情后，再测试他们对一种新的惊讶或快乐的表情表达方式，他们没有表现出任何分类区分的迹象。六个月的婴儿已经具有一些一般化的区分，但只有在先习惯快乐的表情时才能表现出这种区分。七个月的婴儿无论是先习惯快乐表情还是先习惯惊讶表情，都能表现出一些一般化的区分。

如上所述，除了对面部表情的知觉区分外，与社会认知的起源有关的另一个重要问题是，婴儿如何认识到特定的面部表情反映了他人所经验到的某一类感受。至少在美国，除了进行长时间的双眼对视和发出高音调的声音外，照料者还会带着夸张而快乐的感情与婴儿进行面对面的交流。因此，我们有理由认为，情绪所蕴涵的意义正是通过这种双向交流中的分享得到传达。这些交流为婴儿学习将自己的情绪与他人的情绪进行关联并最终相一致（采用"像我"立场）创造了专门环境。由于婴儿从一出生开始，就在与他人的面对面的互动中表现出模仿的迹象，因此这种假设可能是成立的。

面部表情模仿和情绪的共同调节

过去二十年来，许多研究报道了年幼婴儿的模仿反应。这些研究使得研究者开始对主流观点进行重新认识，特别是皮亚杰关于出生几个月后婴儿才具有模仿能力的观点。在一些控制严格的实验条件下，出生仅几个小时的新生儿就能够模仿实验人员示范的相当多的表情动作，例如吐舌头、噘起嘴唇，以及头和手指的动作（Meltzoff 和 Moore，1977）。尽管在世界各地许多实验室进行的实验都能重复这种早期的模仿能力，但是对这种现象的解释仍存在许多的分歧。一些观点认为，新生儿的这种模仿实质上是一种暂时现象，仅限于一种姿势（例如伸出舌头），并由低层次的加工例如自动的释放作用机制（Anisfeld，1991）或刻板的口头探索所决定（Jones，1996）。另外一些研究者如安德鲁·梅尔佐夫和基思·穆尔（Andrew Meltzoff 和 Keith Moore，1997）

则认为,新生儿的模仿是一种更丰富的能力即视觉和本体感觉之间积极的跨通道整合的表现。特别是在对面部表情的模仿中,婴儿看到示范表情后再重现一个相应的表情,但他们根本不可能看到自己的模仿反应与示范表情是多么相似。因此,如果人们承认婴儿实际上是在尽力模仿成人所表现的特定行为,那么新生儿的模仿确实需要一个积极的跨通道整合过程。而更重要的是,它也意味着婴儿从出生开始就不是在一个社会真空里表现行为举止,而是积极地将自己的行为与他人的行为联系起来(图4.1)。

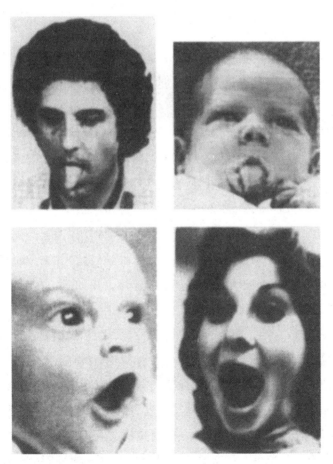

图 4.1　婴儿从出生开始就能模仿实验人员所示范的面部动作和面部表情——图上方:吐舌头(图片选自 Meltzoff 和 Moore,1977);图下方:惊讶的面部表情(图片选自 Field 等,1982)。

对新生儿模仿所进行的一项特别研究提出,年幼婴儿可能不仅仅试图模拟他人的所为,而且也试图模仿交往同伴的感情或情绪。蒂法尼·菲尔德(Tiffany Field)及其同事(Field, Woodson, Greenberg和Cohen, 1982)的研究证实新生儿倾向于模仿快乐、悲伤或惊讶的面部表情。在该项研究中,研究者让新生儿面对一名实验人员,这名实验人员会连续做出对比性很大的面部表情。在整个过程中,研究者密切关注新生儿的反应。当实验人员表现出快乐的表情时,新生儿的嘴唇会向两侧明显拉宽;当实验人员表现出悲伤的表情时,新生儿的下嘴唇会伸长一些;当实验人员表现出惊讶的表情时,新生儿的眼睛和嘴巴也会张大些。

婴儿重现情绪表情的倾向及显著能力表明,婴儿除了能够通过身体模仿表情外,很可能还能够替代性地体验他人的感受。尽管这还只是一种推测,但从一些研究成人情绪的文献所报道的现象看来,我们不能轻易否决这个可能性。一些证据说明,特定的面部表情不仅仅由人们所体验的特定感觉所引发,也可能先于特定情绪而存在并引发这些情绪。研究者证实,当要求成人参与者改变特定面部表情以使他们看上去很高兴或很悲伤时,他们最终也会产生这些感受(Ekman, Levenson和Friesen, 1983; Meltzoff, 1990)。通过早期的面部表情模仿,婴儿可能不仅能够使自己的面部特征与他人的面部特征相一致,而且也能够使自己的情绪与他人的情绪(性情特征)相一致。早期的面部模仿对主体间性的确立可能确实具有重要作用。正如我们在前面指出的,主体间性可能是婴儿学习使自己与他人在感情上相一致的一个重要手段。

面对面交流中成人给予婴儿的系统性鼓励与帮助和年幼婴儿模仿他人面部表情的倾向这两者之间的协调,是促成社会认知发展的重要因素。如果成人倾向于通过能够反映婴儿可能的内在感受的夸张表情来启发婴儿作出特定的社会反应,那么婴儿也并不是被动地接受这种启发。早期模仿的现实说明,即使这些交流是首先由成人发起的,也需要依靠交流双方情绪的共同调节。通过互相模仿,婴儿和成人形成了感受和情感的交流。这种互换是作为早期社会认知的基础的主体间性的根源。通过互相模仿,成人和婴儿可以观察彼此交流的程度(吸引对方注意力的程度),而这种密切关注对婴儿与其主要照料者之间特别关系的形成十分重要。

通过建立特别的关系并密切关注与交往同伴的感受和情感的交流,婴儿逐渐发展形成了社会理解的基本原则。他们能够辨别引发人们对他们产生特定行为的动机和特性。最近有研究说明,年幼婴儿在面对面的交流中确实发展了特定的社会期望。到出生后第二个月,婴儿开始能够对他人长时间的微笑和注视给予回应,这时他们开始对社会互动中的时机选择十分敏感。而交往流(communicative flow)的出现,特别是他人对婴儿的较高层次的情感协调,正是伴随这种时机选择而出现的。

社会耦合性的察觉

从婴儿能够对面对面的交流给予回应起,他们逐渐发展了对交往同伴及对其在面对面交流中的回应方式的期望。日常游戏、模仿和父母照料等活动为婴儿构建了富有探索性的动态环境,婴儿可以从中发现不变因素并发展社会预期。除身体特征之外,婴儿还可以通过交往同伴与他们进行相互作用的方式来识别同伴,如互动的时机选择(包括姿势和声音),互动的活动水平,以及姿势所表达的整体情绪等。这些不变量都反映了与自我相对的他人的性情世界。

当婴儿与某一特殊对象进行快乐的互动时,他可能开始学会期望以某种方式被对待。妈妈一般会以轻柔温和的方式对待自己的孩子,而爸爸与孩子进行交流时一般表现得更强劲、更喧闹。婴儿似乎收集了互动时特定对象所具有的这些固有特征。研究证明,最迟到四至六个月时,婴儿就在与母亲的互动中发展了对母亲的时机选择和相对耦合性的协调(例如,微笑回应的次数),并倾向于将这种协调推广到对婴儿表现出与母亲相似的行为的陌生女性中。例如,最近的一项研究(Bigelow,1998)证实,由能够在正常的面对面互动中作出积极而迅速回应的母亲抚养长大的五个月大的婴儿,更乐于与互动方式类似于母亲的陌生人进行交往(也就是能够较迅速地作出回应,并且时时伴随有微笑和声音)。相反,由不能在面对面交往中作出积极回应的母亲抚养长大的婴儿,他们与同样表现出较少耦合性的陌生人进行交往时会表现出较多的耦合性回应。通过这项经典的研究,安·比奇洛(Ann Bigelow)证实了五个月的婴儿对从母亲那里体验到的那种熟悉的耦合性程度很敏感,无论这种耦合性程度是高还是低(Bigelow,1999)。婴儿似乎只需几个月就能适应其主要照料者的交往风格。这种适应决定了婴儿早期对与母亲的交流风格一致的交往同伴更偏爱。

通过观察两个月的婴儿用闭路电视系统与母亲进行的互动,一些研究指出,婴儿在和母亲进行现场互动时的反应,与重播以前的互动情况时婴儿所作出的反应完全不同。研究表明,与现场互动相比,在重播以前的互动时,婴儿的注视和微笑会明显减少,而负面情绪明显增加(Murray 和 Trevarthen,1985;也可参见 Nadel,Carchon,Kervella,Marcelli 和 Reserbat-Plantey,1999 的近期研究)。这说明两个月的婴儿开始对母亲所作的情绪协调具有敏感性。在重播条件下,母亲是非耦合性的。尽管她也表现了正面的感觉和感情,但她的反应时机选择不能体现反应的互动性,因此也破坏了共享经验意识和主体间性。

在一项研究(Rochat,Neisser 和 Marian,1998)中,我们以同样年龄段的婴儿为被试,采用相同的实验范例(闭路电视系统)来重复这个研究,却未能获得这些研究结果。因此这一发现即使是真实的,也缺乏价值。闭路电视系统可能因缺乏直接的面对面互动中常有的互动性线索而缺乏生态的有效性。这些线索包括触摸和远距离的调节,它们对婴儿所具有的评估交往流和他人的情绪调整的能力而言,可能十分重要。

为了了解年幼婴儿在更为自然的非闭路电视系统条件下的双向互动中会有什么发现,我们对二到六个月的婴儿在与陌生成年人互动时的敏感性进行了研究(Rochat,Querido 和 Striano,1999)。研究目的是了解婴儿从两个月开始是如何完善自己已具有的发现社会互动中的规律性,并根据所发现的规律性对同伴行为进行特定预期的能力。我们猜测两个月大的婴儿尽管开始表现出互动的迹象,但对作为互动同伴的他人仍只有一种泛化的无区分的认识。

在这个早期阶段,婴儿的社会技能和成果可能应归功于对是否存在一个殷勤的交往同伴的整体性密切关注,而非交往同伴的回应程度。我们假定婴儿在出生时对社会存在(指与婴儿进行亲密而生动的双眼对视并用儿化语也即"妈妈语"进行交流的某个人)只有整体意识,而大约到四个月时,才在同伴互动性质(例如,互动是有组织的还是无组织的,是耦合性的还是非耦合性的,是可预测的还是不可预测的)的基础上发展形成对交往同伴的特定期望。这种发展使得婴儿能够通过互动方式的细微差别来区分不同的人。

我们在研究中分别拍摄了两个月、四个月和六个月大的婴儿在面对面的不包含任何身体接触的交往中与陌生女性的互动。在两种不同的实验条件下,实验人员向婴儿展示了结构性或非结构性的躲猫猫游戏。

在结构性条件下,躲猫猫游戏严格按三个阶段进行组织:(1)接近阶段,实验人员探身靠近婴儿,一边说"看,看,看",一边与婴儿保持双眼对视;(2)唤醒阶段,一旦实验人员靠近了婴儿,就用双手遮住脸,然后把手拿开,并说"躲猫猫";(3)最后的释放阶段,实验人员向后靠,恢复原来的姿势,平静地长叹一声"呀",点点头,并笑了起来。

在非结构性条件下,实验人员进行了胡乱堆砌的或无组织性的躲猫猫游戏,动作与常规的(结构性的)躲猫猫游戏动作相同,但没有组合起来形成从声音渐高到声音渐低或从紧张增加到紧张释放的过程。在这个条件下,实验人员均戴着一个与录音机相连的耳机,根据录音机随意发出的动作指令,对婴儿做一些动作(例如,举起手,说"躲猫猫","看,看,看",探身向前,等等)。其中,结构性和非结构性躲猫猫游戏的持续时间和游戏事件(子程序)在数量上都相同,不同的只是它们的表达强度,也即它们向婴儿演绎紧张增加和紧张释放的方式不同。

通过婴儿对实验人员的微笑和注视进行测评,我们发现了一个十分有趣的发展趋势。在结构性条件下和非结构性条件下,两个月大的婴儿对实验人员的微笑和注视没有什么区别。在这两种条件下,婴儿似乎对实验人员表现出同等的注意力,在反应上也没有什么不同。与之相反,四个月和六个月的婴儿在非结构性条件下的注视时间较结构性条件下明显更长,但在结构性实验条件下他们笑得更多。

总而言之,这个研究结果说明,婴儿从四个月起就能够适应交往同伴在交流中惯用的表达方式。他们能够识别双向交流中的规律和模式,并能作出同步回应。从逐步发展的敏感性到最终能觉察互动的风格,婴儿对人们是谁以及他们会怎样行动逐渐形成了更为准确的预期,也因此能对人们及其行为有更好的理解(Rochat,Querido和Striano,1999)。

我们在实验室还进行了另一项研究(Rochat,Striano和Blatt,2001),以进一步了解婴儿在二到六个月期间社会期望的发展情况。当看到实验人员在面对面社会交往过程中脸部表情突然停顿下来时,婴儿会有什么反应呢?我们对此进行了研究(Tronick等,1978,Muir和Hains,1999)。实验中,实验人员在进行了一分钟的正常互动后突然连续一分钟保持面部表情停顿。实验人员可以保持中性的表情(面部表情停顿范例中通常采用的一种表情),或者保持一种嘴巴张开,微笑凝固住的快乐的表情,或者保持皱着眉头的悲伤的表情。我们测评了在不同表情停顿条件下婴儿对实验人员所表现出的注视反应和相对微笑程度。我们将在正常的愉快交往中突然出现停顿表情后婴儿作出的反应(表情停顿效应),与又恢复正常的愉快交往后婴儿的反应(恢复效应)进行了比较。

在注视反应上,我们发现四个月和六个月婴儿组在所有实验条件下对面部表情停顿都会产生停顿效应(即注视实验人员的时间减短),但两个月的婴儿组没有这种表现。当看到一个快乐的停顿表情时,两个月的婴儿不会转移视线。在微笑反应上,无论在何种表情停顿条件下,当恢复正常互动时,六个月的婴儿重新露出微笑的次数都明显减少了。与两个月和四个月的婴儿不同,六个月的婴儿似乎拒绝在面部表情停顿事件之后重新积极地参与互动。这一现象再次说明,对面部表情停顿事件的不寻常体验,使六个月的婴儿对交往同伴建立了与两个月和四个月婴儿不同的预期。

总之,这些实验观察表明,四到六个月的婴儿对人们所表现的性情线索更为敏感,并能根据这些线索对这些人将采取何种举动方式进行特定的预期。

从不同月龄来看,表情停顿效应和恢复效应似乎受表情停顿事件中交往同伴表现出的静态情绪线索的影响。似乎在二到六个月期间,婴儿发展了一种能超脱当前情境限制,将人们当前的行为与过去的互动风格相联系,以思考人们的行为的能力。

这种社会预期的发展源于婴儿所采取的一种新的交谈和思考的立场。这种新的立场产生于婴儿出生后的第二个月中期,这时婴儿在与他人交往中开始出现了社会性微笑(Wolff,1987)。这一关键性的发展变化既标志着新生儿阶段的结束,也意味着心理意义上的婴儿出生了(参见第五章),婴儿从此对他人形成了一种新的理解。两个月大的婴儿以一种不加区分的方式与同伴进行互动。他们主要对照料者的整体存在和积极引逗很敏感,而不管他们是谁。在这个年龄阶段,婴儿已能将他人与自我区分开,但还不能区分不同的人。在与他人的交往过程中,两个月的婴儿密切注意的是他人是否存在,但还不能判断这个人是谁,有什么样的性情,要对其形成什么样的预期。而四个月和六个月的婴儿已经对一些细微的社交线索,例如常规游戏中成人的表达方式,以及他们在这些游戏中所表现出的性情(情绪)线索越来越敏感。六个月的婴儿似乎能够将当前这种面对面的互动与以前有过的互动的性质和特征相联系。对他人以及他人与婴儿进行互动的方式所采取的这种新的"历史性"视角,促使婴儿能够发觉越来越细微的情绪和性情线索,并在此基础上发展了丰富的社会预期。这种发展与双向交流中新的共享经验认识(初级的主体间性)的出现同时发生。正是通过这种发展,婴儿为自己在理解他人方面的下一个重要发展——意图性立场的发展(即认识到他人是有意图的),作好了准备。

意图的知觉

知觉并理解到他人是有意图的个体,这是婴儿期结束后的社会认知发展的重要前提。它对语言、符号象征性功能以及心理理论的出现都十分重要。如果婴儿没有这种能察觉他人是有意图的个体的能力,我们很难想象婴儿如何能够最终学会使用传统符号(语言)进行交流,如何能够理解一个事物(一个语言符号)可以代表另一个事物(指示物)。使用语言确实需要能先认识到他人是有意图的理性个体——他人的反应并不是随意的或自动化的,而是在特定的心理、信念和期望指导下的有计划的行动。研究认为尽管这种对意图行动的认识直到一岁左右才明显表现出来,但年幼婴儿似乎已经对有助于他们采取意图性立场,也即有助于他们认识到他人是理性个体的知觉信息很敏感。

作为成人,当我们密切注视周围的社会环境并试图预测他人的行为时,我们并不认为他们的行为是任意的。相反,我们认为人们是按头脑中设定的目标而行动的,也即人们是有意图的。例如,如果一个人正盯着一本打开的书,我们就会断定这个人正试图收集信息。又如,如果他们指向一个物体,我们就会认为他们想(打算)让我们看那个物体。可是,婴儿是如何形成"他人是有意图的"这种对社会认知以及未来的心理理论都非常重要的假设的呢?

成人具有知觉有意义的物理因果关系和社会因果关系的强烈倾向。这种普遍的倾向使我们能根据几何形体在荧屏上的运动方式,一厢情愿地赋予它们意图,甚至人格特点。这一点早在半个多世纪前就得到了弗里茨·海德和马克·西梅尔(Fritz Heider 和 Mark Simmel, 1944)的首创性研究以及阿尔伯特·米乔特(Albert Michotte, 1963)的研究成果的证实,并被近期的研究所验证(Basili, 1976; Dittrich 和 Lea, 1994)。这些研究证实,当两个或多个几何物体进行特定的序列运动时,人们会系统地知觉到它们的因果关系、性情特征以及意图。这些抽象实体之间特定的动态互动方式都是由一定的社会事件引起的:一个实体通过拖动或推进"引起"另一个实体运动;一个实体追逐另一个实体以抓住它(例如,红色的方块"推动"蓝色的圆,一个"神经质"的黄色三角形"试图抓住"一个正在"逃跑"的黑色的圆)。人们试图用物理因果关系和社会因果关系来解释一个实体如何相对于另一个实体运动,他们甚至试图赋予这些形体以意图和性情特征。

我们试图通过一项研究(Rochat, Morgan 和 Carpenter, 1997)来了解这种现象的发展性起源。我们假定婴儿最先发展了对动态知觉信息(成人用以辨识社会的和意图性的事件)的特殊敏感性和协调性。为此,我们测试了三到六个月的婴儿(以及一个成人控制组)对两个不同的动态表演的视觉偏好。这两个表演反映的是正在进行互动的抽象物体,它们的互动在成人看来或者是有意的或者是无意的。两种表演通过并排放置的两台计算机显示器同时播放给婴儿观看。每个表演都由一对独立运动(独立表演)或以系统的互动方式运动(追逐表演)的彩色圆盘组成。圆盘彼此间从未真正接触。

追逐表演是为了具体说明一个有意的社会事件。在追逐表演中,一个圆盘(追逐者)会以恒定的速度系统性地接近另一个圆盘(被追逐者)。当追逐者接近被追逐者时,后者就加速远离直到处于安全距离,然后又恢复正常速度。在独立表演中,圆盘的运动是随意的。在两个表演中,除了圆盘的相对时空位置是由圆盘运动所决定外,其他所有动态参数都受到严格控制以保证两边相同。

成人和专心看表演的六个月婴儿(相对于那些对这个表演不太关注的婴儿而言)观看独立表演的时间明显比观看追逐表演的时间更长。相反,专心看表演的三个月婴儿组则明显更长时间地观看追逐表演。将婴儿根据出生天数排序,并通过绘制追逐表演或独立表演的偏爱程度与年龄的函数比率图,我们观察得到一个从偏爱追逐表演到偏爱独立表演的有效线性趋势。有趣的是,对成人被试的访谈表明,他们之所以更多时间地注视独立表演,是为了从中发现不变的动态模式。他们在采访中提到,另一个表演中的追逐模式已经十分明显,不需要太多的关注。根据常识,同时也由于缺乏直接的证据,我们不能断定六个月的婴儿更长时间地关注独立表演也是因为同一个原因。但是通过婴儿被试获得的结果揭示了两个事实:(1)从出生后三个月开始,婴儿对明确反映了成人所认为的社会因果关系的运动信息表现出敏感性(例如,追逐运动与随意运动);(2)这种敏感性的表现方式不同,大致在出生后的三到六个月期间开始出现。

为了了解婴儿从什么年龄开始在知觉追逐表演时采取意图性的立场,最近我们对三个月、五个月、七个月和九个月大的婴儿组进行了测试(Rochat,Striano 和 Morgan,待发表)。我们首先让婴儿习惯在计算机显示器上播出的两个圆盘互相追逐的表演。这两个圆盘一个是红色的,一个是蓝色的,除此之外,其他各处都相同。每个年龄组里有一半被试看到的追逐者是蓝色圆盘,被追逐者是红色圆盘。而另一半被试看到的则正好相反,追逐者是红色圆盘,被追逐者是蓝色圆盘。一旦他们达到了预先确定的习惯化标准后,实验人员就用同一事件或角色对调了的事件对婴儿进行一系列的去习惯化测试。角色对调事件是指通过对调圆盘的颜色(例如,让蓝色追逐者变成红色,让红色被追逐者变成蓝色),让追逐者变成被追逐者(或相反)。

这个研究结果发现了一个十分有趣的发展趋势。当表演角色对调事件时,不足七个月的婴儿没有表现出任何的去习惯化(也即没有重新产生明显的视觉关注),七个月的婴儿则开始更多地关注角色对调事件,而九个月的婴儿关注角色对调事件的时间就更显著增加了。通过将所有受测婴儿按出生天数进行排序并绘制去习惯化图,我们看到去习惯化从七个月左右开始出现,到九个月时显著增强。

考虑到只有颜色能体现计算机显示器上的每个抽象主角所担当的角色,并且主角都是通过相对于彼此的运动方式来明确身份,我们认为从七个月开始出现并到九个月才明显体现的去习惯化与婴儿所采取的意图性立场的出现有关。正如前面的实验所揭示的,这种去习惯化不仅有赖于对两个圆盘的关系性运动模式的区分,也有赖于对追逐与被追逐圆盘之间的角色变化的区分,这说明了婴儿开始将社会事件理解成有计划的实体与被推动的实体之间的交往。这种理解比仅仅将实体作为被激活的并做相对运动的个体来理解,前进了一大步。

次级主体间性

当婴儿开始能够进行所谓的与他人的三方交流,也即当他们开始能够与他人一起而不仅仅以自我专注的方式关注客体世界时,儿童早期社会互动中的面对面的双向模式发生了显著的变化。三方交流是指婴儿、他人和环境中物体这三者之间的交流。研究得最多的三方交流是联合注意(joint attention),即儿童和成人同时注视同一个物体(图 4.2)。婴儿倾向于先看成人然后回头再看物体,这说明婴儿正在核查另一个人的共同视觉参与,因而婴儿也意识到了他人的相对"意图"(也就是他们是否在共同关注同一个事物)。这是婴儿在出生后九个月左右出现的具有决定性意义的重要发展(更多请参见"九月革命",第五章)。之所以是决定性意义的,因为它第一次明确地证实了婴儿开始理解到自己和他人可以分享观点或看法(Adamson, 1995; Tomasello, 1995;1999; Trevarthen 和 Hubley, 1978)。婴儿追踪成人视线和识别成人所指何处的新能力使得社会交往和婴儿的社会认知达到了一个全新的水平。婴儿不仅能通过面对面的交流了解他人的性情世界,而且还发展了一种所谓的次级主体间性,也即与他人共享第三方(一个物体、另一个人或事件)经验的意识。那么婴儿是如何产生这种发展性跳跃的呢?

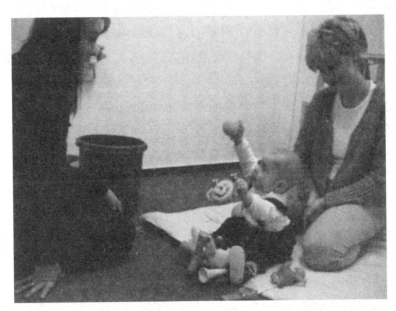

图 4.2 到九个月大时,婴儿开始表现社会行为并能够参与自己、物体和他人三者之间的三方交流。如图所示,在把玩一个物体时,婴儿会核查另一个人是否同时也在关注这个物体,并且会在向这个人出示物体时密切关注他或她的视线。图上的照片刚拍完,婴儿就回头继续把玩和探索物体。(照片由 T. Striano 拍摄)

当婴儿的目光开始能够根据手势指示,追随环境中正在发生的事物时,他或她开始学会将注意力分配给双向交流之外的事件。总的来说,九个月的婴儿似乎能够在大脑中同时容纳并综合社会情景的多个方面,包括:(1)交往同伴正在与他们打交道;(2)交往同伴正试图向他们交流其他事物的某些方面;(3)交往同伴试图就这个事件或物体与他们进行互动。初级主体间性只与婴儿所察觉的社会情景的第一个方面有关,而次级主体间性则包括了所有这三个方面。

有趣的是,当婴儿开始在三方互动(也即婴儿、他人以及他们共同关注的物体之间有组织的互动)的环境下表现出次级主体间性时,他们也开始试图在面对面的双方交往中尝试全新的行为。我们最近从事的一项研究(Striano 和 Rochat, 1999)分析了七个月和九个月的婴儿在看到一个交往同伴突然露出停顿的面部表情时所作出的反应。我们发现大多数婴儿的反应与年幼婴儿的反应有很大的不同。他们不仅没有受到交往同伴这种突然的情绪变化的干扰和压力,反而试图让同伴重新表现出积极的行为。这说明六个月以上的婴儿开始能够发动并塑造与他人的社会交往。在我们的实验中,婴儿为了让实验人员重新参与互动,会发出声音、伸手触摸、敲打、拍手、注视等(图4.3)。

更重要的是,我们发现这种行为的出现与婴儿所具有的目光追随、对物体的联合注意以及理解三方交流中指示性手势的倾向具有正相关。总的来说,这些观察说明了从九个月开始,婴儿开始能了解他人是有意图的交流者。这是一个影响双向和三方社会交流的全新发展。

从初级主体间性到次级主体间性的过渡是社会认知发展的一个巨大进步。婴儿从受情境高度限制的形式化的面对面情感交流发展到针对整个大环境的交流性的和有组织的社会性探索。这种发展打开了通过传授和模仿进行文化学习的大门。而婴儿只有通过文化学习才能发展语言并掌握符号的象征性功能(Bruner, 1983; Tomasello, 1999)。没有次级主体间性,婴儿就不可能通过他人来学习指代环境中特定物体和事件的传统符号(例如词语)。

尽管人类可能要以特定方式去发展语言和符号象征能力,但正是通过与他人进行针对环境中事件和物体的交流,人类的婴儿才发展了他们所具有的

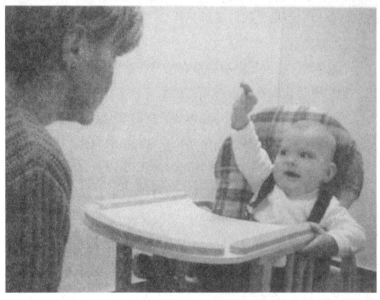

图 4.3 随着婴儿九个月时次级主体间性以及自己、物体与他人之间的三方交流的出现,婴儿也开始采取更多的主动性来控制与交往同伴的交流。如图所示,婴儿试图通过注视实验人员并同时对她叫唤和做手势,让这个突然露出"停顿"面部表情的实验人员重新参与交流(Striano 和 Rochat,1999;照片由 T. Striano 拍摄)。

语言能力和符号象征能力的形式和内容。很难想象,如果婴儿被剥夺了所有的交往同伴,那他们将如何发展语言,或发展使用一种事物表征另一种事物的能力。因此,从初级主体间性到次级主体间性的发展转变具有极大意义。一些研究人员甚至将这一转变视为使我们之所以成为人类的两种能力——创造性语言能力,以及通过其他更有经验的人有目的的教授进行学习的能力——的起源。那么,我们如何阐释这种转变呢?这个问题还远无定论。

关于次级主体间性之产生的阐释

根据婴儿在出生头几个月对人和物体在注意力分配上的可靠而显著的变化,我提出了一种可能的发展模式。尽管这种模式还只是一种推测,而且主要是描述性的,但它有助于我们理解是什么力量推动婴儿发展出次级主体间性和三方交流的能力。

我们已经知道新生儿能对面部表情进行适应性协调,同时与非面部类图形相比,他们更喜欢观看和追踪面部的示意性表征。婴儿一出生就能特别关注他人。从婴儿出生开始,婴儿照料者就通过和他们进行互动交流以利用并强化这种早期倾向。例如,他们让婴儿看到自己的面孔,支撑起婴儿的头以保持双眼对视,并采用夸张而积极的面部表情等。因此,双向的面对面交流是婴儿与环境之间早期互动的主要形式。这种形式是人类所独有的,可能还是人类社会认知具有特殊性的一个重要决定因素。

如果面对面的交流在发展早期占主导地位,那这种交流的性质在出生第一年内就发生了显著变化。随着婴儿肢体控制和探索技巧的成熟,他们似乎越来越关注自然物,而对人类的关注相对减少了。与人类的互动逐渐变成实现其他目的,特别是接近食物和玩具等自然物或环境里其他有趣的自然实体的一个途径。随着操作物体能力的逐步发展,婴儿扩大了他们的世界范围,开始关注更多的物体,而不只是局限于一对一的亲密社会交往中的人们。

对照料者和婴儿之间的早期互动进行的分析表明,在出生后二到六个月期间，即使有照料者的不断鼓励，婴儿自发地维持双眼对视或抬头注视他人面孔的时间仍会明显减少。在实验室里多次测试了婴儿对交往同伴突然露出停顿的面部表情时所作出的反应后，我们发现，总体而言，无论交往同伴是参与交流还是保持停顿的面部表情，二到六个月期间的婴儿注视同伴的时间都明显减少了(Rochat, Striano 和 Blatt, 2001)。这个发展趋势是婴儿在注意力分配上的一种基本变化，而这种变化是为了捕捉到更多正在发生的环境事件。

从四个月开始，婴儿注视他人面孔的时间越来越少。这种减少与婴儿能够越来越熟练和快速地监视他人的面孔有关，它使得婴儿能够在扩大其对环境中其他物体和事件的关注的同时保持最起码的社会接触。因此，一个四到六个月大的婴儿常会快速地看一下自己的交往同伴，并朝他（她）笑笑，然后又马上回头继续把玩物体。总体而言，有关婴儿视觉关注的研究表明，在三到十三个月期间，婴儿主动关注表演（无论是彩色的曲线、闪光灯或类似面孔的事物）的时间明显减少(Ruff 和 Rothbart, 1996)。在婴儿试图更多地了解周围事物的过程中，长时间的孤立凝视现象逐渐被多次的快速注视现象所替代。从三个月开始，婴儿转移、抑制并因此能向环境中多个对象分配注意的能力越来越强。婴儿从关注人的阶段，也即伴随着两个月时微笑和初级主体间性的出现而产生的对人的关注达到高潮的阶段，发展进入了关注物体的阶段，也即婴儿开始越来越喜欢探索环境里的自然实体的阶段。

在婴儿优先关注物体的发展过程中，他们对肢体和运动的控制能力的增强起了一个重要作用。在四到六个月期间，婴儿开始具有肢体的稳定性，他们能够保持头部竖立，能独坐而不需要支撑。运动控制能力的发展使婴儿上肢获得了解放，大大地增加了手的自由度，能够更自如地探索伸手可及的范围内中等大小的物体(Rochat 和 Goubet, 1995)。因此，四个月时出现的系统性的手眼协调以及伸出手接触物体以探索和操纵物体的冲动肯定是促使婴儿从关注人的阶段发展到关注物体的阶段的关键因素。通过成功地伸手抓物和有目的地操纵物体，婴儿扩大了自己的社会世界。他们成为自身环境的独立探索者，积极地探索着自己能用物体做什么。尽管婴儿越来越沉迷于物体，但是他们还不能完全无视他人的存在。他们仍旧通过对交往同伴展露微笑和发出声音以作出回应和保持交流。只是这种情况都是一闪而过，婴儿似乎越来越多地被物体和物理事件所吸引。

当婴儿获得了姿势的独立，发展了物体操纵能力，并在一岁左右最终开始能独立行走和探索世界后，他们对他人的关注变成了对自己与他人的相对接近程度的关注。婴儿离开母亲独自冒险，走得越远，他们回头注视母亲的次数越多(Sorce 等，1985)。这个简单的观察发现揭示了从初级主体间性到次级主体间性的转变的内在发展动态。当婴儿开始能独立行走后，社会亲近度与物体探索变得越来越不可得兼。一方面，婴儿为探索物体远离照料者；另一方面，婴儿又需要照料者的存在和接近。

解决这个矛盾的最佳方法就是婴儿将交往同伴纳入自己对客体世界的探索中。照料者通过提供物体，并使环境更安全有趣来支持婴儿的这些努力，让婴儿的探索变得更轻松。因此，就许多方面而言，婴儿的早期物体探索具有高度社会性。通过与他人发生有关物体的互动，九个月大的婴儿开始从有赖于肢体和运动控制发展的对物的关注，又转回到对人的关注。这个关注人/物的重要特征就是，婴儿能与他人就某一物体进行交流(目光追随、指向、社会参照)，同时分享参与(联合注意)。

有趣的是，在迈入关注人/物阶段(在九到十二个月之间)之前，婴儿产生了一种新的排他性意识，即在遇到陌生人或独自面对陌生人时会表现出明显的焦虑("第八个月"或"陌生焦虑"；参见 Spitz, 1965)。父母与婴儿之间这种特别的、排他性的情感联结的发展似乎是次级主体间性出现的一个前兆，它可能是婴儿通过合作和共同关注物体来将客体世界与人的世界整合起来(并因而发展三方交流能力)的一个先决条件。这种对特定人物的不断增强的依恋必然会造成留在那个人附近还是探索远处物体这二者之间的对立状态。这种对立状态只有通过联合注意和三方社会技巧才能得到解决。从第八个月开始表现的分离焦虑可能确实是影响婴儿从初级主体间性发展到次级主体间性的重要因素，但这种观点还需要更多研究来加以证实。不过，我们确实知道八个月左右开始出现的陌生焦虑与婴儿对照料者形成的固定标准有关，他们倾向于将他人与照料者作比较。这种比较需要具备积极的记忆检索和表征能力，以及研究者所认为的随着前额皮层参与增加及其与大脑其他部位联结增多而逐渐成熟的基本认知能力(Kagan，1984；1998)。

婴儿期的隐性心理理论

近期进行的一些研究证实，儿童对他人心理的理解（即心理理论）处于不断发展之中。三到四岁的儿童开始认识到他人具有精神状态、信念、期望以及选择如何行动的复杂理由。通过让儿童处于一个可以根据自己对他人的期望和知识来对他人行为的原因作出推论的环境，我们证实了这一观点。例如，在最早由海因茨·温默和约瑟夫·佩尔纳提出的经典错误信念任务（Heinz Wimmer 和 Josef Perner，1983；有关大量的后续研究可参见 Hala，1997）中，实验人员让儿童与两个实验主角（A 和 B）先一起看着一块糖被藏在两个杯子中的一个杯子下面。然后 B 离开房间一阵。在 B 离开的这一段时间里，糖块又被移到另一个杯子下。当 B 返回房子后，研究人员询问儿童，B 将会从哪个杯子下找糖块。实验所探究的问题是，儿童是否能理解，没有看到糖块转移到另一个位置的 B，会错误地认为糖块仍在原来的杯子下面。研究结果证明，只有四岁大的儿童才能预期 B 会在原来的位置找糖块，因为他们已经理解到人持有一种错误信念，而三岁的儿童会错误地认为 B 会在新的位置找糖块。

三到四岁的儿童似乎开始对他人正在想什么具有显性的理论推测。作为目前检验心理理论的方法，错误信念任务证实了正是在大约这个年龄阶段儿童开始认识到人的行为受到正确或错误信念的影响。

如果儿童是在四岁左右开始能根据他人的期望和信念来理解他人的心理，那么这种心理理论应该能够在显性的语言任务实验中得到体现。当然，实验结果与儿童的语言能力是不可分的，因为它建立在显性的语言提问和回答的基础上。因此，很可能早在三到四岁心理理论有显性（语言的）表现之前，它已经隐性地体现于儿童自发的社会行为中。即使儿童是在三到四岁之间才发展了对他人的显性理解,但之前肯定有其他领域的发展引导着儿童迈向这一重要的转变。

我们知道,具有语言表达能力的儿童已经出现了心理理论。但我认为,在这之前,婴儿已经形成了对他人是有意图——有期望、有感情、有情绪波动——的个体的复杂而隐性(不能通过语言表达)的理解。这种隐性理解为显性心理理论的发展作好了准备,并宣告了显性心理理论的发展。但是我们有什么证据能证实这种早期隐性理解的存在呢?我们对其本质又有什么了解?在何种程度上我们可以认定它是显性心理理论的一个必要前兆呢?

显然,对某人精神生活的任何一种理解都需要理解者与被理解者之间具有某种程度的关系。如果我们自己没有同样的思想或情感体验,我们就很难想象那个人会产生怎样的感受或想象。比较自己与他人对某事物的观点,以及对共享情感体验的意识(主体间性),都是社会认知的基本内容,因而也是心理理论的基本内容。例如,在错误信念任务中,四岁儿童利用一些基本的识别加工,将他们自己的主体经验与他们正在密切关注并尽力了解其思维的实验主角的经验联系起来。如果实验人员告诉儿童某个人很想吃糖,儿童对这个人目前的动机状态以及其接下来可能采取的行为(例如,移开杯子找糖块)的理解就会首先建立在对这种共享经验意识的基础上。儿童必须首先回忆起渴望某物是一种什么样的感觉,然后将这种体验投射到他人身上。换句话说,对他人动机状态的理解可能源于这种替代性感觉。

经典错误信念任务的一个基本前提就是儿童首先必须理解人们十分渴望找到那个物体。对动机状态和意图的理解,或者说对促使他人产生某种行为的"需要"的理解是心理理论的基础。只有在儿童能理解他人是有动机和有意图的个体之后,他们才能最终形成对他人可能具有什么样的信念的显性理解。

根据过去的经验,婴儿很早就对人们会怎样与他们进行交流和面对面互动形成了特定的预期,他们能评估新同伴的交往风格与过去经验的一致性程度。从大约两个月开始,婴儿会对以自己熟悉的互动风格或以符合自己对正常交流的预期方式来与自己进行交流的他人作出更多的响应,表现出更积极的情感。这再次说明了为什么婴儿面对一个突然停顿的面部表情时会显得很苦恼,为什么他们会对照料者偷偷引入的无组织的游戏程序给予不同的关注。换句话说,从很早开始,婴儿就隐性地理解了他人是熟悉的面对面交往中的交流者。通过这种隐性理解,婴儿可以评估他人参与社会性交往的相对动机。

从通过向交往同伴展露微笑和进行双眼对视所表现出的初级主体间性开始,婴儿学会了解人们的性情特性以及这些特征与他们自己如何相关。婴儿模仿交往同伴的早期倾向,以及他们与照料者的相互模仿证实了上述观点。婴儿和照料者之间的相互模仿在婴儿的早期发展中十分常见,它在婴儿发展主体间性和学会共享动机中起着重要作用。当婴儿和照料者以相互模仿和最初的交谈风格进行交流时,他们有机会将自己的主体经验联系起来,从而共同感知他们共享的感觉,如快乐、兴奋、兴趣、惊讶等。通过评估交往同伴的面部表情、活动水平、交谈时机以及交流的丰富性(例如,是否有微笑、是否发出声音、是否触摸了或注视了),婴儿发展了对他人性格特征的隐性理解。更重要的是,通过在面对面的交流中与照料者共享其情感体验,婴儿学会去理解,相对于他们自己主观的感受和情感体验而言,他人的行为有何意义。

在互动过程中,他人向婴儿展示感受的移情和社会映射是对婴儿内心感受的公开反映。它除了能够让婴儿了解他人对自己的感受和情感倾向外,还为婴儿提供了探索并最终将自己的感受客观化的独特机会。不过,尽管它是主体间性发展的最初起源——既是对共享经验的模糊意识,又是社会性理解产生的摇篮,但目前这个过程基本上还未得到研究。

总之,早在具有语言能力的婴儿对他人的错误信念、期望、知识或思想具有显性理论(所谓的心理理论)之前,婴儿就形成了他人是有情感性、移情性、支持性和互动性的实体的意识。婴儿首先发展了对人们在双向交流(并最终在三向交流)中为何采取某种表现方式的隐性理解,这是出生后第一年里婴儿社会行为的主要特征。规范的、可预测的和模仿性的交流促进了婴儿早期社会认知的发展,同时可能有助于降低婴儿逐渐增强的依恋以及他们对环境中特定个体的选择性关注。而婴儿在一岁左右清楚表现出来的陌生焦虑和分离焦虑正是这种逐渐增强的社会选择性达到巅峰的体现(Spitz, 1965; Ainsworth, 1969)。这些焦虑与婴儿社会标准的产生(Kagan, 1984)以及他们逐渐了解到他人是有意图的不同实体有关。

(本章由郭琴翻译)

第五章 婴儿期的重要转变

婴儿期是人类行为发生快速且巨大变化的时期,但是人们很难轻易察觉其间的转变。因为,一方面,发展中的行为具有明显的连续性和相关性;另一方面,婴儿期又存在一些看似相当突然的行为重组,如第一次社会性微笑、第一次喃喃自语、第一次成功地伸手抓物、第一次独坐和爬行、第一个单词的说出等。婴儿的发展并不只是一种平稳的线性进展,而是既有加速发展,也有明显的停顿,甚至会出现行为和技能获得上的暂时退步(参见 Thelen 和 Smith,1994)。

发展的连续性和非连续性是发展心理学探讨的关键问题。不同的发展理论对连续性或非连续性各有侧重。总而言之,发展的连续性和非连续性问题与心理学的两个基本问题——行为发展过程中发生了什么变化以及这些变化是怎样产生的——密切相关。现在我们先讨论第一个问题,对婴儿期主要的心理转变或我们所猜测的关键转变作一番描述。

阶段性还是无阶段性

为了阐释儿童发展,以及本书所涉及的婴儿发展,理论研究者如皮亚杰分阶段地探讨了发展的整个过程。他将发展看成是行为组织的一种有序连续,每一行为组织都有终结点。皮亚杰认为儿童的发展就像攀登台阶,在每个发展阶段,儿童都以某一特定的方式理解世界并采取相应的行动。根据这种观点,在每个发展阶段,儿童的行为都会形成一种暂时的平衡,并最终跃变成一种新的稳定的行为组织或结构。

阶段性理论并不是一个新观点。让-雅克·卢梭在其有关教育的开创性观点中(参见第一章)就已指出,儿童的发展是由一连串有序的不同阶段构成的。而从事知觉、认知、运动、道德、性别和人格发展研究的当代儿童心理学家对发展的阶段性作了进一步的阐述,并将其作为发展的一个重要特点(如弗洛伊德有关心理性欲发展的阶段性描述)。大部分阶段性理论都将发展变化描述成在发展过程中的某个特定发展阶段所产生的变化。当然,每一位理论工作者对这些连续的行为发展阶段的本质描述都不尽相同。心理学家的研究领域,以及他们对儿童连续的行为模式在发展各领域的普遍性程度的认识,决定了他们对发展的阶段性本质的看法。

当然,皮亚杰提出的阶段性理论是最详尽的,涵盖了儿童发展的各个领域。皮亚杰认为,从出生开始的认知发展的本质就是一连串的心理结构上的突破:从引导行为、知觉,到最终引导表征性和抽象性思维。因此,认知发展是一个有序的阶段性构成,在每个阶段,行为达成一种暂时的一致性,或环境与儿童动作之间处于基本的平衡。这里所说的动作包括物理动作(例如,寻找一个可见物体)和心理动作(例如,猜想一个已经消失的物体可能会在哪里)。皮亚杰的大部分时间都致力于研究标志着儿童与环境的平衡从一个阶段飞跃到另一个阶段的本质变化。例如,他试图说明当婴儿开始系统地搜索被隐藏的物体时,他们对周围世界表现出一种在性质上与以前截然不同的理解。搜索行为的出现说明婴儿已经认识到世界是由在同一空间里不断运动的永久性客体构成的,而不是他们以前所认为的由不相关的短暂存在的物体和事件构成(Piaget,1954)。

皮亚杰认为婴儿期客体永久性概念的出现是婴儿期重要的基本心理变化之一,在知觉、运动控制、模仿、空间、时间和因果关系等领域影响婴儿的行为。例如,客体永存和婴儿开始搜索被隐藏物体的方式体现了婴儿具有表征不在场物体的基本能力。而这种基本能力的发展则遵从一个有序的阶段性(或平衡阶段性)结构。每个阶段相当于一个特定的透镜,婴儿通过这个透镜解释并最终理解周围的世界。将每个透镜的特定"镜片"比作儿童发展的各个阶段,皮亚杰试图从逻辑学和数学的角度对其进行正式阐述。他阐述了每个阶段的结构,以及它们在发展过程中如何建构成为前一个阶段的延伸和转变。

就像盖房子要从地基开始往上盖,皮亚杰认为儿童的发展就是一连串相继有序出现的不同结构或组织,每个新结构都包含着前一个结构。这种连续的基本结构就如同巴布什卡娃娃组,一个套一个,每个娃娃代表某一特定结构,反映了儿童特定阶段的心理发展。在某种意义上,儿童的发展就是心理各领域中产生的连续的、有限的心理变化或心理革命的不断膨胀。在科学发展史上,人们也曾用"革命性"来描述科学家们对宇宙产生的截然不同的理解。例如,当热衷于天文学的科学家理解到地球只是太阳系的一部分而不是宇宙的中心时,就有了革命性的哥白尼学说。同样,当儿童开始了解物体即使不能直接被感知也依然持续存在时,个体发展过程中的一个心理革命就出现了。

但大多数当代发展学家的近期实验结果都无法证实这种"革命性"理论。反对这一观点的论据很多,其中最主要的有两个:一是不同发展领域具有特殊性;二是婴儿的发展更多是一种富集作用而非构造过程。

皮亚杰和其他阶段论发展理论研究者所面临的一个主要问题就是,在许多情况下儿童发展了不能传递到其他发展领域的能力。例如,现在有充分的证据表明,语言的发展在很大程度上与感知运动领域所取得的进展相互独立。婴儿所发展的操纵物体的能力与逐渐成长的语言能力之间没有严格的因果关联,具有某种先天遗传缺陷(如威廉姆斯综合征)的儿童的发展就是这方面的很好例子。这些儿童的语言发展水平几乎接近正常,但在感觉运动技能和空间认知方面却明显滞后(Karmiloff-Smith,1992),这些事实证实了婴儿和儿童发展的各领域具有特殊性。因此,与其将发展描绘成一系列连续的基本阶段,还不如认为它是各个特定能力领域(例如语言、空间、算术或感知领域)平行发展的集合。与基本阶段性理论不同,这种平衡发展观认为,各个领域的发展在很大程度上是独立的、互相隔绝的,每个领域的发展都是不同步的,发展之间的互动无法直接预测。

儿童个体发展的显著差异性进一步证实了这种解释。一些儿童可能非常好动,运动技能方面发展很快,但在语言领域却发展较慢。另一些儿童则可能恰好相反。每名婴儿确实都有一个独特的发展轨迹,这可能部分因为每名婴儿在不同领域的发展能力是不同的。一些发展性理论，例如有关发展的动态系统方法论（Thelen 和 Smith，1994）以及罗伯特·西格勒（Robert Siegler，1996）提出的认知发展的生物学模型，都特别关注发展的个体轨迹，认为它是揭示发展的基本结构，也即变化过程的途径（参见第六章）。

通过研究儿童的问题解决能力（如数学问题或实际物理问题）的发展，西格勒（1996）指出，儿童的认知发展不是一种阶段性发展，而似乎是以一种非线性、较混乱的方式发展的。在这个更复杂的发展进程中，每名儿童产生了无数交叉的思维方式（也就是认知策略、理论和原理），它们在发展的某个时刻出现，又在发展的某个时刻最终消失。正如西格勒所提出的，他的研究使他认识到，认知发展是"各种可能的思维方式在频率上的逐渐减少和波动，但几乎没有增加什么新的思维方式，也没有什么旧的思维方式被消除"（1996，第 86 页）。与阶段性解释相比，西格勒的观点更符合认知发展具有个体间差异和领域特殊性的现实。

对阶段性发展理论的另一个主要批判是根据近期婴儿期研究的发展而提出的。该观点认为，如果婴儿在对自我、物体和他人的感知和理解方面表现出比以前，特别是皮亚杰及其他阶段或结构论理论研究者所认为的程度更高的复杂性，那么我们为什么不能认为婴儿一来到这个世界就已经具有各种基本能力，而只需要通过经验对它们进行扩展和丰富呢？与非连续性的阶段性发展观相比，这种"预成"的观点有时被认为是一种较为"吝啬"的有关发展的观点，对婴儿发展而言尤其如此。

正如伊丽莎白·斯佩尔克（Elizabeth Spelke，1991）所指出的以及乔姆斯基在关于语言起源的先天论中所提到的，婴儿一出生就受到某些限制，限定了自身知识如何发展。假定如皮亚杰所言，婴儿对与世界有关的知识的建构几乎是从零开始的，他们最初通过不协调的感官系统所体验到的是对各种无关事物的片断式印象。那么，他们如何才能知道自己当前的混乱体验并不是认识事物的正确方法，而是需要进行彻底修正的呢？斯佩尔克对此作了精彩的论述：

> 如果婴儿所感知的是一个与成人所感知的完全不同的世界,那么我们就无法解释婴儿最终如何发展形成了成熟的物理概念……儿童所具有的概念只能让他/她体验到一连串变化的现象,而非永久性客体的存在,因而儿童只可能对现象有越来越多的了解:两个现象一致,一个现象跟随另一种现象,等等。但是,儿童的感知并没有让他们以为自己所经验的短暂特征只是一种幻觉。(Spelke,1991,第135页)

斯佩尔克的论述指出,发展过程中存在着先天的限制与引导。她在这个基本理念的指导下所从事的研究,成功地证实了确实存在某些基本限制,引导着发展之初的客体概念和物理推理的形成。

斯佩尔克等人近期进行的婴儿期研究要求对那种认为儿童的基本观念如客体永久性、因果关系或数概念等是按严格的渐进过程建构起来的观点进行修改。年幼婴儿具有复杂的心理,这是不容置疑的。这个发现更使得一些研究人员将发展理解为一种对出生时就已具有的能力的逐渐的丰富。目前对于这种丰富性作用机制的假说,基本上还没有什么相关研究,但有一个例外值得关注,即埃莉诺·吉布森(Eleanor Gibson,1991)的研究成果。她对婴儿期的研究就是为了说明婴儿通过积极的探索和对环境中可知度的逐渐区分来丰富自身早期感知的复杂性(参见第三章和第六章)。

如果婴儿天生就具有比以前所认为的更多的"预成"和更多的"限制",如果根据当前婴儿期研究的进展,皮亚杰的阶段理论需要进行大幅修改,那么这是否必然地意味着婴儿发展是一种平坦的线性的丰富过程呢?这是否排除了标志着行为组织产生重大变化的质的飞跃或重要转变存在的可能性呢?我的观点是否定的。

细致或粗略的描述:量表问题

对于婴儿发展过程中发生的变化,人们有许多不同的叙述。但这些叙述在很大程度上取决于人们观察婴儿行为时采用的量表。这里说的量表既包括评定婴儿某一发展领域的技能获得如伸手抓物行为时所采用的微观方法，也包括观察婴儿环境适应性发展的宏观生态学方法，比如研究婴儿对特定个体的日益增长的情感依恋或婴儿对某一特定交流方式越来越适应（例如，面对面交流中的特定社会期望）。

与对同龄婴儿组进行的长期观察相比，对单个婴儿进行的短期密切观察所发现的行为变化更为复杂和无序（Thelen 和 Smith，1994），例如，大约到四个月左右婴儿开始出现成功的伸手取物行为。这是在健康婴儿发展中得到确证的一个行为里程碑，能够用以可靠地评估婴儿的运动和认知发展。作为整体发展的一部分，伸手行为的出现也是有序的、可预测的。通常，婴儿在具有强烈的抓物进嘴倾向之后的一段时期里才出现伸手行为。同时，伸手行为的发展又在婴儿学会独坐之前（Bruner，1969；Rochat 和 Senders，1991）。如果观察的对象是一个群体，你会发现这种有序性和可预期性存在于所有发展领域。但如果观察的是个体，有序的图景就会变得非常混乱。

例如，如果分周观察二到五个月期间的单个婴儿，你会发现他们伸手行为的发展有很大的个体差异性。埃斯特·西伦（Esther Thelen）及其同事（Thelen 等，1993）采用精细动作分析技术对一小组婴儿进行了纵向观察。研究人员观察了每名婴儿从不会伸手取物到能够熟练地伸手取物期间，在标准化的伸手取物任务中的表现。所有婴儿最终都能成功地拿到物体，并且该动作基本和所预期的一样，在出生后第四个月左右出现。但每个婴儿发展这种技能的轨迹明显不同，这个过程似乎部分取决于他们自己的身体特征（例如，肌肉与脂肪的比率）和整体性格。西伦及其同事证实了，每个婴儿沿其特定路径发展，但都能实现同一个动作目标，这个实验中的运动目标就是伸手抓住一个可爱的物体。不可思议的是，尽管发展轨迹存在很大差异性，但所有婴儿最终都能够在同一年龄段成功地伸手抓物。

通常，如果你放大物体，就会得到完全不同的图像。就说铅笔划在纸上的痕迹吧。从看书写字的距离来看这个痕迹，它可能是组成一个有意义的字母的某一部分的一条光滑而连续的曲线。而如果你通过显微镜细看这条曲线，你看到的可能是一个留在粗糙的纤维表面上的一堆不连续的黑碳点。如果你进一步放大你的字迹,你最终看到的可能是另一种光滑而固态的次序。每一次放大都会对这个痕迹产生一种不同的描述。这个例子可以用来比喻婴儿的发展:在某些层次上,发展是喧闹而多样的;而在另一些层次上,发展则显得有序且可预测。而这则取决于你所采用的观察量表。

以下所介绍的只是描述婴儿发展变化的方法之一。这是一种有意采用粗线条进行描述的方法。它只关注婴儿心理发展过程中产生的重大变化,也即那些被认为是关键性或革命性转变的变化。这些变化涉及婴儿关注世界,与世界进行互动的方式的根本变化。正如在政治斗争中的政府被颠覆,这种革命性变化必然导致婴儿行为支配方面的一次根本性变化。

我们已经证实婴儿期具有两次革命性转变,一次通常出现在足月出生后的第二个月左右,另一次出现在第九个月左右。当然,这只是描述婴儿期发展性变化的方法之一,但是,我认为它反映的是婴儿心理发展的基本转折点。在每一个转折点,婴儿关注、知觉以及理解自身、物体和他人的方式发生了根本变化。尽管不同个体和不同领域的发展存在很大的差异,但这种描述还是有助于我们了解婴儿发展中的重大转折。同时,它也反映了婴儿心理上的重要发展,即,婴儿在与世界的互动中立场的转变。

从宏观上看,婴儿心理发展体现为行为的进步——从出生时感知与动作密不可分发展到行为具有计划性和表征性(也就是能区分手段与目的并出现了具有象征性/指示性功能的行为)。有趣的是,个体的这种发展可能与人类进化过程中曾出现的发展变化过程相似。但是,这种相似性并不意味着行为的个体发展是严格意义上的种群文化性发展变化的复演。不过,确实也存在这样一些有趣的类比,近期一些关于现代心理起源的理论就对此进行了类比,如梅林·唐纳德(Merlin Donald, 1991)在人类文化起源一书中提出的理论。

通过极具说服力的阐述,唐纳德提出人类进化过程中依次出现过三种心理形态:情节性心理、模仿性心理和虚构性心理。现代人类的符号象征性和文化适应性心理是由类人猿先祖的情节性心理进化而来的。情节性心理只能加工受时间限制(即时性)的具体情景事件。进化过程中,情节性心理反映了我们的类人猿近亲(例如大猩猩)的认知水平。而人类心理的进化已经超越了知觉和行动的即时性,发展成了唐纳德所说的模仿性心理:能够产生具有目的性的、有意图的表征动作,使得简单的反射行为或本能行为具有意图性和计划性。随着语言的产生和能反映外部世界的常用符号的出现,人类心理最终进化成具有象征性和文化适应性的虚构性心理。人们难免会将唐纳德的阐述与早期个体发展中心理成长作一番类比。人类心理从关注即刻的感知和行动,发展到逐渐具有计划性和思考性,并能够在大脑中激发或表征环境中事物的状态。这种表征不仅包括事物当前的存在方式,还包括事物曾经的存在方式和将来的存在方式,以及它应该的存在方式。

婴儿在第二个月和第九个月出现的重大转变,标志着支配婴儿心理发展的新机制的出现。根据唐纳德的阐述,我们可以把两个月时出现的重大转变类比为人类早期进化过程中模仿性心理的出现,而九个月时的重大转变则意味着虚构性心理的出现。后者的出现通常标志着婴儿期的结束,婴儿从此开始学会理解和使用象征性符号。这里,我们先对婴儿出生之后、转变出现之前的情节性心理阶段进行解释。

新生儿阶段

如前所述(参见第一章),新生儿的行为并不是不可预测的,也不仅仅是一系列具体刺激所自动引起的非条件反射,诸如辣椒味引起打喷嚏、膝部受击引起膝跳反射等。新生儿的行为并不是一系列非条件的刺激—反应联结或本能反射,而是能对重要的环境资源作出适应的预适应性动作系统的表现。

与几个星期后的行为技能相比,新生儿所表现的行为技能尽管相对简单,但仍然相当复杂且具有组织性。婴儿期早期的吸吮行为就是一个很好的例子。出生时就极具组织性的吸吮动作是由一个十分灵活的动作系统构成的。这个动作系统能够不断进行学习并且具有多种服务性功能。当然它的主要功能是食物消化,但也包括探索物体的感知功能(参见第二章和第三章)。尽管我们可以预测新生儿连续的一吸一停的吸吮动作模式，但他们的吸吮并不是无意识的。吸吮的出现不遵循固定的时间安排，而且吸吮动作也不是僵化的。现在已有研究证实，新生儿的吸吮方式具有细微的差异，这与婴儿的行为状态，如他们是在睡觉、是清醒的还是饥饿的有关（Crook，1979）。另外，它还取决于口头刺激的性质，如甜味，或安抚奶嘴的形状和质地（Rochat，1983）。与新生儿表现出的觅食、头部转动、蹬腿、目光追踪以及模仿等行为一样，吸吮是一个高度复杂的开放性系统，面向各种对婴儿而言十分重要的环境资源。

婴儿刚出生就能适应如面孔和食物之类的环境资源，但这并不意味着他们意识到这些资源是环境的客观特征，换句话说，他们并不是天生就能觉察这些特征。这种适应仅仅意味着婴儿先天就能适应环境中的一些重要因素，如人、食物和新异刺激。前面我们曾论述过一些从婴儿出生开始就影响或支持婴儿行为的倾向、偏好以及功能性目标。这些倾向、偏好和目标为婴儿的早期行为提供了基本的功能性支持。它们塑造了年幼婴儿的行为方式。

与其他生物一样，婴儿先天就具有基本组织系统和动作系统，以确保其生存并引导他们最初的心理发展。婴儿的这些系统源自几百万年的生物进化，而不需要通过出生后的学习和经历从零开始对它们进行组合。

婴儿的身体结构及其从一出生就具有的行为方式体现了婴儿对周围环境的预适应性。例如，嘴的解剖学构造及其从一出生就已准备好发挥功用的吸吮行为模式，是根据子宫外母亲的乳头来进行进化的。属于新生儿生存的环境因素的乳头，与新生儿的预适应吸吮动作之间，确实存在着一种进化上的共同设计。

同样，能反映新生儿特定情绪的特殊面部表情，与能让他人感知并最终将这些面部表情作为共享的主观性经验的知觉机制之间也存在进化上的共同设计。正如环境中如果不存在可待吸吮的物体，吸吮就变得毫无意义一样，没有观众，面部表情也变得毫无意义。

简而言之，婴儿一出生，其生理构造和行为功能就已经作好了准备，能机智地适应环境。婴儿是天生的感知者和行动者。但是，新生儿的行为显然还受到很大的限制，还有很大的发展空间。这些限制是什么呢？作为感知者和行动者的新生儿和年幼婴儿在行为准备上有哪些局限性呢？为了启动并维持其显著的心理成长，婴儿还需要发展些什么呢？

从根本上讲，新生儿的行为受刺激的限制，基本上是机会主义的非意志性行为。新生儿还不能计划自己的行为或系统地探索周围的环境。这些是阻碍新生儿行为复杂化的主要因素。如果新生儿在开始行动之前会稍微停顿一下，他们并不是在思考下一步会发生什么，而只是因为他们的反应技能仍然很迟缓而且还不成熟。可能除了吸吮和嘴的探索之外，婴儿出生时的其他感知和动作都体现了他们中枢神经系统的不成熟性：与后来的发展阶段相比，这些动作似乎都是慢动作。

新生儿的世界并不是一个思考和交谈的世界，即使是在他们与照料者进行长时间的双眼对视的时候。当你与新生儿双眼对视时，他们通常是面无表情地看着你，视线根本没有在你身上聚焦，而且最后常是干脆闭上眼睛睡着了。婴儿的微笑也常是在吃饱满足后才出现，眼睛闭着或半闭着露出微笑。他们完全是在不知不觉中表现出舒适和幸福的感受。新生儿的世界是一个在平静状态的慢动作和哭泣状态的紧张兴奋之间不断反复的世界。他们直接感知和行动，根本不去思考或有意地模仿下一步会发生的事情。这大概可以解释为什么研究婴儿期的学生常将新生儿的动作描述成本能反应或反射的集合。但是，反射不能解释婴儿出生时所表现的行为的适应性和生态性的本质，还有其他必不可缺的因素影响着新生儿的行为。这一点在婴儿出生后第二个月，当他们开始明白无误地表现出有意识的感知和动作时更能体现。

但是，缺乏明显的意识性并不意味着新生儿甚至胎儿只能陷于能对其行为进行组织的预适应性动作系统的循环之中。无意识性并不阻碍婴儿甚至胎儿去学习和发展基本行为技能之外的新技能。

从前面几章我们知道胎儿在子宫内就具有适应性，并已经习得了感知识别能力。例如，与陌生女性的声音相比，刚出生的新生儿更喜欢听母亲的声音（DeCasper 和 Fifer，1980）。这种识别很可能是源于出生前的学习和经验（DeCasper 和 Spence，1991）。

研究表明，在嗅觉和运动领域也存在出生前和围产期的学习。最近的研究证实新生儿特别偏好母亲羊水的味道（有偏好性的转头动作）(Schaal，Marlier 和 Soussignan，1998)。与另一个刚刚生产的妇女的母乳相比,刚出生后几个小时的婴儿更偏好自己母亲的母乳味道 (Marlier, Schaal 和 Soussignan，1998)。另外,新生儿甚至胎儿能够系统地将拇指伸进嘴吸吮,这种习得倾向明显反映了早期的动作学习(Prechtl，1984，1987)。显然,拇指吸吮是一种需要学习的协调性动作模式,正如皮亚杰(1952)在描述手口协调的出现(他错误地认为这个动作到出生后第一个月的月末才出现)时所指出的,拇指吸吮不是一种本能,而是一种习得的习惯。简而言之,在预适应性动作系统内,新生儿的行为还有很大的可塑性,具有很大的发展空间。

与几周后相比,新生儿的行为技能很有限,因此也更易被预测。但是,随着婴儿行为技能的扩展,它们的行为结果和行为的复杂性呈指数增长。例如,你可以预知新生儿在唇部被触摸时会作出觅食反应,但对于行为具有更多可能性的两三个月的婴儿,这种预测就越来越不具确定性了：可能会作出觅食反应,也可能会微笑,转过脸,或仅仅因为害怕和震惊而毫无反应。除了行为技能上的发展外,年龄大一些的婴儿对新事物的反应也更谨慎,表现出更多的困惑。换句话说,他们的行为开始具有计划性并开始对环境进行有意的探索。

新生儿无法控制自己在环境（包括内部和外部）中所可能获得的经验。他们的行为只是预适应动作系统范围内感知和动作紧密结合的体现。当婴儿开始学会置身于感知事件和情景之外,并对它们进行更好的控制时,新生儿阶段就结束了。在某种意义上,新生儿阶段之后,婴儿就超越了出生就具有的预适应动作系统的直接性和即时性。他们能摆脱感知的即时性,从而对其进行反思。正如我们在后面的章节里会提到的,出生后大约六周,新生儿开始产生明显的"元能力"：他们能精心策划有明显目的性的直接行动,而不只是对环境中的随机性情景作出立即和直接的响应。他们开始发展意图性。

相对于生理上的新生而言,第二个月出现的这个关键性转变可以被看成是婴儿的第二次新生,即婴儿的心理新生。在第一章我就提到了近期胎儿行为研究的一些重要发现,即研究者通过高科技的超声设备收集到有力的证据,证实婴儿出生前后的行为在形式和功能上基本相似。

大约从怀孕 20 周开始,胎儿已经具有与新生儿相似的行为技能了。他们能吸吮、抓握、转动眼睛、吞咽和蹬腿。他们经历了相似的行为状态的相对变化,并且如前所述,他们能够学习并将这种学习所得迁移到自己在子宫外所体验到的听觉事件里。

总而言之,研究表明,出生前与出生后的行为发展间存在显著的连续性(Prechtl,1984,1987)。胎儿与新生儿行为的类比表明,从生理和生物学的角度而言,出生对母婴来说都是一个重要的转变,而从心理角度来看,这种转变则可能更主要的是针对母亲或其他与婴儿密切相关的人而言的。婴儿的行为在出生时没有显示出重大转变。尽管如此,我并无意轻视在艰难的生产过程中,婴儿可能经历的痛苦体验。胎心监视器(用于测定胎儿在生产过程中所受的压力)所测得的数据,以及新生儿离开母体后第一次呼吸时发出的大声哭泣,都确实表明婴儿在出生过程中体验了痛苦。

但是,无论分娩的转变是如何痛苦,新生儿似乎能在出生几分钟后就把所有这一切都忘记了。每次在妇产科病房看到那些新生儿,一个个包裹得整整齐齐,躺在成排的婴儿床上安睡,似乎完全忘记了几分钟之前所经历的痛苦。他们戴着帽子和手套,看上去似乎什么都没有发生过一样。

由于出生前和出生后的发展间存在着惊人的连续性,所以我们不能将婴儿的生理出生与婴儿的心理出生相混淆。当然,人们总是会混淆这两个概念。心理发展的根源要么从胎儿期追溯起,要么就从婴儿生理出生后的第二个月,即当健康足月的婴儿开始能明确表现出自己是有意志的个体时开始追溯。

二月革命

就婴儿的心理发展而言,有意性或计划性的行动的出现,也即所谓的意图性的出现是很重要的。意图性是一个很模糊的概念,它有何含义,要如何定义,这一直是传统哲学的难题。它涉及了行为的针对性或"有关于":"它是大多数心理状态和心理事件所具有的特征。通过意图性行为,行为可以直接针

对世界上的物体和事物的状态,或是与它们有关。"(Searle,1983,第1页)

总的来说,意图性概念与预先进行了计划或思考的动作有关。与意图性动作对立的是强制性和偶然性动作。从心理学的角度,意图性的主要特征就是行动者与环境之间必须存在某种心理距离。例如,一位晚宴客人把一杯酒打翻了,这个动作要么是无心的,要么是故意的。哲学家可能会对"要么……要么……"的说法提出质疑,因为可能存在既是无心,又带有点故意的中间动作。这里,我们认为,如果客人是在伸手拿面包时因为衣袖不小心碰到酒杯而将其打翻,这种行为就是偶然的。反之,如果客人是讲着讲着,就打算演示一种将白色桌布上的酒污清除的新方法而故意把酒杯打翻,那么这种行为就是故意的。在这两种情形下,事件(酒洒了)是相似的,动作形态也可能相似,尤其当动作者有意假装成无意间把酒碰洒的样子时。但是,这两个事件所具有的心理状态却截然不同:一种不具有任何的预期性和计划性,而另一种则相反。故意把酒洒了时,动作者在行动前会思考和评估周围的环境,并预期对观众所产生的影响(惊讶)以及动作所导致的后果(酒污最终被清除了)。

直到出生后的第二个月,婴儿才能够思考和评估周围的环境,首次明显地表现出与环境的心理距离以及不受刺激约束的迹象。这标志了人类婴儿期的一次根本变化,我暂且称之为"二月革命"。

在发展的这个关键阶段,婴儿从直接的感知者和行动者成长为积极的思考者、评估者和计划者。他们达到了新的认知功能水平,并按与以前完全不同的机制与环境进行互动。所有观察年幼婴儿的人,特别是婴儿父母,都毫无例外地觉察到了这一点。一些家长记录的婴儿成长日记明显体现了婴儿的二月革命,也即所谓的"带微笑的革命"。

作为一名家长,同时也是婴儿日记的热衷阅读者,我的观察证实,在婴儿出生后的第二个月内,确实发生了一些十分重要的事情。婴儿开始向周围的世界敞开心扉。有趣的是,我们还观察到这一事件与另一个重要事件——第一次社会性微笑的出现相关。

当孩子注视着你,首次露出回应性的微笑时,家长就开始在这个孩子身上看到了一个独立的人:与任何其他人相似的独立的人。这是孩子给予家长的第一个记忆深刻的问候。同时,它还表明了婴儿开始感知到他人是不同于自己的个体。总的来说,社会性微笑的出现不仅令家长和照料者十分开心,同时它也是能区分意图性行为与随意行为的心理距离开始出现的最初标志之一。新生儿在吃饱后和睡觉时,也经常会露出微笑,但这种表情是短暂的,而且不针对环境中的其他人或情景。可是在出生第二个月开始出现的社会性微笑显然与外部事件,特别是与婴儿对和其一起游戏或进行其他社会交往的他人的面孔的感知有关。它成为婴儿与环境中的其他人进行互动的标志。微笑以及在出生六周左右出现的其他行为都表明,婴儿开始采用一种新的立场——一种交流和思考的立场。通过这种立场,婴儿开始有意地与他人发生互动,并探索和思考着周围的环境。

出生后的头几周,婴儿大部分时间都在睡觉,只在极少数的短暂时间里保持清醒,没有吃奶,只是注意着周围发生的事物。这是新生儿测试之所以困难的一个主要原因,也是为什么敢于采用习惯化法或视觉偏好法研究新生儿的研究人员如此之少的原因。所有这些研究采用的方法都需要婴儿处于清醒、警觉和安静的状态,而这种状态在新生儿阶段是短之又短的。

我们假设,当婴儿受刺激的约束越来越少,并开始能采取交流性和思考性的立场时,婴儿保持警觉和清醒状态的时间会明显增加。有趣的是,当婴儿开始展露社会性微笑时,他们处于警觉和清醒状态的时间确实增长了。到出生后第六周,婴儿会更长时期地保持清醒警觉和积极的状态。在这种清醒状态下,婴儿并不只是从事与具体环境无关的身体运动,他们还能对环境进行积极的观察和探索(Wolff, 1987)。

伴随着出生第二个月交流性和思考性立场的采用,一种新的动作系统出现了,这就是意图性或计划性动作系统。这种动作系统不是只受刺激的约束,它更是建立在对目标和手段的有意的协调上,以期能达到预定目标,例如,能伸手拿到一个新物体,移走隔板以看到一个物体,寻找触摸一个物体的新方法(如用嘴),重演一个有趣的感知事件(如用脚踢床铃让它动起来)等。通过采用思考性立场,婴儿开始计划和预期自身行为的结果。它让婴儿逐渐发现采用不同的新方法可以实现同一个目标(例如,用手抓或上身前倾都可以实现嘴与物体的接触),或发现用同样的方法可以实现不同的目标(例如,蹬脚可以让床铃动起来,也可以制造一种有趣的声音)。这些发现形成了意图性动作发展的核心,是婴儿期认知发展的主要特征。

九月革命

从婴儿开始能有意且积极地探索周围的环境起(经历了第二个月的思考性和预期性的革命之后),他们逐渐发展了对自我、物体和他人的复杂预期和理解。但是,到第九个月,婴儿发展中又出现了另一次主要转变。婴儿对人们如何和环境中的物体相关联获得了一种新认识(也就是三方交流能力的出现;参见第四章)。

研究表明,到第九个月婴儿开始能把他人作为"有意图的作用者"(intentional agents)来对待和理解,并且能以某种方式表明自己已认识到他人和自己一样能够进行有计划、有意识的行动。例如,婴儿开始能与他人分享对物体的关注,他们会不时地查看他人是否也同样在关注物体。婴儿在社会性交流中开始能考虑到他人,会在计划行动或试图理解环境中的新情境时考虑到他人的情绪表现。例如,在视崖实验中,当婴儿爬过中线到深渊一侧时,他们会因为母亲害怕的表情而犹豫不前(参见第四章)。对他人是有计划性和有意图性的个体的理解让婴儿的学习潜能达到了一个全新的层次。他们开始能够参照他人的行为,尤其是当他们进行新的感知、行动和理解时。

在发生这种转变之前,我们尚不能对婴儿进行教导,因为他们还不能理解他人是在尽力教导他们。例如,读书给儿童听需要儿童和读者共同关注这个故事,帮助儿童完成拼图也是如此。只有儿童理解照料者是在有意地帮助他们,并且与他们所面对的是同一个物体或任务时,照料者才能够成功地讲述一个故事或帮助儿童完成一幅拼图。而这种理解就是婴儿从第九个月开始要实现的发展。在这个月,婴儿首次表现出通过与他人共享来进行合作和学习的能力(例如,图 4.2 中所描绘的联合注意行为)。

九月转变是一次革命性的变化,婴儿对他人的观点完全改变了,从仅将他人作为照料者和能适应自己的交流者,发展为认识到他人也能有意图地交流有关事物的信息和感受。正是在这个发展阶段,婴儿开始能够理解说明性的姿势,如用手指物、目光追随,并会试图控制他人的注意力,和他人共享对环境中物体和事件的兴趣。

婴儿最主要的行为变化就是能与他人共同参与建构对话主题,谈论与双方都有关的事物。这种转变使得婴儿的社会性交往摆脱了早期亲密的面对面交流的局限性。婴儿从初级主体间性,也即对共享的人际间经验的认识,发展到次级主体间性,也即对物体和事件的共享经验的认识(参见第四章)。这种变化标志着婴儿开始具有建构一个可以被参照、发现、喜爱、学习、理解以及能通过与他人合作以消除歧义的共享世界的倾向。它使得人类主要的文化传递手段,如教导、合作解决问题以及语言学习等成为可能。

次级主体间性和语言是同步出现的,并在发展中相互关联。研究已经证实,三方交流能力的发展,例如联合注意或说明性姿势的出现,预示着婴儿即将说出第一个常规性单词(Tomasello 和 Farrar,1986)。从实用观点看,语言要求儿童能够明白他人是有意的听众,并理解他们可以通过约定俗成的符号如口语单词和一个潜在的听众共同关注世界上的事物。

单词可以用于指代被共同理解的事物。由于语言具有指代性和交流性功能,所以它的发展必须首先依赖于次级主体间性的重大发展。语言发展也宣告了儿童发展的前语言阶段——婴儿期的结束。当婴儿开始独立行走或自主行动时,他们不仅获得了巨大的生理独立,而且也迈进了成为学步儿和儿童以取得发展上的质的飞跃的门槛——"符号象征之门"。

符号象征之门

从婴儿开始能思考事物而不只是简单地感知和把弄物体起(二月革命之后),他们对自身内部或对周围所发生的事物的认知操作日益超脱了刻板性。

婴儿不只是简单地做事和感知事件，通过采取思考性立场，他们还开始对这些事物和事件进行反思，开始思考它们意味着什么。这样他们逐渐了解到，某一特定行为（如皱眉）代表某一特定的心理状态（如痛苦），某一特定自然事件（如一个物体突然被挡住）代表某一特定结果（如物体存在于遮挡物的后面）。这种转变是象征性符号功能出现的必要先兆，而后者是语言出现的一个必要条件。

语言是什么？语言是任意符号的生成与理解。任意符号可以是手势、声音符号或书写符号，传递的是自身实体之外的寓意。某一手势可能代表"奶牛"。你刚刚读到的这个引号内的单词可能代表某种按特定方式移动并发出特定声音的能产奶的哺乳动物。这些符号是作为历经数代进化发展并与所有其他不断发展的语言和语言形态（例如，口语、美式手语、盲文、手势，如果考虑了剪辑手法，还包括电影）一起存在的某个语言体系的一部分而被习得的。因此，从某种意义上说，这些符号是约定俗成的。

符号的惊人之处在于它们使我们能够在事物不在场时，依然能够传递和接收与之有关的信息。就拿奶牛来说，当我发出代表奶牛这个动物的单词时，我不需要把牛牵到你眼前你就能明白我的意思。单词"奶牛"就是一种能够发出鸣叫且不断咀嚼的动物的表示符号。简而言之，单词"奶牛"指代一种真正的动物，无论这种动物在不在现场。

皮亚杰（1962）认为，这种能表示指代物和被指代物的能力的出现是儿童发展过程中的一个重要转变，儿童从此开始能使用、理解并操纵符号来指代世界上的事物。这种转变也是真正的表征性思维产生的标志。皮亚杰称这种新的表征能力为符号表征功能，它是语言出现的必要条件，标志着从婴儿期到儿童期的转变。但是，当代婴儿期研究者认为，婴儿在出生的头几个月就可能已经开始能对周围世界进行概念化，而这种概念化必然已经涉及某些复杂的表征能力，但皮亚杰则认为年幼婴儿不具有这些能力（Mandler，1992；特别参见第三章）。

符号表征功能的产生并不是突然出现的。至少在出生第二个月，当婴儿开始采取思考性立场时，就已经出现了一些与之相关的早期征兆。但是，直到出生后第二年开始表征功能才得以迅速发展。皮亚杰在写到婴儿进行表征游戏、抓着铅笔乱涂乱写、说出第一个单词、模仿不在场的他人、回忆过去的事件、参与装扮游戏时，曾间接提到了其中最为关键的因素，即所有这些活动都依赖于表征功能。同时，这些活动似乎在出生后十二到十八个月期间出现，几乎是与学步儿期同步出现。这似乎表明，这二者的各项功能依赖于同一种基本的符号表征能力。但是它们的发展也有不同步的地方，例如，装扮游戏可能出现在图形符号表征能力之前或之后，这与不同儿童的感觉运动能力和表达能力的差异有关。

婴儿和学步儿究竟什么时候开始参与"真正"的符号表征活动，对此仍然存在很多的争论。例如，婴儿在纸上无意识地乱涂乱写，这与几个月后他能在纸上画一些蝌蚪形状的图形来代表所谓的"妈妈"或"爸爸"显然不同。象征性游戏也是如此。年幼儿童从什么时候开始能明确地将任意的物体看作所指代的真实物体呢？当他们开始（例如）抓着香蕉假装那是电话时，他们就具有了这种能力吗？还是在他们开始抓住任何事物，如石头、棍子、铁罐（而不仅仅是香蕉），把它们当作电话时，他们才具有了这种能力？一些研究者可能认为，把香蕉当成电话的假装行为并不全是任意性的，因为香蕉弯曲的形状与电话话筒的形状很相似，所以会引起类似的打电话行为。这个例子正好反映了当今仍在持续的对什么才是真正的符号表征和象征性游戏的争论（Harris, 1991; Tomasello, Striano 和 Rochat, 1999; Striano, Tomasello 和 Rochat, 2001）。

从婴儿参与指代性活动，如能用手指物、联合注意以及所有能体现九月革命特点的三方行为开始，婴儿的符号象征性功能开始得到持续的发展。婴儿的这种进展可以追溯到婴儿出生后的第二个月。那时，他们已开始采取交流性的思考立场，感知的刻板性日益减少，并越来越多地表现出探索物体意义的行为。例如，三个月的婴儿能够将计算机屏幕上独立移动的红点和蓝点与互相追逐的红点和蓝点区分开（参见第四章）。九个月的婴儿对它们的区分并不是只停留在感知层面上，调换追逐角色后他们似乎仍能区分哪个是追逐者哪个是被追逐者。当他们开始将这些在屏幕上移动的点当成一些"有意"彼此追逐的物体时，他们似乎是在思考"谁正在对谁做什么"。婴儿从对在屏幕上以某种方式（相关的或不相关的）移动的点只能进行刻板的感知，发展到开始发觉这些移动的点间所蕴涵的社会性意义上的因果关系。而正是在第三个月到第九个月期间，婴儿从只能刻板地看电视发展到能理解电视节目的表征意义。

　　装扮游戏和表征性游戏是儿童时代的重要标志。儿童都是伟大的幻想家，喜欢重演他们所看到的或是他们希望发生或不发生的事件。他们玩娃娃、卡车、飞机模型，装扮成医生、老师或邮递员。与此同时，成人文化、庞大的玩具和教育行业也迎合儿童的这种倾向，为他们提供了各种各样的迷你模型，创造了许多有趣的幻想故事。但是，这种具有象征性的装扮游戏是如何发展的呢？答案很复杂。但可以肯定的是，装扮游戏并不是突然出现的，它是从婴儿期就开始了的长期发展的产物。

　　为了解这种进展，我将简要地阐述近期对符号表征功能产生之初的表征游戏的出现和发展所进行的几个主要研究（Tomasello，Striano 和 Rochat，1999；Striano，Tomasello 和 Rochat，2001）。研究儿童的幻想游戏倾向的一个最大优点就是研究人员能够相对比较容易地收集到大量有关儿童表征活动的资料。我和我的同事利用这个优点，创造了一个简单的实验情景，以更好地了解是什么使得婴儿和儿童参与表征活动（Tomasello，Striano 和 Rochat，1999）。我们的研究目的是为了收集更多有关这种活动的认知基础的信息，以了解在符号表征功能蓬勃发展的 18 到 36 个月期间，儿童在这方面的发展情况。在第一批实验中，我们让儿童参与一个简单的游戏。我们把一个装有四个物体的托盘放在儿童面前，然后以各种象征性的方式，例如出示物体的复制品或示范与特定物体有关的动作，逐次向儿童索要一个物体。我们让儿童坐在一张彩色硬纸滑板的一端，实验人员则坐在另一端。实验人员通过出示复制品或手势向儿童发出指示，连续索要物品，儿童则将挑选的物品放到滑板上。我们系统地记录了儿童是否拿起并在滑板上放下正确的物品。这个简单的实验可以让我们对儿童表征性理解的发展有所了解。

　　我们发现，与实验人员通过使用物体复制品提出要求相比，18 个月的儿童显然更能理解实验人员通过象征性手势提出的要求。例如，当实验人员用握紧的拳头敲向地面方向（表示"锤打"）时，这些儿童正确地在滑板上放下接近实际尺寸的塑料锤子的几率明显要比当实验人员出示一个微型复制品时要高。通过仔细观察年幼婴儿的这种行为，我们发现当采用微型复制品表达要求时，儿童更倾向于伸手去拿实验人员手中的复制品，而不是在盘中选取复制品所替代的实物（也即它的所指物）。换句话说，在这个年龄阶段，儿童对象征物和所指物还很混淆。这可能是因为象征物（复制品）与它所替代的物体太相似了，儿童似乎还不能察觉到这二者之间的象征性关联，而手势在自然特征上与所替代的物体相距甚远，所以18个月的儿童更容易将它理解为是一种象征。

这些研究观察都涉及婴儿发挥象征性功能所必须克服的一个基本发展障碍，即双重表征（DeLoache，1995）。双重表征就是指某物（一个物体、一张图片或一个手势）既是自己本身，同时还是另一个事物的象征物（一个锤子、一辆汽车、一个婴儿）。例如，要儿童理解一张照片的象征性特征，他们必须记住，这张光滑的纸既是一个有特定的可感知特征（气味、重量和质地）的实物，同时也是其他某物的表征（奶奶、海滩或我自己）。

正是这些原因造成了双重表征问题的理解困难。在我们的研究中，当儿童伸手拿复制品而不是它所替代的物体时，他们就混淆了复制品的实物特征与它的表征意义，他们也就还没有克服双重表征问题。而对实验人员做的手势，他们的表现则更好。这说明表征功能的发展是渐进的，取决于条件和情景要求。例如，当复制品是原物的模拟物（玩具车代替真正的汽车）时，24个月的儿童能够很好地应付双重表征问题。但是，我们的研究表明，当物体与原物形状相似、功能不同时（例如，把杯子当作帽子，把盒子当作鞋子，并配有将杯子扣在头上或将盒子穿在脚上之类正确的动作），儿童的表现就一落千丈。不过，到儿童36个月大时，这种习惯用途的不一致性逐渐不再对儿童的象征性理解构成困难（Tomasello，Striano和Rochat，1999）。

尽管符号表征功能在出生后的第二年出现了明显的蓬勃发展，但如果从发展的角度对其进行更细致的研究，我们就会发现儿童对抽象的象征符号的理解其实有一个渐进的过程。当然，这方面还有待更多的研究，以进一步揭示这一发展的本质及其婴儿期起源。

值得注意的是，在象征性游戏和装扮游戏领域，理解总是早于生成。正如语言的发展，年幼儿童在开始能够以正确的方式说出某些单词之前就必须理解这些单词的意思。同样，在自发生成这些象征性符号之前，儿童就必须能理解象征性动作以及能替代他物的物体(参见前面的实验)。在最近的一项研究(Striano，Tomasello 和 Rochat，2001)中，我们发现直到 36 个月左右，儿童才明显开始使用"以物代物"来创造装扮游戏(例如，袜子当娃娃，钢笔当飞机，盒子当鞋子)。我们知道，儿童大约在 10 个月前就开始理解这些物体可能代表什么。这种理解与生成之间的发展差距在所有符号表征功能领域都普遍存在，这表明，各领域符号表征功能的发展可能有着相同的认知机制和先决条件，这可能就是皮亚杰(1962)所描述的指代者与被指代者之间的基本区分过程。这个过程似乎起源于生命早期，但由于受到一些有待进一步研究的因素的限制，它在婴儿期的发展就显得相当缓慢。

以儿童对图形符号如图画的理解与创作为例，我们可以更容易地理解象征性功能出现的基本过程。当我们要求二到三岁的儿童将图画与其所表示的物体进行匹配时，他们在能绘制表征这些物体的图画之前，就应当能够在相应的理解任务中采用符号表征立场(Callaghan，1999)。通过一系列的控制实验，塔拉·卡拉汉(Tara Callaghan)证实，对图形符号的理解与表达之间的这种发展差距，并不能仅仅用儿童缺乏画图所需要的动作技能这个简单的理由来解释，因为实验中所有孩子都没有抓笔的困难，而且他们都能画可以用来表征他物的圈和线。相反，这种"理解与生成的时差"似乎是符号表征功能发展的一个特点——在语言、象征性游戏和表征艺术等领域也同样存在这种"理解与生成的时差"。

随着符号象征之门在婴儿期末期的打开，一个全新的充满认知和学习机会的世界也最终向更具语言能力、更有独立性的儿童敞开了。儿童获得了巨大的发展：他开始能够思考这个世界，重演过去的事件，想象虚拟的现实，并对未来结果作出符合逻辑的推理；他可以通过使用单词、手势或数学公式的常规象征性符号系统与他人交流抽象的观点；他还可以通过歌曲、诗歌、电影、交响乐、舞蹈、书本、哼唱或一个简单的眼神交流来表达爱、恨、高兴、厌倦或悲伤等情绪。

　　所有这些能使我们成为人类的抽象而隐晦的发展过程，都依赖于符号表征能力的发展。正是符号表征功能使人类的文化变得独特而强大，虽然这些文化良莠不齐。同样也正是符号表征功能让我们不同于其他动物。而这种能力，正是婴儿在生命的最初几个月所准备并加以发展的。

（本章由许冰灵翻译）

第六章　婴儿的发展机制

无论将婴儿的发展描述成是连续性的发展还是非连续性的发展，是相互连贯的阶段性发展还是存在关键性突变的发展，这些针对婴儿发展历程的描述并不能揭示发展过程中潜在的并最终引起发展变化的过程和机制。除了对儿童迅速发展的过程中所发生的变化进行描述外，我们怎样才能进一步去解答更为本质且更为困难的一个问题，即：婴儿的发展是怎么发生的，又为什么会发生呢？

研究人员研究复杂的动态系统是希望最终能对之进行控制与预测。正是或多或少出于这样一种目的，研究者们才不仅仅满足于对发展阶段进行描述，而是更进一步去探求其内在的发展机制。例如，气象学家预报天气、追踪风暴，并对可能的自然灾害发出预警；经济学家设计各种方案预期股票市场的未来，控制通货膨胀；临床医学家通过预期可能的疗效来尽力控制患者的症状。如果说控制和预测是大多数科学所共同努力的目标，那么顺理成章地，它们也是婴儿期研究者们的目标，只不过他们所研究的可能是所有系统中最活跃的一个。

从结构相对简单的人造物体如飞机或计算机，到更为复杂的生物系统如婴儿，这些都是动态系统，它们的复杂程度决定了人们对它们的了解程度。与理解机器或机械系统如何组装以及影响它们运行的因素是什么相比，了解促使婴儿按其既定的方向发展的因素是什么、婴儿发展的动力是什么、促进或妨碍婴儿行为发展的因素可能是什么，是一项完全不同的任务。

导致婴儿期行为转变的原因同时涉及多个层面：从微观层面上大脑的神经生理性变化，到宏观层面上个体与自然、文化环境相互作用情况的变化。由于这些层面各不相同，而且相互间又存在着频繁且复杂的交互作用,因此,对婴儿发展所作的任何绝对而简单的因果关系推理都是不适当的。那么,我们应着重从哪个层面对其进行阐述呢?是从大脑的作用机制,还是从心理的作用机制,或是从社会交往和文化的作用机制来进行阐述?怎样才能将这些出现顺序不同的现象整合起来,将所有这些婴儿发展过程中不可或缺的因素整合起来呢?婴儿期研究人员一直努力试图找到这些难题的答案,如果这些问题有答案的话。

无论从哪个层面对婴儿期的行为变化进行阐释,都必须区分清楚发展过程和发展机制。可是,尽管发展的这两个基本方面含义不同,由此所引发的对发展的阐释也不同,但人们还是经常将它们混淆。

婴儿发展的过程与婴儿发展的作用机制

婴儿是发展的体现,很难想象从发展之外的其他角度去研究了解婴儿。尽管如此,我们还是可以采用各不相同的方法来了解这些变化。例如,描述婴儿有什么样的发展变化,或是阐释这些发展变化是如何发生的以及为什么会发生。"是什么"、"如何"和"为什么",构成了发展的三个基本问题,每一个问题都有与其对应的发展性阐释。有关"是什么"的问题是描述性的,第五章关于婴儿发展过程中的重大转变即是对此的解答。有关"如何"的问题与发展性变化发生和进展的方式有关。而"为什么"的问题则与引起发展性变化的原因有关。要了解最后这个问题,也即要对发展性变化发生的原因作出最终阐释,就要了解发展的作用机制。原则上,这些作用机制要能对未来可能发生变化进行一些预测。发展过程反映的是发展过程中行为变化如何发生,但并不意味着曾经所发生的将会以完全相同的方式再次发生。与发展过程不同,发展的作用机制则可用以预期某些特定的变化。

尽管如此,发展过程和发展机制都需要发展性阐释,不过这种阐释不仅仅是对发展进程中所发生变化的简单描述。发展过程和发展机制还与动态系统有特定关系:它们如何影响发展过程,最初触发某一发展的条件与发展机制有何关系。

　　这里举一个具体例子,以帮助我们明确发展过程与发展机制的区别。比如你目睹了一场车祸,并且你被要求做目击证人。你将被问及车祸是如何发生的,比如车的行驶速度有多快,车怎么相撞,等等。这些零碎的关于事件怎样发生的信息有助于重构事件的发生,但不能直接确定事故发生的潜在原因。还有一些问题则与动态变化(过程)有关联,例如,当事故造成交通中断时,交通情况怎样? 而那些与事故为什么会发生(作用机制)有关的问题则要留给陪审团和作出最终处罚判决的法官去解决。

　　无论对发展机制或发展原因作何阐释,都需要我们作一些决断。在婴儿发展的科学领域,研究人员要对自己从何种角度研究婴儿作出选择:是研究复杂微妙的心理运行机制,还是研究整个机体与环境相互作用的生态关系? 事实上,从生理到心理再到文化,各种与发展有关的机制都是相互作用的,但我们很难同时研究这些机制。因此就需要各个领域的发展科学家根据自己的兴趣和意愿来选择自己的研究方向。一些发展科学家从大脑的发展来解释行为变化,试图揭示发展的原理,并从大脑的发展中寻找原因;另一些发展科学家则决定从感知觉的层次解释行为的变化,试图解释感知的原理及原因。所有这些与原理和原因有关的阐释都是彼此相关,而不是非此即彼的:它们一起作为一个庞大的、多层次的互动性系统的一部分,共同决定了婴儿行为的发展。

　　如果婴儿的发展是这种复杂的互动性系统共同作用的结果,那么我们是否仍有可能了解婴儿的发展过程和发展机制呢? 我们是否可能分离出那些引起诸如独坐、伸手抓物、直立运动、客体永久性的表达、八个月时突然产生陌生焦虑、意图性立场的采择,或说出第一个常用单词之类的发展变化的原理和原因呢?

　　就预测而言,婴儿期研究者通常都试图挖掘不同层次和功能领域的现象之间所存在的发展性联系或相互作用关系。研究人员测定大脑某个区域与特定婴儿行为之间是否存在某种联系。最近,这些研究已经证实,额叶大脑皮层的发展与婴儿的客体永久性概念的出现存在某种相关。这些研究人员对一组前额叶皮层有病灶性损害的猴子进行了模拟物体搜寻任务测试,测试结果证实这种相关在猴子身上也同样存在(Diamond,1990)。另外一些研究则报道说婴儿早期对视觉刺激的特定关注方式与以后的认知技能或智力的机能模式之间存在某种发展性联系(Colombo, 1993)。但请注意,这些研究人员并没有对引起这些关联的机制或原因进行探讨。

另一方面,激进的行为主义者如约翰·B·华生(John B. Watson, 1878—1958)和B·F·斯金纳(B. F. Skinner, 1904—1990)则试图将一种假定的发展机制(条件作用)应用到毕生发展的所有领域:从婴儿的恐惧条件作用,到儿童的语言学习,乃至成人恐惧症的起因。

预测和控制婴儿的行为

在当代心理学的短暂历史中,研究者曾经多次试图提出一个有关婴儿成长的基本理论,希望能通过单一的因果作用机制对儿童未来的发展作出具体的预测。

在20世纪初作为北美心理学主流的行为主义运动中,婴儿期研究者曾自比为婴儿行为发展的工程师。他们认为通过控制婴儿所处的环境并利用条件作用,就可以预测和控制婴儿的行为和命运。行为主义之父华生和斯金纳是行为工程的拥护者。通过引入能对婴儿的行为及发展进行可测试的控制和预测的条件作用,他们将发展还原为简单的学习原则。

华生通过一些著名的实验,演示了他是如何塑造一位名叫阿尔伯特(Albert)的婴儿的情绪发展的。华生试图通过对阿尔伯特所处的环境进行控制,让他面对特殊的伴随事件,从而使其对自己的宠物兔产生了一种持久的恐惧。

以下是华生自己对这项实验的描述:

> 我让我的助手将他(九个月大的阿尔伯特)的旧玩伴——兔子,从纸

板箱里取出来,递给阿尔伯特。他开始伸手抱兔子。正当他的手碰到那只兔子时,我在他的后面猛地敲一下铁棒(一个自制的发出噪音的锤子)。他吓得哇地哭了起来。接着我等了一阵,然后把积木递给他。他很快安静下来,玩起了积木。然后,我的助手再次向他出示兔子。这次他的反应慢了很多,不再像之前那样快速而急切地伸出手。最后,他小心翼翼地摸到了兔子。这时,我又在后面敲响了铁棒。从孩子身上我再次看到了一个明显的害怕反应。接着我又让他安静下来,他又玩起了积木。过了一会儿,助手又一次拿出兔子。这一次出现了一些新的情况。我不再需要在后面敲打铁棒来让他产生恐惧。他一看到兔子就露出惊恐的表情,并作出了与听到铁棒敲击后相类似的反应:他开始哭了起来,并且一看到兔子就把头转开。

华生得出结论:

  我已经开始了恐惧的塑造,并且,这种对兔子的恐惧将持久存在。如果你在一个月后向阿尔伯特出示兔子,你还会获得同样的反应。我们已有很好的证据证明这种早期固有的恐惧将会终身伴随着孩子。(Watson,1928,第 51—52 页)

  通过这个例子,华生及其行为主义的追随者似乎有理由认为人们可以对婴儿的发展结果进行控制和预测。华生曾提出,如果他能够从孩子一出生就开始完全控制他们成长的环境,那他就可以决定这些孩子谁将成为小偷,谁将成为律师,谁将成为牧师(Watson,1924)。研究所报道的通过经典的条件作用进行学习和行为塑造的现象确实存在,对此我们需要认真看待。但是,我们还不清楚单一的作用机制如条件作用对发展到底有多大影响。可能与华生的看法恰恰相反,它的作用微乎其微。
  即使条件作用确实是儿童发展的重要机制,它也只是许多机制中的一个。当婴儿出生两个月,开始采取交流性的立场并具有越来越强的思考能力后,作为决定婴儿行为和发展的因素之一的简单条件作用就可能失去其重要性了。出生后第二年,当婴儿开始具有符号表征功能和语言能力后,条件作用所扮演的角色就更加微乎其微了。

与华生和斯金纳所认为的发展性现象在本质上是可控制和可预测的不同,大多数当代发展理论研究者对条件控制所采取的态度要谨慎得多。我们能够通过一些大致的分析进行一些预测,例如,我们可以确定婴儿在会走之前一定先会独坐,在会讲话之前一定先会取物。在我对婴儿发展的描述中,我采用了一种按时间顺序排列的观点,因为重大转变都遵循一定的先后次序,如"二月革命"、"九月革命",以及"符号象征之门"等。但是,这远没有华生对个体婴儿的未来性格和情绪发展所作的断言那么绝对。

婴儿的发展是混沌且不可预测的吗?

近年来有一些发展理论认为,发展具有不确定性,行为和发展的本质决定了它们无法被严格地控制和预测。在此,我想谈一下目前与心理学特别是发展心理学有关的混沌理论和动态系统理论(Abraham 和 Gilgen,1995;Thelen 和 Smith,1994)。

总的来说,关于婴儿和婴儿发展的动态系统理论认为,和其他任何行为一样,婴儿行为是多个系统间复杂互动的结果。这些系统分布于多个不同层次,涉及从低层次的大脑、肌肉、骨骼或动机功能,到高层次的知觉、情绪或认知功能。

混沌理论和动态系统理论最初是在气象学中提出的。科学家们将其作为研究气象特别是天气变化的一种新型科研工具(Gleick,1987)。气象是最典型的动态系统,它是由多个互相作用的变量所引发的可观察并可测定的现象。这里,我们就以气象为例来说明什么是动态系统。

气象是由能够气化成汽、冷凝成水,四处流动并将所吸收的太阳能进行相互交换的气团之间不断相互作用而产生的结果。就其本质而言,气象是一个正在进行中的过程,既没有预设的目标,也不是由单一因素所决定的,而是同样重要的多个变量之间相互作用的结果。就导致某一气象的原因来说,气象又是一个极其平等的系统,任何一个变量都不比其他变量更易预测。地球周围的气团是相互联系、相互作用的,任何一个地区的气象变化都会导致整个气象的动荡,因此很容易理解为什么对几天后的天气所作的预测是极不精确的。

与气象一样,婴儿的行为和发展也具有不确定性。只有在事实发生之后,人们才能追踪横扫美国中西部地区的龙卷风的准确轨迹,或追踪袭击加勒比海的台风准确的毁灭路径及其强度的变化。人们也只有在事后才能重构某个婴儿的发展途径——他们怎样变重、长高,他们怎样学习走路、说话,他们对周围特定个体产生何种依恋方式。

虽然我们不可能对动态系统如气象或行为作长期的绝对性的控制或预测,但它仍然遵循一些有规律可循的发展模式。这是个令人惊喜的发现。对由恒定磁场引起的金属钟摆运动进行的长期记录,以及对滴水的水龙头进行的同期录音都表明,这些系统会进入一个暂时的稳定状态。例如,钟摆运动将经历剧烈振动期,接着进入稳定期。同样,滴水的水龙头经过不谐和音阶段后就会进入固定节奏期。我们可以预见这样的模式,但是无法预测这种模式产生的精确时机。换句话说,尽管在完全混沌的现象中也存在一些有规律可循的模式,但人们依然无法准确地预测这种规律性,而只能在事后对其进行重构。尽管我们能知道引发某个动态现象的各个变量,但就根本而言,这些变量的作用方式是任意的,因此我们无法将导致某一现象的原因归结为单一因素。

要在婴儿发展研究中运用动态系统方法就不能使用因果阐释。相反,它要求婴儿期研究者根据根本无法确定的变化来描述发展,而这些变化又无法通过任何特定的作用机制来进行预测。用动态系统理论的术语来说,婴儿行为的发展从根本而言,是由各种"不确定因素"构成的集合,是多个分布在各个功能层次的平行系统之间相互(流动的)作用而产生的结果。它既不由模块结构的"确定性"规定所决定,也不由婴儿大脑内能对下一步发展什么进行预言的"小人"或"矮人"所决定。这些发展变化主要是多种控制变量在身体各个功能层次不断进行随意的相互作用的产物。

研究人员一直试图从明显混沌的充满不确定性的婴儿行为中，探寻到存在于所有发展领域和年龄阶段的不变的发展程序。接下来我将谈到两个这样的过程，分别是皮亚杰在其对认知发展的阐述中提出的平衡化过程，以及作为婴儿发展动态系统方法论核心的自组织过程。

平衡化

婴儿与所有生物共享着他们与环境之间的动态平衡。从吸收光能进行光合作用的植物，到入侵其他有机物的微生物，乃至从奶牛的牛乳中汲取营养的小牛犊，所有这些生命现象都在与环境进行着交换。而最重要的是，正是生存和繁殖的需要驱动了这种交换。

在这个过程中，有机体在经历了相对平衡期后，接着就会经历失衡期，而失衡期之后又会产生一些旨在恢复相对平衡的动作。这就是所谓的动态平衡：在动态的环境中，通过协调性的动作以恢复和维持稳定状态的过程。自动调节建筑物内温度的温度调节器就是有关动态平衡的一个很好的例子。但是很显然，温度调节器与有机生命体特别是复杂的有机体如婴儿之间存在一个重要区别。那么这个区别是什么呢？

温度调节器是封闭式的循环系统，严格按规定运行，产生固定的行为。它能根据环境温度相对于某一固定数字，如70华氏度，所产生的升降变化，作出相应的反应。无论温度高于还是低于70华氏度，温度调节器都会通过启动或停止制冷器或制热器来进行调节。这是一个"全或无"的二元系统，按照一套精确的规定进行反应。它既不能学习，也无法进化产生新的反应。

与之相反，婴儿是一个开放的循环系统，能够不断地重新改造自己并产生适应环境变化的新动作。开放的循环系统是引发各种新异现象和内部转变的根源。如果温度调节器不是刻板地以二元方式发挥作用，而是能不断产生向气象系统传递信息的新方法以提高它们与这个系统的整体交换水平，那么它们就可能逐渐进化为开放的循环系统。

生命体的生存主要依赖于其与环境间不断(变化)的能量交换。从生理上看,这就是有机体汲取营养以产生能维持自己生存与繁殖所需的能量的过程。对所有生命体而言,这个过程就是新陈代谢。

当婴儿调整自己的行为以适应在环境中所遭遇到的新情况时,他们的行为就出现了与新陈代谢类似的过程。例如,用一块毯子盖住婴儿的脸,如果毯子堵住了婴儿的嘴与鼻子,婴儿就会变得激动起来,不断转动自己的脑袋,直到呼吸通道不受阻,恢复正常呼吸。在上面这个例子中,能量发生了代谢变化,引起肌肉运动(头部转动或胳膊和手的动作),从而最终重新建立了一种稳定状态(正常呼吸)。与成千上万个需要新陈代谢的微细胞一样,婴儿的行为可以解释为一个维持某种稳定状态的开放式循环系统。在某种意义上,这个系统是动态的、不断发展的,它可以自我调节,可以产生新的方法以解决由环境变化所引发的问题。

我已经间接提到了皮亚杰以连续而渐进的阶段性发展为核心观点的建构主义发展理论。皮亚杰为阐述从一个阶段到另一个阶段的变化过程而提出的模式,其实就是借鉴了生物学和生物进化理论中的平衡模式。

皮亚杰是一个受过专业训练的生物学家。尽管他提出了最具影响的认知发展理论,但他的博士论文却是关于蜗牛习得特征的传递特点。除了在有关儿童发展和认识的起源研究方面作出了重大贡献外,私下里,他还终身致力于植物进化的实验研究。皮亚杰的理论确实是统一而包容一切的,涵盖了其他许多科学家研究的领域。之所以如此,是因为他认为物种进化(种类发展)过程中的生物适应性与个体婴儿的发展(个体发展)之间并不存在本质的区别。对皮亚杰而言,两者具有类似的过程。在生物进化过程中,有机体通过与环境进行能量交换而产生了新的生命形式,同样,儿童也是在与环境中的物体、他人以及条件进行相互作用的过程中产生了新的行为和认知形式。皮亚杰是不折不扣的交互作用主义者,他认为儿童通过知识和行为与环境进行交换。那么,平衡又是什么呢?

皮亚杰认为婴儿的发展源于两股相互作用的力量,即同化与顺应。同化指将环境中所遭遇的新物体和情景纳入正在形成或已经形成的结构(无论是一个动作或一种对世界的思维方式)内的倾向。相反,顺应则是指改变自己的动作以适应更多的物体和情景的趋势。皮亚杰把婴儿发展过程中所出现的新行为和认知概括为同化与顺化共同作用的结果。

例如,天生就具有吸吮能力的新生儿倾向于重复自己的吮吸动作(功能性同化),并会吮吸嘴唇所碰触到的所有物体,包括母亲的乳头、奶瓶和婴儿床上的玩具等。所有与婴儿的嘴唇接触的物体都会引起吸吮动作(概括性同化)。而几周之后,单是一个奶瓶的样子就会引起吸吮动作(认识性同化),特别是当婴儿很饥饿的时候,他会变得很兴奋,舔起舌头来,期望能吃到东西。但同化的力量,无论这种同化是功能性的、概括性的还是认识性的,其本身都不足以使发展产生新的行为形式。

如果只有同化一股力量,它会使婴儿成为一个无法发展的封闭式循环系统,只能局限于不断重复同一个刻板的行动图式。而顺应的力量则使得婴儿的同化趋势能适应他们在环境中所遭遇的各种情况,从而引发新的行为。例如,如果仔细观察年幼婴儿吸吮各种能够放在嘴里的物体,可以发现他们的吸吮模式并非一成不变,而是变化多样的。如第三章所述,对不同形状、质地的物体,新生儿表现出不同的吸吮模式(Rochat,1983;1987)。

皮亚杰认为同化和顺应这两股力量不断地共同激活,从而产生新的行为,特别是产生新的动作与认知结构。但是,在发展的过程中,这些力量会达到某种基本的平衡。每种平衡就相当于皮亚杰所说的婴儿发展阶段。在每个阶段,机体通过顺应对同化的结构进行修正,但这只是在一定范围内的修正,不会改变阶段的基本次序。与发生了从一个阶段到另一个阶段的真正发展性转变的宏观变化相比,我们把这种修正称为微观变化。平衡就是作为开放式循环系统的婴儿行为的变化过程,是有机体与环境之间的适应性交互作用的产物。

平衡化模式的应用范围十分广泛,以至于人们质疑这一理论的可验证性,认为它不过是在自圆其说。根据皮亚杰的理论,婴儿期心理动态变化是生物适应的一个特例。它是任何生物体行动所依赖的力量(同化)与这个生物体面对新环境条件下的阻力做出动作技能调整时所依赖的力量(适应)为实现一种平衡而经历的基本过程之一。这种调整体现了连续有序的阶段性理论中发展变化的本质。皮亚杰对发展性过程的阐述强调了婴儿作为发展中的行动者和建构者所扮演的重要角色。

将婴儿视为其发展的积极参与者，这与当代许多婴儿期研究（其中一些我已经提到）所揭示的婴儿是自我、环境中物体和他人的探索者的观点不谋而合。另外，平衡是婴儿发展的重要过程的观点与行为组织的观点也密不可分，这一点皮亚杰在阶段论中已专门阐述。无论我们是否认同婴儿发展具有阶段性，不可否认的是，婴儿的行为确实从出生开始就具有结构性和组织性（参见第五章）。

正如皮亚杰的平衡模式所强调的，从一种组织水平到另一种组织水平的发展过程，确实是婴儿发展的一个重要方面。不过，另一些发展性理论则认为婴儿自身在这个过程中扮演了较不活跃或较不具结构性的角色。这些理论更强调自组织，即新行为组织形式在多个动态系统实时的并行运行中自发产生。

自组织

皮亚杰的平衡过程所依赖的一个根本假设就是婴儿的活动建构了婴儿的发展。例如，从第三章中我们知道，大约四个月左右婴儿开始会伸手抓自己所看到的物体。但是，也有可能感觉运动系统如手眼协调并不是如皮亚杰所认为的是婴儿努力建构的结果，而是外周因素如手动系统、视觉系统和姿势系统在某段时间并行运行所产生的结果。研究表明，婴儿期手眼协调模式的产生与其他姿势和动作系统如独坐或爬行的发展是互相影响的（Rochat, 1992; Rochat 和 Goubet, 1995; Rochat, Goubet 和 Senders, 1999）。这些研究部分地支持了自组织的观点。和大多数自然现象一样，这些发展性模式可能都是自组织的，而不是婴儿通过本身固有的并能指导其发展的某些特定力量来建构的。越来越多的婴儿期研究者认为婴儿发展就是自发产生新行为形式的自组织过程（例如，参见 Thelen 和 Smith, 1994）。

大自然里的许多形状和组织都具有惊人的平衡性和对称性，如雪花、树叶、我们的身体结构、天鹅飞行时自发形成的 V 形队列等。正是个体各子系统间按自组织原则进行各自独立的相互作用，才创造了自然界里这种随处可见的可爱的有序性。在自然界的各个层次，当复杂系统同时启动时，它们会自发地通过自身的相互作用达成一种稳定状态。例如，天鹅群飞行时所形成的 V 形队列就显然不是预先规定的，而是自发产生的。它产生于共同飞行这个动作：所有天鹅都跟随一只领头鹅飞行，它们以领头鹅为顶点，排在领头鹅的左边或右边。

自组织现象在自然界中普遍存在，能证明这一点的最有力的证据就是这种现象随处可见。从冰冻分子聚合形成的雪花，到复杂系统如飞行的天鹅通过相互作用形成稳定状态的方式，以及婴儿通过发展形成稳定的行为状态和组织，这些无一不是这一现象的体现。

除了能够形成相似的形状外，自组织过程还能生成相似的动态形式。自然界中事件的周期性规律就反映了这种动态形式。例如，地球上的所有生物都处于一个白天和黑夜精确交替的环境，而白天与黑夜的交替取决于地球的自转与地球围绕太阳的公转。同样地，从水受冷结冰到雪遇热融化，从河流的流动到大片土地的地质侵蚀，从花开花谢到我们的睡眠周期，地球上所有事物的行为都与地球相对于太阳的运动相呼应。生物钟是我们重要的身体功能之一，当我们乘飞机飞越不同时区后，我们会因为生物钟而很难入睡。"生物钟"及其周期循环实质上就是自组织过程的体现。在这个过程中，不同功能层次上的多个系统之间的相互作用创造了该模式。

和任何其他的自然现象一样，我们可以通过婴儿有规律的表现形态和周期来认识其行为。婴儿的行为常在不同状态（哭泣、睡觉、急躁、警觉或积极状态）之间波动。动态系统理论将这些可识别的行为变化称为吸引子状态，它们与自然界中无处不在的那些现象一样同属周期性动态形式。这些吸引子状态对我们理解婴儿发展的过程和发展机制有何帮助呢？

一些婴儿期研究人员提出，早期发展，特别是功能性行为如伸手取物、爬行或行走等的早期发展，是一种自组织性组合，源于身体在自身限制范围内为动作提供的自发运动。身体的自身限制是指身体的构造方式以及身体在重力和不断变化的环境中所具有的运动能力。例如,当年幼婴儿仰卧在摇篮里舞动双腿时,他们是在以一种可识别的方式蹬腿。几周后,当他们开始会爬行时,他们是以一种上下肢协调运动的方式进行爬行。这些运动模式可能在速度、幅度和轨迹上存在很大的不同,但它们都具有一些不变的动态信号,从而能够被识别为蹬腿或爬行动作。在这些动作模式中,肢体的每个运动并不是孤立的,而常是按某个固定模式进行重复和协调。比如蹬腿这个动作,就是在一只腿弯曲时另一只脚伸直(Thelen,Skala 和 Kelso,1987)。那么,是否存在一个中心控制着这种动态行为方式的产生呢?答案是,可能没有。

研究人员如埃斯特·西伦及其同事(例如,Thelen 和 Smith,1994)以及尤金·戈德菲尔德(Eugene Goldfield,1995)采用动态系统方法阐释了这种发展,并提供了大量令人信服的实验证据证实,感觉运动模式的早期发展可以通过自组织而产生。婴儿的身体运动具有吸引子状态,并且这些吸引子状态会随着婴儿的生理成长而变化,从而实现更多的姿势控制或发现操纵物体的新的可能性(也即学习新的可知度并发展新的任务目标)。就决定动作模式的发展而言,没有一个变量比其他变量更重要。但是,每个原因变量会随时间而变化,它们或它们当中的某些原因变量可能成为新行为形式的控制参数。

再回到前面有关气象的比喻。理论上,亚特兰大上空一只蝴蝶扇动翅膀或孟加拉海湾的热带风暴都可能成为导致几天后北京天气变化的最初因素。同样,正在成长的婴儿的肌肉脂肪比变化也可能对步行模式的变化起作用(Thelen 和 Fisher,1982),并对新的任务目标如踢动摇铃或独坐能力的发展有潜在影响。这些变化可能都是由各自平行的动态系统的暂时自组织性组合引起的(如肢体能力的强化、感知系统的发展等)。

简而言之,新的行为形式并不是由某个中心所控制的,而可能是由多个系统的并行发展和它们相互间的不断作用所引发的。换句话说,婴儿发展中的新行为形式可能部分是由一系列稳定和不稳定的吸引子状态所控制的组织性变化引起的(Goldfield,1995,第 36 页)。引起这种变化的原因就某种程度而言可能分布于外周神经系统各方面,而并非集中于特定的潜在认知性结构或更高级的控制结构(参见 Smith 和 Thelen，1993 对这个观点的详细阐述；Thelen 和 Smith，1994)。

如前所述，许多研究人员已经证明，自组织过程在婴儿的行为和发展方面扮演了一定角色。但婴儿发展到底在多大程度上可以用这个过程进行阐释，对此还存在激烈的争论。关于自组织的证据大多数都来自于发展性研究文献和成人动作控制研究文献，以及将动态系统观点应用到认知发展特别是概念发展和语言发展的一些新研究(Smith，1995)。问题是我们要如何超越动态系统方法的比喻性，去了解引起变化发生的真正决定因素呢？自组织原则涉及的是发展过程怎么样的问题，而不是发展过程为什么如此的问题。因此，无论这些原则多么正确，对自组织原则的说明并不能让研究人员在可能引起婴儿最初发展的各个相互作用的系统和子系统之间建立某种等级次序。例如，什么是婴儿期运动发展的最佳预测元素？是肌肉脂肪比的变化，还是对只有通过移动整个躯体才能抓到远处物体的感知的进步，抑或是视觉前庭平衡的发展？

事实是，目前还没有令人信服的证据表明婴儿发展的动态系统方法可以帮助我们回答这些问题。无论这种方法多么有益、多么精确，但其本质上还是描述性的，只能对婴儿如何发展作出解释，而无法回答婴儿为什么这样发展。

前面所讨论的平衡模式以及刚刚回顾的自组织原则能够让我们更好地了解指导婴儿发展的某些基本原理，但是它们并不能说明到底是什么引起或推动了婴儿的发展。现在我们回过头来谈谈能够真正明确具体的有关婴儿期发展性变化的作用机制的理论和模型。这些作用机制既是引起婴儿发生发展性变化的原因，同时其自身也是婴儿期的发展性变化之一。这将是本章余下部分要讨论的问题。

条件作用和内置的反射系统

婴儿早期的学习倾向是本书中反复出现的一个主题。对于婴儿期自我

(第二章),我的观点是婴儿从出生开始就学习利用自己的身体以在环境中制造或重演一个结果。传统的巴甫洛夫条件反射和斯金纳的操作性条件反射,以及詹姆斯·鲍德温所描述的循环反应(Baldwin,1925),特别是皮亚杰提出的以物体为导向的次级循环反应等,都体现了行为的可塑性和儿童早期的学习经验。这种学习引起了婴儿期新的行为形式和知识的出现,是婴儿发展的真正作用机制。

正如我们在第五章所了解的,早期条件作用的有效性使得行为主义者有可能从婴儿一出生就控制和预测其发展。的确也有些人试图通过设计婴儿的行为和发展来扮演造物主的角色。就像通过修筑大坝来控制河流的流动,科学家可以通过控制婴儿对环境的经验以及他们对由事件和自我动作所引发的正性和负性结果的了解来引导和塑造婴儿的发展。正如马戏团里的动物可以通过严格的强化方案和日程表加以训练(动物表现出期望的行为后就奖赏食物),以使它们表现出引人注目的行为一样,婴儿也可以通过训练学会说话、用尿壶撒尿、吃某种食物、向人招手,甚至如华生的恐惧条件反射训练那样,学会以特定的方式感受某些物体、事件或动物。

这种方法,从原则上讲可能很简单,但很有效。如果家长和教育者能够完全控制婴儿的环境,也就是说,能够完全控制由感知的事件(传统的巴甫洛夫条件反射)或自我产生的动作(斯金纳的操作性条件反射)所引发的愉悦的或不愉悦的结果,那么婴儿的行为也是可以被塑造的。但是,这种观点不仅存在道德问题,还存在其他许多理论性问题。例如,我认为,不能将婴儿的发展简化为某种条件作用机制。即使条件作用是早期行为变化的重要决定因素,它也决不会是唯一的一个。

条件作用是出生后新行为产生的来源之一,但即使婴儿确实对暂时性伴随事件之间的暂时联系很敏感,他们也并不是对任何事件都很敏感。婴儿学习他们能够学习并且想学习的东西。他们可能为了听到某种特殊的声音而学着以某种方式吸吮,他们学会当婴儿床上方的灯亮时将头转到一定的方向并希望能喝到牛奶。但是,我们并不能用咸味对婴儿进行强化以获得这些动作。而且,在这个阶段,任凭我们怎么强化,他们也不会伸手,发出特殊的声音,或是对戴帽子的人挥动自己的右手。可能过一段时间后他们可以做到这些,但是在新生儿阶段或甚至在婴儿期结束前他们对此都无能为力。这种简单的观察所发现的虽然是普遍现象,但说明了通过条件作用所进行的学习取决于其他发展性变化——婴儿整个动作能力的发展,他们对姿势和动作的控制,他们进行交流的动机,以及更重要的,他们学习的动机。当婴儿在出生后第二年作好使用符号象征性功能的准备时,他们才能学会说出第一个单词。同样,当婴儿作好独站的准备之后,他们才能学会独立行走。

但是,显然,条件作用在塑造我们的情绪生活方面扮演了一个重要角色。正是因为这个原因,某种气味、味道或具体的情景才会触发无法控制的厌恶、期望或害怕。事实上,我认为条件作用在我们所经历的大多数强烈的生活经验中扮演了一个重要角色。

条件作用肯定是产生行为变化、习得性反应和习惯(无论好坏)的一个有力手段。从发展的起源上来说,它是新生儿固有的生存手段的一部分。行为塑造的一个最基本的原则就是婴儿会不断重复能够产生愉悦结果的行为,并且会搜索与快乐有关的事件。反之,婴儿会尽力消除那些导致痛苦结果的行为,同时避免与痛苦有关的事件。这个最早由行为主义先驱爱德华·L·桑代克(Edward L. Thorndike, 1874—1949)提出的简单的效果法则(即效果律),塑造并引导了各个时期和生物进化各阶段的行为及其发展方向。它规定了行为的基本方向,即指向环境中资源丰富的方向,指向有利于有机体和有机体生存的方向,如营养丰富而无毒的食物或母亲等照料者所提供的关心和保护等。

从动机上说,快乐是效果原理的基础。追求最大快乐和最小痛苦既是成人也是婴儿的座右铭。通常而言,行为在某种基本层次上处于痛苦与快乐的对立中,也即处在一些学习理论研究者所解释的趋近与回避的对立力量中。从进化的观点看,这种两分法为指导行为能指向最终有利于个体生存和适应的环境资源起了很大作用。痛苦和快乐应该被视为基本的规定原则,指导着儿童本能的自动的非反射性(无意识)行为。

快乐如何塑造有利于婴儿生存的行为呢?这方面有一些很好的例证。事实上,有例子证实当婴儿从事某些对生存有益的行为或接触与之相关的事物时，婴儿的大脑能用来分配此时所体验到的快乐。人类的大脑，和大多数有脑物种一样，已经进化了自身的奖惩系统，可以生成并分配能够产生快乐、高度成瘾并消除痛苦的化学物质。换句话说，婴儿天生就受到预适应的痛苦减少系统和奖惩系统的条件作用，这些系统指导着婴儿对特定行为的学习。

例如，现在已经确证，母亲初乳中的高浓缩糖分是使新生儿产生极大快乐的来源之一。初乳对新生儿而言具有丰富的营养和免疫价值，因而对婴儿的健康和生存十分重要。同时，它还让婴儿产生一种可以与海洛因上瘾所体验到的"高峰"体验相似的快感。不过，我们如何才能证明这点呢？

研究证实幼鼠对糖分的摄取影响其大脑的镇静神经纤维链的激活（Blass和Ciaramitaro，1994）。当这些神经纤维链被激活时，大脑会产生一种叫做"内啡肽"的吗啡类物质。化学分析显示，内啡肽的化学构成与从罂粟花中提炼出的鸦片的化学构成相似。对新生儿来说，这意味着他们能从吸吮母亲的乳头以获取营养丰富又具免疫性的母乳中获得巨大的快乐，因而这也是婴儿自身固有的一个十分有效的奖惩系统。

我必须说明，内啡肽不仅仅是塑造某些行为的自身奖惩系统的一部分，它还有助于婴儿承受痛苦。在接受无麻醉割礼时，之前喝了些糖水的男婴的哭泣声明显比未喝过糖水的男婴的哭泣声要来得缓和。这个研究发现证明了糖分的止痛效果（再次激活了大脑中的镇静神经纤维链）。通常，蔗糖对新生儿具有显著的镇静作用（Blass和Ciaramitaro，1994；Blass和Shah，1995）。

进行超负荷的体育锻炼或耗费体力的灌木种植时，我们通常会在这种痛苦的过程之中或之后体验到极大的快感。这种快乐来自于，至少部分来自于内啡肽——疲惫和痛苦中枢被激活后大脑释放的一种物质。事实上，这种快感可以解释为何有人喜欢经常进行体育锻炼。同时，它可能也是我们在痛苦的行动中经常会产生莫名的快感的心理成因。在大多数人类活动，如体育运动和冒险开拓行为中，痛苦和快乐都是并存的。

看来，条件作用确实是婴儿发展的一个作用机制：它可以预测并控制早期的行为变化。但是，条件作用不能解释行为发展的所有方面。我们还需要其他作用机制来阐释是什么为其他各种学习的产生创造了条件。的确，即使在高度控制的环境中，婴儿也不能在任何年龄学到任何东西。另外，内置的奖惩系统能让婴儿有选择地指向环境中的资源，以帮助他们减少痛苦，并从出生伊始就塑造婴儿的行为(参见 Blass, 1999)。经典行为主义者提出的外部奖惩系统尽管也很重要，但只能对婴儿行为发展中的一小部分作出解释。这里，我们还有一个未曾讨论过的话题，即婴儿自身在创造学习机会上所扮演的积极角色。

习惯化与好奇心

婴儿并不是环境反馈的被动接受者，相反，正如皮亚杰在发展理论中所指出的，婴儿是世界的积极探索者。此外，将发展变化仅仅看作是条件作用的结果，这无法解释为什么发展的阶段或时期是有序而连续的。那么，婴儿还有哪些从一出生就具有的作用机制，能够解释其自发而积极的学习和发展倾向呢？答案就是固有的好奇心系统。这种系统与前面所讨论的内置奖惩系统相类似，但没有明确的生理心理基础，如内置奖惩系统涉及的镇静性神经纤维链。

我在本书一开始就讨论了习惯化，一种在动物领域十分普遍的行为现象。当反复重复一种刺激作用时，刺激产生的相关反应通常会逐渐减弱。习惯化现象对任何动物包括婴儿，都具有很强的适应性价值，它使得有机体能够吸收和寻求新信息，而这又是好奇心的基本构成。在野外，习惯化对生存至关重要。如果在高速公路旁或有火车频繁通过的草地上吃草的奶牛，在每次有车经过时都会跳起来跑开，那么这头可怜的奶牛一天 24 小时都会在运动，根本无法喂养自己的孩子。同样，一头羚羊需要能够区分狮子发出的声音和热带大草原上其他不太有威胁性的声音。而习惯化就是产生这种重要区分的作用机制，同时，它还使得研究人员有可能评估婴儿从出生开始(甚至出生前)就具有的感知周围物体世界的大部分能力。

对婴儿期由习惯化所产生的行为的可塑性，可能具有不同的解释。"衰退说"认为，从婴儿身上所观察到的习惯化是低层次的作用机制如神经疲劳(大脑神经细胞太频繁地被激活后就会被切断)的体现。但是,习惯化的神经疲劳模式不能解释更高层次的原理,如对新奇信息的寻求与期望。有机体总是试图了解和比较环境里的事件。

而另一种"充盈说"的解释则得到了令人信服的实验证据的证实。假定一名婴儿正仰面躺着,然后在其左边或右边摇几下铃铛。头几次,婴儿会系统地将头转向刺激。但几次之后,婴儿将抑制这种反应。如果这种抑制是神经疲劳所致,那么婴儿的行为就应该表现得似乎再也听不到这个声音,就像奶牛继续吃草,而不再受附近高速公路上车辆的影响一样。相反,如果好奇心或对新奇信息的追求仍在起作用,那么这种反应就不会消失(灭绝),而是发生改变。事实正是如此。例如,一些研究者证实,新生儿在习惯了某个声音刺激后,没有把头转向重复发出声响的方向,反而倾向于将头转向相反的方向(Weiss, Zelazo和Swain, 1988)。他们似乎想从与发出烦人声响方向完全相反的地方寻找新事物。新生儿没有表现出神经疲劳所引起的反应消失,反而将头从具有熟悉事件的地方转向新事件可能发生的地方。我们很难不将行为的这种变化解释为对旧刺激的厌倦和对新奇而更令人兴奋的刺激的寻求。至少这个观察结果证实,不能仅仅简单地将人类新生儿的习惯化现象归结为神经疲劳。探索确实是婴儿期产生快乐的无尽来源,也是驱动婴儿发展的一个重要动力。

如果婴儿从出生开始就能适应新的事物,这就确实意味着婴儿能够区分新事件和已知的感知事件。那么,婴儿是根据什么来进行这种区分的呢?换句话说,对婴儿而言,什么是新奇的,什么又是已知的呢?我认为婴儿固有的探索和好奇系统主要是为了挖掘感知事件中的不变特征,也即错综复杂的感知经验中的稳定元素。

寻找规律性

事实上,对感知过程中的规律性的探索一直贯穿生命始终。不仅人如此,动物也是如此。寻求规律性既是从出生就开始进行的各种学习的基础,也是人类在语言、记忆、概念形成、形式思维,甚至运动技能发展方面的认知发展的基础。

詹姆斯·J·吉布森(James J. Gibson, 1966)和埃莉诺·吉布森(Eleanor Gibson, 1969)从感知及知觉学习领域所谈论的对不变信息的察觉事实上就是对规律性的探索。吉布森(1966)在《作为知觉系统的感官》一书中提供了有力的证据,证实知觉系统如视觉、听觉、触觉和嗅觉的发展就是为了收集环境中已经存在的具有可知度的信息。而这些信息通常就是那些在变化过程中保持不变的特征。

为了论证感知信息在环境中已经存在并具有可知度的观点,詹姆斯·J·吉布森在其撰写的另外两本书(1950;1979)中将视觉世界描述成由各种复杂表面组成的集合。投射到物体表面的光线被反射回来,最终被眼睛捕捉到。光线的反射因反射面的不同而不同:当反射面如镜子一样光滑时,光线以一种方式反射入眼睛;当反射面如卵石路面一样凹凸不平时,光线又以另外一种方式反射入眼睛。光线的反射与反射面相对于光源(例如,太阳或灯泡)的方向,以及知觉者是静止的还是运动的都有关。吉布森认为,人们所感知的环境是由具有不同结构坡度比率和密度变化的反射面构成的,而通过反射光或光的排列我们就可以认识这些表面。这就是著名的(但也备受指责的)吉布森观点的基本原理,也即视觉信息存在于光线中而非感知者和行动者的头脑中。投射到物体表面上的光线以一定的方式反射入眼睛,这种不变的反射方式里蕴涵着信息。当物体静止时,这类信息能通过表面在三维空间中的相对方向让人们认识物体。当物体移动时,这类信息还能通过它们的相对硬度以及它们是不是环境里独立的有边界的物体来让人们认识它们。吉布森认为这些信息是可以直接获得的,而无需经过那种主流认知心理学家认为必需的心理上的重构来获得(Gibson, 1979)。

对吉布森的知觉观点作这番简单说明很重要,因为它指出了一个影响深远的发展的促进因素,即通过各种经验来探索规律性。为进一步补充其丈夫的观点,埃莉诺·吉布森提出知觉学习和发展正是通过感知不变特征来实现的(Gibson, 1969)。因此,从出生开始,婴儿就对各种变化进行加工,从一系列千变万化的感知经验中整理出不变之处,并逐步了解物体的不变特征。

察觉和处理不变信息是生命早期的一个事实。通过学习,无论是通过条件作用的学习还是习惯化的学习,婴儿从一出生就开始发觉连续的知觉事件中所蕴藏的规律性。就习惯化而言,当婴儿知觉到某种刺激是一种完全不同的,或者说新的刺激时,他们就会表现出去习惯化,因为它与他们已经面对或熟悉的刺激不相符。例如,即使让声音强度的变化随着婴儿如何将头转向扬声器的方向而变化,婴儿还是会停止将头转向声源方向。通过表现出习惯化和去习惯化,婴儿能对某种强度变化进行分类,并将所感知的对象归到某一类中。如果婴儿听到的某个声音强度不在另一个声音强度的变化范围之内,婴儿就会表现出去习惯化。这表明他认识到这个声音是一种新声音,超越了某个范畴。婴儿能够根据刺激的变化范围,将之区分为不同等级,也即根据所谓的范畴界限对刺激进行定义。

类别知觉建立在察觉到变化的知觉事件的规律性的基础上。它是生命的一个早期事实,甚至在新生儿阶段就有明显的体现。在第三章我列举过几个有关早期语音研究的例子,这些研究是年幼婴儿具有类别知觉的很好证据。察觉不变特征的作用机制是早期语音感知的基础,是婴儿开始理解手势和语音能指代其他事物的基础,是具有以某种方式将事物分类的基本倾向的基础。它是使环境中的实体逐渐彼此相关的作用机制,无论这些实体涉及的是自我、物体,还是他人。

因此,积极地探索规律性是婴儿期乃至婴儿期之后认知发展的基础。正是通过这一作用机制,婴儿发展了概念化理解,发展了对熟悉与不熟悉、已知与未知、新鲜与陈旧、危险与安全、有用与没有的认识。也正是由于这种作用机制,婴儿才能识别自己的母亲。虽然母亲的外表不断变化——换了衣服,剪了头发,抹了香水,变了声音——但婴儿仍知道她是妈妈。还是由于这种作用机制,婴儿最终学会用一个任意的语音指代一整类物体和事件,譬如知道"椅子"这个发音代表所有能够坐的东西,无论它们在颜色、材料、形状或整体外观上有何不同。所有的椅子统属"椅子"这一类,并最终被归入一个有上下等级范畴的分级网络内,如凳子、手扶椅、会议椅,以及家具等,以与别的事物组成的其他类属如汽车、树木等相区分。婴儿从一出生开始就不断搜寻连续感知经验中的共同点,并存储有关这些共同点的知识以对它们进行进一步的概念化。儿童的这种倾向规定了他们的学习方向。

社会反映、模仿和重复

现在让我们来谈论一下具有社会根源的作用机制。显然,婴儿生活的社会环境决定了婴儿的发展。但是这种社会互动具体是如何影响婴儿的发展的呢?在本节中,我将论述成人对婴儿的模仿以及婴儿的模仿倾向都是对婴儿的认知发展具有重要影响的作用机制。

模仿就是通过一个人映射另一个人的行为的过程。镜像反射是一种最完美的模仿。婴儿照料者通常会表现得像镜子一样,有时更甚。他们不仅向婴儿展现所察觉到的婴儿的情绪和重要姿势,而且还会对其进行夸大。此外,在对婴儿进行社会性模仿时,照料者们似乎还会采用特殊的语调和间断的沉默(Gergely 和 Watson,1999)。这些语调和停顿与最初交流中的不变特征相吻合,而如前面所述,刚出生的婴儿可能就已经能够察觉这些不变特征。换句话说,婴儿的交往同伴明白告诉了他们:他们是谁,他们在做什么,他们应该具有怎样的感受(参见第四章)。

不仅照料者们会禁不住模仿和夸大婴儿的行为,婴儿也似乎从一出生就会模仿他人。我浏览过婴儿期研究文献中关于新生儿模仿的一些研究证据。不过,对于新生儿的模仿程度和可靠性以及新生儿模仿的作用机制还存在争议(参见 Anisfeld,1991;Bjorklund,1987;Jones,1996;Meltzoff 和 Moore,1997)。

梅尔佐夫和穆尔(Meltzoff 和 Moore,1977)的研究指出,刚出生几个小时的婴儿就能模仿不断吐舌头、张嘴巴,以及成人式的握手之类的动作。他们(Meltzoff 和 Moore,1977;1997)认为,这些研究表明婴儿生来就具有模仿他人行为的能力,即"主动的跨通道匹配"(active intermodal matching,AIM)能力。如果知觉与动作之间的这种映射从人一出生就具有,那么它很可能是行为变化以及婴儿期进行自我、物体和他人学习的一个重要来源。

婴儿不仅能模仿他人的行为,也能模仿自己的行为。出生几周后婴儿所表现出的循环反应(Baldwin,1925;Piaget,1952),以及出生时甚至出生前就具有的节奏性的重复活动都可以解释为自我模仿。婴儿从出生开始就倾向于重复某些动作,如把手伸进嘴里,舌头来回伸缩进行吸吮,挥动手臂,或蹬腿等。模仿不仅具有社会交流功能,还具有自我功能(Rochat,2001)。

通过重复自己的动作,或自我模仿,婴儿了解到自己是什么,自己所具有的动作能力如何,并了解到自身是环境中一个独特而具主动性的实体。在第二章有关婴儿期的自我中,我已经阐述了婴儿是自身身体的积极探索者。这种探索有助于婴儿发现能明确自身是环境中独立而积极的不同实体的不变特征(也就是说,定义社会生态性自我的那些特征)。婴儿主要是通过动作重复和自我模仿来发现这些有关身体的不变知觉特征的。例如,在摇篮中反复进行一定范围和一定力度的蹬腿动作可能会引起某一听觉事件(例如,系在摇篮顶上的铃铛响了)。正是主要通过这种积极的动作重复,婴儿才明确了自己对于物体和他人所能产生的作用。

通过模仿他人,婴儿还学会将他们的社会环境作为获得新知识(如使用工具、学习新单词以及新的做事方法等)的一种来源。模仿既具有社会交流功能,也具有认知或教育功能,它有助于个体获得知识,当然同时也是文化学习和文化传播的一种主要手段(Tomasello,Kruger 和 Ratner,1993;Tomasello,1999)。

模仿是不是人类所独有的一种文化传播手段呢?有关灵长类动物认知的研究文献对此还存在激烈的争论(Whiten 和 Custance,1996)。一些研究者认为在非人类动物中,通过示范学习新行为的现象非常有限。他们的研究证实在非人类的灵长类动物中几乎观察不到通过示范和模仿来进行的有意性教育(Tomasello,Kruger 和 Ratner,1993)。其他研究者则认为通过模仿和有意性教育来进行学习并不是人类所独有的。例如,野外观察发现,猩猩会向小猩猩传授新获得的技能和可知度。在一组野生猩猩中,小猩猩能向成年猩猩学习如何用两块石头,一块作锤子一块作砧台,将非常坚硬的坚果壳击碎(Boesh,1993)。尽管对这一问题仍存在很多争议,但显然,与其他任何灵长类或非灵长类动物相比,人类通过模仿和观察他人进行学习的现象更显著或至少更富有成效。毫无疑问,模仿游戏在人类语言发展的过程中扮演了一个重要角色,它决定了新词汇和新语法形式的习得。这种语言习得主要是通过示范和重现语言水平更高的他人的语言行为,从而将一个人的交流意图反映到另一个人身上来实现的。对于人类,模仿似乎是从婴儿一出生就对其语言发展具有决定作用的因素,尤其从婴儿迈入符号象征之门开始更是如此(参见第五章)。

皮亚杰(1962)确实认为是模仿让婴儿迈入了符号象征之门。在这个阶段,就像装扮游戏(或"相异模仿")那样,婴儿开始模仿不在场的他人、物体或事件。皮亚杰认为这种真正的模仿活动给了婴儿发展自身能力的机会。请注意,这里皮亚杰将真正模仿与假模仿进行了区分。假模仿是一种示范者在场的模仿,在出生后第一年的早期就具有了(例如,重复交往同伴吐舌头的动作)。通过"真正的"或相异模仿,婴儿学习做一些表征他人或他物(被指代者)的动作(指代者)。这样,他们学会了用符号化的方式来表现行为。皮亚杰认为婴儿直到18个月左右才开始具有符号象征行为。但是,最近的实验性证据表明,相异模仿在更早的时候,大约是出生后的第六周就已出现了(Meltzoff和Moore,1992;1997)。因此,婴儿可能很早就开始以表征化模型的方式行动并进行象征性练习。从这一点我们可以得出结论,即婴儿迈向符号象征之门的发展是一个长期的渐进过程。在这个长期过程中,模仿毫无疑问是实现发展的一个重要途径。

模仿也是婴儿实现社会化和进行交流的一种方式。通过模仿,婴儿获得了有关他人的知识并与他人保持亲近(Uzgiris,1999)。鉴于婴儿对其社会环境的极大依赖性,这种功能显然更加重要。但如何才能证明这点呢?

当婴儿模仿成人示范的动作时,他们不只模仿一次,而是反复模仿。我认为,这个恰恰体现了早期模仿具有社会交流的功能。这种重复有力地表明,婴儿通过模仿和再现榜样的动作以维持与榜样之间的交流。在这种情况下,模仿是为了维持婴儿与成人榜样之间某种形式的对话（Killen 和 Uzgiris，1981）。

有其他研究证据表明，婴儿能通过模仿来了解他人以及他人与自己的关系。最迟从第九个月开始，模仿就成为婴儿评估并最终识别他人的一种手段。在安德鲁·梅尔佐夫（Meltzoff，1990）的一个实验中，他们让婴儿坐在桌子一边，桌子对面坐着两名成人实验人员，然后对他们进行测试。每名实验人员都有一个与婴儿正在玩的玩具一模一样的玩具。实验中，一名实验人员（模仿者）尽可能即时地模仿婴儿把玩玩具的所有动作（例如，当婴儿敲打玩具时，实验人员也以相似的方式敲打玩具）。同时，另一名实验人员会通过把玩玩具对婴儿把玩玩具的所有动作及时作出回应，但实验人员的动作与婴儿的动作完全不同。例如，当婴儿敲打玩具时，实验人员会同时对玩具做些其他动作，如摇晃玩具，但不模仿婴儿的动作。

在这个巧妙的实验设计中，婴儿可以选择与任意一个交往同伴进行互动。已经九个月大的婴儿会更多地注视那位模仿自己动作的实验人员。更有趣的是，14 个月大的婴儿甚至会做一些难以模仿的、快速而富有挑战性的动作来作弄那位如实模仿自己动作的实验人员（Meltzoff，1990）。例如，婴儿可能慢慢地斜靠向一边，同时密切注视着实验人员所做的相同动作，突然间，他们改变方向，然后兴高采烈地看着实验人员。婴儿的这种行为说明婴儿知道自己正在被模仿。他们似乎利用这种发现来探究他人的交流意图，特别是了解他人是否正参与一个友好而幽默的游戏。

这种通过模仿来进行的社会学习甚至在婴儿发展的更早阶段就已存在。有研究报道，出生六周的婴儿就能学会将特定的姿势与特定的人相关联，并利用这种关联对人进行区分。例如，如果母亲向婴儿示范吐舌头的动作，然后一个陌生人向婴儿示范将嘴张开的动作，在接下来的实验中，当婴儿面对母亲时，其吐舌头的动作更多，而面对那个陌生人时，则张开嘴巴的动作更多（Meltzoff 和 Moore，1992）。这种选择性的模仿表明，从很早开始，婴儿就能根据对他人的识别来采取社会反应，而这种识别是他们在过去与他人的面对面的交流中习得的。

修整与抑制

研究婴儿如何摆脱所有无关干扰和可能的分心事物,逐步控制自己的动作以实现功能性目标如伸手抓物、关注或交流等,是了解婴儿的行为和发展的方法之一。抑制就是实现这种目标并最终促进婴儿行为发展的作用机制。

抑制存在于各个功能层面,从生理层面的如肌肉运动,到心理层面的运动控制、关注以及包括计划和预期在内的更高级的认知等。正是通过这种作用机制,婴儿逐渐能够控制自己波动的情绪状态,越来越不受感情冲动的影响。

大脑是一个由上亿个互相联结的细胞以多得令人难以置信的组合方式和相互作用的分层结构组成的极其复杂的网络。尽管大脑的构成十分复杂,但大脑的构成元素——神经元或神经细胞——的实际功能却十分简单。神经元要么被激活,要么被钝化(也即被抑制)。因此,大脑是一个由遵循全或无原则的各自分离的元素构成的巨大网络。这些元素或者发挥全部功用,或者什么都不做。每个元素都具有正负双极功能。从粗略的生理学层次看,使肌肉依附于骨骼并促使肌肉运动的生物力学也可归结为收缩肌(激活的)和拮抗肌(对抗或抑制收缩肌的紧张)的肌肉群间的相互作用。运动控制确实是被激活的肌肉群与被抑制的肌肉群之间的精妙平衡。这种两极平衡不仅普遍存在于生理层次上的身体运行方式中,也可能存在于心理层次上大脑运行和发展的方式中。

当大脑将注意力集中在一项任务或对环境中的某一特殊方面开始探索时,大脑一方面激活了认知心理学家所谓的能让特殊信息进入关注焦点的"选择性过滤器",另一方面也同时将无关信息封锁在外以抑制其进入。事实上,目前认知科学的主流注意理论认为,注意力或思想焦点的确定主要应归功于能抑制或临时消除分散注意的无关信息的作用机制(Tipper,1995)。成人通常通过抑制来忽略分散注意力的事物,以使自己能够将注意力集中于手头的任务,比如读一本书、解决一个数学难题,或寻找正文中的排印错误等。但是,抑制机制是如何影响婴儿的发展呢?

抑制可能能够解释从预适应动作（也即反射动作）到更具自发性的动作控制（出生后第二个月才表现出来）间的转变。它可能也可以解释为什么婴儿在计划解决问题的行动时，会变得越来越镇静，越来越有耐心，而这种现象在婴儿八或九个月大以后表现得尤为明显。

长期以来，婴儿期研究人员就注意到健康新生儿所具有的条件反射，如拥抱反射（当身体突然下沉时双臂会张开）、踏步反射和抓握反射（手掌被刺激后手指会收拢），到第二个月会逐渐变弱或消失。对这种变化的发展性解释一直存在着重要的理论上的争辩。对于采用动态系统方法研究婴儿发展的研究者而言，条件反射的消失可能是身体结构变化和肌肉脂肪比变化所引起的（Thelen 和 Smith，1994），因此，这些反射并没有从婴儿的全部技能中消失，而只是被外周因素所遮掩。为了证明这种观点，埃斯特·西伦及其合作者证明当将婴儿腰部以下全部浸入水里时，出生时存在而两个月后就消失了的踏步反射会重新出现。西伦认为水能帮助婴儿对抗重力的作用，从而抵消他所获得的大部分重量（Thelen 和 Fisher，1983）。

但是，另外一些研究人员则认为控制婴儿行为的大脑区域在婴儿出生后第二个月发生了一个重大的质的变化。在年幼婴儿的头皮连上多个电极进行的脑电图（EEG）测定结果表明，控制婴儿行为的大脑区域从出生到第三个月发生了重大变化。出生后的几个星期里，婴儿在大脑参与和行为控制上出现了重大发展。两个月大的婴儿除了感官运动反射会消失外，他们关注面部表情和识别面部特征的方式也发生了可靠的变化：他们逐渐从只关注面部的基本外周特征，发展到仔细观察更细微的面部的内部特征，特别是眼睛和嘴唇（参见第四章）的特征。当代认知神经科学家认为，这种发展体现了从皮层下控制视觉运动行为到两个月开始出现的皮层控制视觉运动行为（也就是与眼球运动和明显的视觉注意相关的行为）的转变（Johnson，1993）。

这种认为通过大脑中介引起变化的观点并不是一个新观点。早在40年代，默特尔·麦格劳（Myrtle McGraw）就根据有关动作活动的早期发展，特别是新生儿原始反射发展的实验研究提出了这种观点。她认为出生后三个月内婴儿原始反射的逐渐弱化和最终消失，是无意动作（皮层下调节）向有意动作

(皮层调节)转变的征兆。麦格劳(McGraw, 1943)提出,抑制作为一种发展性作用机制,在这个过程中扮演了很重要的角色。她认为只有抑制住皮层下控制,才能让皮层结构控制运动活动。因此,在这个年龄阶段,婴儿的技能中出现了新的有意动作。一些研究者甚至提出,这种转变会暂时地弱化婴儿的适应性生存动作技能,因而出生的头三个月是婴儿猝死综合征出现率最高的时期(Burns 和 Lipsitt, 1991; Lipsitt, 1979; Lipsitt 等,1981)。

行为表现水准突降和连续犯错是婴儿发展中普遍存在的现象。动作发展如伸手动作的个体发展轨迹就体现了动作出现、消失和重新出现的模式。从微观的角度来说,婴儿的发展轨迹并不是平滑的而是上下波动的,有时蓬勃发展,有时又发展低落,交替出现行为的进步和行为的退化。尽管婴儿有时也知道他们必须改变自己的策略以实现所期望的目标,但他们仍盲目地重复失败的尝试。对他们来说,如果要避免这些错误,他们必须抑制旧的行为模式,而这并不如人们想象的那么简单。

大脑的额叶区域具有对动作进行计划和(通过抑制)中止旧动作的功能。例如,在手术中损伤了大脑前额皮层的猴子在简单的搜寻任务中表现得很差。如果多次在两个带盖坑中的同一个坑内放一点食物,然后将这点食物转移到另外的那个坑内,这些猴子倾向于要么坚持在原来的坑内搜寻食物,要么就是在两个坑内胡乱搜寻。它们的工作记忆似乎被损伤了,因而很难抑制旧的搜寻模式(Goldman Rakic, 1992)。

大脑前额皮层参与动作执行,并控制旧习惯的摆脱以实现新目标。前额皮层受损病人最普遍的一个症状就是不恰当的坚持(Gazzaniga, Ivry 和 Mangun, 1998)。大脑发育不全也会产生这种错误。六到八个月的婴儿经常都坚持在他们最后发现物体的地方寻找物体,尽管他们明明看到物体被藏到别的地方了。研究人员认为这种缺乏适应性的坚持与婴儿前额皮层发育的不完善有关(Diamond 和 Goldman Rakic, 1989; Diamond, 1990)。一旦大脑发育成熟,大脑结构就能发挥抑制成功的旧行为模式和倾向的功能,从而帮助婴儿适应新的隐藏情境。

总的来说,抑制毫无疑问是婴儿发展的一个重要作用机制,是取消或阻碍已建立的模式从而使其让位给更具适应性的新模式的作用机制。它是一种基本的压抑作用机制，在婴儿的大脑发育、动作控制和认知等各个发展层次都发挥着作用。就婴儿期的大脑发育而言，正是通过对出生时具有潜在功能的多余细胞进行修整才形成了大脑神经网络。婴儿期的神经网络塑造是一个钝化那些即将死亡的细胞的过程（参见第一章）。神经系统的发展不仅仅是一个增加的过程，也是一个削减的过程。

就婴儿的运动而言，抑制是婴儿压制僵化的无关反应，从而发展以目标为导向的具有变通性的动作的作用机制。抑制机制说明了为什么新生儿的原始条件反射和某些行为倾向如对面孔的关注会明显消失。运动层次的抑制类似于大脑发展中的修整或塑造过程，它们的发展都不仅是一个提高协调性的过程，还同时是一个耗损的过程。

从认知方面来说，婴儿发展的一个重要表现就是婴儿处理混乱信息的能力。认知层面上的抑制表现为整理和删除无关的分散注意的事物，排除错误的问题解决途径，以及控制冲动。正是通过这些过程，抑制对婴儿期的注意的自我克制和适应性计划能力的发展作出了贡献。

机器模拟和联结主义对婴儿发展的阐释

婴儿世界是一个不断变化和进化的世界。要了解婴儿世界，我们需要采用一种发展性解释。那么，这是一种怎样的发展性解释呢？解释婴儿的发展又意味着什么呢？

对这些问题的一个简单回答就是，解释婴儿的发展意味着预测和控制行为的变化并最终塑造发展。根据这个定义，婴儿期研究人员通过控制环境条件并利用不同的强化计划（参见激进行为主义者如华生或斯金纳的研究方法）来了解改变和塑造行为的方式。但是这种回答果真正确吗？

是，也不是。是，因为它确实能够告诉我们什么变化了（在第一时间出现X行为，而在第二时间出现Y行为），它还能告诉我们是如何变化的（通过条件作用机制）以及为什么会变化（源于某一特殊的强化计划）。但是这种解释不能告诉我们这个不断发展的婴儿心理是由什么构成的，它如何随着学习而发展，它是否是通过条件作用或其他作用机制来实现发展。对当代婴儿期研究所关注的大多数问题，行为塑造理论都无法给予回答。

一些研究人员试图采用不同于行为主义的另一种方法来解释婴儿的发展。他们试图通过模拟婴儿心理可能发生的变化，即婴儿心理功能的作用过程以及随婴儿的发展在婴儿的大脑里所发生的变化，来对婴儿世界作出发展性的解释。请注意在行为主义方法中这种尝试是被严格禁止的。行为主义方法只限于在婴儿周围环境中寻找原因。

目前正流行的一种模拟婴儿发展的尝试产生了所谓的学习和发展的联结主义模型。联结主义模型及其语言建立在大脑的现实状况及其最基本的运行方式的基础上：大脑是一个由被激活或未被激活（正反应或负反应）的互相联结的神经元组成的复杂网络。通过按照大脑工作的方式进行计算机编程，人们对行为变化和学习进行了正式的模拟或重演。

根据这一观点，人们用具开/关两极功能的元件来表示神经元，并将它们互相联结构成网络，编入计算机内。联结主义模型的工作原理很简单，每个单元接受来自与其联结的相邻单元的输入信息。就和感觉神经元一样，一些元件接受来自网络系统周围世界的输入信息，另一些元件则接受来自其他元件的输入信息，或促使网络系统周围世界出现一种变化。这种图式模仿了感觉、运动以及大脑实际工作时的中间神经元的活动。

按照这种图式，元件也即人工神经元之间的联结具有特定的权重。在计算机模型中，这些权重就是输入信息在被作为输出信息输送到下一个单元之前进行相乘所得到的实际数字。更重要的是，权重可以根据网络在完成一个既定任务，如辨认一个字母、学习移动一只假手臂去抓一个物体或区分某一特殊物体时是成功还是失败来进行调整。

在这些人工神经元构成的网络里，学习以及行为的变化和发展是通过不断调整每个联结点的权重来实现的。根据系统完成既定任务的成功与失败，程序通过一种学习反馈循环即所谓的对错误的回馈传播来重新调整权重（参见 Elman 等 1996 对联结主义方法的详尽说明)。

联结主义模式的新奇之处是一旦目标确立了,元件之间最初的权重就确定了,错误或成功的回馈传播就能形成,这样系统就能主动地学习可能相当复杂的事物。学习和获得新的认知形式成为系统自身动态的一个自发特征,它们建立在十分简单的作用机制的基础上:输入、输出、权重和反馈循环(回馈传播)。联结主义模型的动人之处在于,简单作用机制的动态作用产生了复杂结果。在发展的某一特殊阶段,在发展的一个特定点上,系统的知识与网络中每个元件的权重相对应。这种权重可能能够达到其发展过程中的某种吸引子状态,但它是一个开放循环的、不断进化的动态系统的一部分。从许多方面来看,它与婴儿的心理世界十分相似。

但是,尽管机器可以根据相当简单的生物学原理(激活、抑制、可变性、对信息网络的修剪和逐步塑造)进行电脑编程以模拟婴儿期所获得的心理技能的自然出现,这种手段也具有很大的局限性。模拟确实能够让我们了解婴儿发展的基本过程,同时它还能证实一些重要的发展原则,如复杂且更高级的行为结构形式可能源于十分简单的作用机制。这表明,与联结主义所述的网络中那些具开/关功能的人工神经元一样简单的相互作用的单元,可以产生出复杂的适应性行为(例如,图案甚至单词识别)。但是,这一模型很难解释形成的新技能在个体发展中,特别是当人类婴儿迈入长辈丰富的文化中时,所具有的地位和意义。

面对当前认知科学家对人工智能模拟大脑的热衷,哲学家约翰·R·塞尔(John R. Searle, 1980;1990)强烈地驳斥了这种用计算机模拟心理的做法。对于模拟人类动作的计算机模型不仅能够重现一个与人类相似的动作,而且还能表征与人类动作、语言行动以及其他有意动作产生(参见 Bruner, 1990 对这个问题的极具说服力的心理学解释)密不可分的心理状态(也即信仰系统和意图性)的这个基本假定,塞尔表示怀疑。塞尔对心理学家利用人工智能作为研究心理生活的工具提出了质疑。只要能设计一台机器产生某种行为,这种行为就能得以阐释,对于这个假设,塞尔不予认同。

如果将这个质疑扩展到描述婴儿学习和发展的联结主义模型,人们可能会问机器模拟产生新行为是否能够充分解释婴儿类似行为的出现。塞尔利用其著名的"中文屋论证"对这个问题提出了质疑：

> "中文屋论证"表明，仅仅执行计算机程序其本身还不足以保证认知的一致性。想象一下，我，一个不懂中文的人，被锁在一个装有能够回答书面提问并提供中文答案的计算机程序的房间里。如果程序设计恰当，我提供的答案可以与那些说中文的人提供的答案一样，但我还是不懂中文。如果我不懂中文，那么任何只是简单地依赖运行程序的计算机也不可能懂。（Searle，1999，第36页）

"中文屋论证"表明，模拟某物并不等于复制某物。例如，你能设计一台学抓三维物体或学习行走的机器人，但它却无法复制婴儿产生这种发展的原因，尤其是无法复制婴儿学习抓物或行走的动机。它也不能揭示这些技能获得背后所潜藏的复杂心理：这种技能的习得是如何发生的，它如何从整体上影响婴儿世界。正如被锁在中文屋的塞尔可以做得很好但却做得毫无意义一样，机器和形式模型只能模拟婴儿及其在发展中的表现，但无法表明这些行为对婴儿及婴儿世界具有什么意义。

等效原则

婴儿世界是一个动态而富有意义的世界。它极具丰富性和多样性，无法仅用一条或几条原则及作用机制来加以解释。

我们必须记住，等效（equifinality）是婴儿发展所遵循的一个基本原则。也就是说，不同的最初条件和发展轨迹都可以达到相同的最终状态。这条原则通常可以运用于动态系统（von Bertalanffy，1968）。它具有深远的意义，并可能成为未来的婴儿世界研究者——那些热切渴望探索最终开放循环且不断进化的动态系统的研究者们——所要研究的重要课题。

一些婴儿在十分贫困的环境中挣扎着生存了下来,另一些婴儿却很难应对良好的生活环境;一些婴儿可能十分善于社会性交流,而另一些婴儿则喜欢一个人探索周围的事物;一些婴儿很早就表现出良好的性格,十分快乐且易被安抚,而另一些婴儿则似乎总是郁郁寡欢,出生头几个月的大部分时间都在哭。我记得我曾在孤儿院做过一项研究,这个孤儿院里的许多婴儿都得到很好的照顾,受到很多的关爱,但他们都等着被领养。一些孤儿显得很快乐,尽管面对痛苦的分别,但他们仍然努力地快乐生活着;另一些孤儿则似乎很害怕,他们显然由于缺少最初照料者的不断关注而受到了伤害。

无论是怎样的孩子,大多数婴儿都将长大,长成健康的学步儿,长成具有创造性、独立性并不断努力的儿童,并最终成为具有良好适应性的成人。那为什么会这样呢?完全不同的最初条件、性格以及其他个人特质怎么最终会产生基本相似的发展结果呢?对这个问题的回答正是婴儿期研究和发展心理学的研究目标。

我认为,等效原则在生命早期就发挥作用的事实表明,婴儿世界是十分广阔的。婴儿有多种发展途径,他们也可以通过多种不同的原则和作用机制成长为学步儿、儿童并最终成为成人。我们确实很难相信(如果不是冒昧)婴儿的发展可以归结为几个能通过计算机加以模拟或能被精确预测的作用机制和过程。事实上,许多过程和作用机制同时发挥作用,从而使得婴儿期能迅速产生许多不同的行为变化。每一婴儿个体都代表了一个可被识别但却与众不同的发展成果,每名婴儿都是多个原因和条件共同作用的结合体。正是这种可变性和稳定性的组合构成了婴儿世界的本质,一个我们几乎才刚刚开始探索的令人好奇的动态世界的本质。

(本章由许冰灵翻译)

参考文献

Abraham, F. D., and A. R. Gilgen. 1995. *Chaos theory in psychology*. Westport, Conn.: Greenwood Press.

Abraham, K. 1927. The influence of oral eroticism on character formation. In *Selected papers of Karl Abraham*. New York: Basic Books.

Adamson, L. B. 1995. Joint attention, affect, and culture. In C. Moore and P. Dunham, eds., *Joint attention: Its origins and role in development*, pp. 205–221. Hillsdale, N.J.: Lawrence Erlbaum Associates.

Adolph, E. F. 1970. Physiological stages in the development of mammals. *Growth* 34: 113–124.

Adolph, K. E. 1997. Learning in the development of infant locomotion. *Monographs of the Society for Research in Child Development* 62(3): 1–140.

Ainsworth, M. D. 1969. Object relations, dependency, and attachment: A theoretical review of the infant-mother relationship. *Child Development* 40(4): 969–1025.

Anisfeld, M. 1991. Neonatal imitation. *Developmental Review* 11(1): 60–97.

Ariès, P. 1962. *Centuries of Childhood*. New York: Knopf, 1962.

Bahrick, L. E., L. Moss, and C. Fadil. 1996. Development of visual self-recognition in infancy. *Ecological Psychology* 8(3): 189–208.

Bahrick, L. E., and J. S. Watson. 1985. Detection of intermodal proprioceptive-visual contingency as a potential basis of self-perception in infancy. *Developmental Psychology* 21(6): 963–973.

Baillargeon, R. 1993. The object concept revisited: New direction in the investigation of infants' physical knowledge. In C. Granrud, ed., *Visual perception and cognition in infancy: Carnegie Mellon symposia on cognition*, pp. 265–315. Hillsdale, N.J.: Lawrence Erlbaum Associates.

Baillargeon, R., E. S. Spelke, and S. Wasserman. 1985. Object permanence in five-month-old infants. *Cognition* 20(3): 191–208.

Baldwin, J. M. [1884] 1925. *Mental development of the child and the race: Methods and processes*. London: Macmillan.

Ball, W. A. 1973. The perception of causality in the infant. Research report 37. Ann Arbor: University of Michigan Department of Psychology.

Banks, M. S., and J. L. Dannemiller. 1987. Infant visual psychophysics. In P. Salapatek and L. B. Cohen, eds., *Handbook of infant perception*, pp. 115–184. New York: Academic Press.

Banks, M. S., and E. Shannon. 1993. Spatial and chromatic visual efficiency in human neonates. In C. Granrud, ed., *Visual perception and cognition in infancy: Carnegie Mellon symposia on cognition*, pp. 1–46. Hillsdale, N. J.: Lawrence Erlbaum Associates.

Baron-Cohen, S. 1995. *Windblindness: An essay on autism and theory of mind*. Cambridge, Mass.: MIT Press.

Basili, J. N. 1976. Temporal and spatial contingencies in the perception of social events. *Journal of Personality and Social Psychology* 33(6): 680–685.

Bertalanffy, L. von. 1968. *General system theory*. New York: George Braziller.

Bertenthal, B. I. 1993. Infants' perception of biomechanical motions: Intrinsic image and knowledge-based constraints. In C. Granrud, ed., *Visual perception and cognition in infancy: Carnegie Mellon symposia on cognition*, pp. 175–214. Hillsdale, N. J.: Lawrence Erlbaum Associates.

Bertenthal, B. I., T. Banton, and A. Bradbury. 1993. Directional bias in the perception of translating patterns. *Perception* 22(2): 193–207.

Bertenthal, B. I., and J. J. Campos. 1984. A reexamination of fear and its determinants on the visual cliff. *Psychophysiology* 21(4): 413–417.

——. 1990. A systems approach to the organizing effects of self-pro-duced locomotion during infancy. *Advances in Infancy Research* 6(6): 1–60.

Bertenthal, B. I., and J. Pinto. 1993. Complementary processes in the perception and production of human movements. In L. B. Smith and E. Thelen, eds., *A dynamic systems approach to development: Applications*, pp. 209–239. Cambridge, Mass.: MIT Press, Bradford Books.

Bertenthal, B. I., D. R. Proffitt, and J. E. Cutting. 1984. Infant sensitivity to figural coherence in biomechanical motions. *Journal of Expermental Child Psychology* 37(2): 213–230.

Bertenthal, B. I., D. R. Proffitt, S. J. Kramer, and N. B. Spetner. 1987. Infants' encoding of kinetic displays varying in relative coherence. *Developmental Psychology* 23(2): 171-178.

Bigelow, A. E. 1998. Infants' sensitivity to familiar imperfect contingencies in social interaction. *Infant Behavior and Development* 21(1): 149-161.

——. 1999. Infants' sensitivity to imperfect contingency in social interaction. In P. Rochat, ed., *Early social cognition: Understanding others in the first months of life*, pp. 137-154. Mahwah, N.J.: Lawrence Erlbaum Associates.

Bjorklund, D. F. 1987. A note on neonatal initation. *Developmental Review* 7(1): 86-92.

Blass, E. M. 1999. The ontogeny of human infant face recognition: Orogustatory, visual, and social influences. In P. Rochat, ed., *Early social cognition: Understanding others in the first months of life*, pp. 35-65. Mahwah, N. J.: Lawrence Erlbaum Associates.

Blass, E. M., and V. Ciaramitaro. 1994. A new look at some old mechanisms in human newborns: Taste and tactile determinants of state, affect, and action. *Monographs of the Society for Research in Child Development* 59(1): v-81.

Blass, E. M., T. J. Fillion, P. Rochat, L. B. Hoffmeyer, et al. 1989. Sensorimotor and motivational determinants of hand-mouth coordination in 1-3-day-old human infants. *Developmental Psychology* 25(6): 963-975.

Blass, E. M., and A. Shah. 1995. Pain-reducing properties of sucrose in human newborns. *Chemical Senses* 20(1): 29-35.

Boesch, C. 1993. Aspects of transmission of tool-use in wild chimpanzees. In K. R. Gibson, ed., *Tools, language and cognition in human evolution*, pp. 171-183. Cambridge: Cambridge University Press.

Bogartz, R. S., Shinskey, J. L., and C. J. Speaker. 1997. Interpreting infant looking: The event set-event set design. *Developmental Psychology* 33(3): 408-422.

Bower, T. G., and J. G. Wishart. 1972. The effects of motor skill on object permanence. *Cognition* 1(2-3): 165-172.

Bruner, J. S. 1969. Eye, hand and mind. In D. Elkind and J. H. Flavell, eds., *Studies in cognitive development: Essays in honor of Jean Piaget*, pp. 223-236. New York: Oxford University Press.

——. 1972. Nature and uses of immaturity. *American Psychologist* 27(8): 687-708.

——. 1983. *Child's Talk*. New York: Norton.

——. 1990. *Acts of meaning*. Cambridge, Mass.: Harvard University Press.

Burns, B., and L. P. Lipsitt. 1991. Behavioral factors in crib death: Toward an understanding of the sudden infant death syndrome. *Journal of Applied Developmental Psychology* 12(2): 159-184.

Bushnell, I. W. R. 1979. Modification of the externality effect in young infants. *Journal of Experimental Child Psychology* 28(2): 211-229.

——. 1998. The origins of face perception. In F. B. G. Simion, ed., *The development of sensory, motor and cognitive capacities in early infancy: From perception to cognition*, pp. 69-86. Hove, Eng.: Psychology Press/ Erlbaum.

Callaghan, T. C. 1999. Early understanding and production of graphic symbols. *Child Development* 70(6): 1314-1324.

Caron, A. J., R. Caron, J. Roberts, and R. Brooks. 1997. Infant sensitivity to deviations in dynamic facial-vocal displays: The role of eye regard. *Developmental Psychology* 33(5): 802-813.

Caron, R. F., A. J. Caron, and R. S. Myers. 1985. Do infants see emotional expressions in static faces? *Child Development* 56(6): 1552-1560.

Carpenter, E. 1975. The tribal terror of self-awareness. In P. Hikins, ed., *Principles of Visual Anthropology*, pp. 56-78. The Hague: Mouton.

Clarkson, M. G., and R. K. Clifton. 1991. Acoustic determinants of newborn orienting. In M. J. S. Weiss and P. R. Zelazo, eds., *Newborn attention: Biological constraints and the influence of experience*, pp. 99-119. Norwood, N. J.: Ablex.

Clifton, R. K., B. A. Morrongiello, J. W. Kulig, and J. M. Dowd. 1981. Newborns' orientation toward sound: Possible implications for cortical development. *Child Development* 52(3): 833-838.

Clifton, R. K., D. W. Muir, D. H. Ashmead, and M. G. Clarkson. 1993. Is visually guided reaching in early infancy a myth? *Child Development* 64(4): 1099-1110.

Clifton, R. K., E. E. Perris, and A. Bullinger. 1991. Infants' perception of auditory space. *Developmental Psychology* 27(2): 187-197.

Clifton, R. K., P. Rochat, R. Y. Litovsky, and E. E. Perris. 1991. Object representation guides infants' reaching in the dark. *Journal of Experimental Psychology: Human Perception and Performance* 17(2): 323-329.

Colombo, J. 1993. *Infant cognition: Predicting later intellectual functioning*. Newbury Park, Calif.: Sage Publications.

Crook, C. K. 1979. The organization and control of infants' sucking. In L. P. Lipsitt and C. C. Spiker, eds., *Advances in Child Development and Behavior*, vol. 14. New

York: Academic Press.

Dannemiller, J. L., and M. S. Banks. 1986. Testing models of early infant habituation: A reply to Slater and Morison. *Merrill-Palmer Quarterly* 32(1): 87–91.

Dantzig, T. [1930]1954. *Number: The language of science*. New York: Free Press.

Darwin, C. B. [1872]1965. *The expression of the emotions in man and animals*. Chicago: University of Chicago Press.

DeCasper, A. J., and W. P. Fifer. 1980. Of human bonding: Newborns prefer their mothers' voices. *Science* 208(4448): 1174–1176.

DeCasper, A. J., J.-P. Lecanuet, M.-C. Busnel, C. Granier-Deferre, et al. 1994. Fetal reactions to recurrent maternal speech. *Infant Behavior and Development* 17(2): 159–164.

DeCasper, A. J., and M. J. Spence. 1991. Auditorily mediated behavior during the perinatal period: A cognitive view. In M. J. S. Weiss and P. R. Zelazo, eds., *Newborn attention: Biological constraints and the influence of experience*, pp. 142–176. Norwood, N.J.: Ablex.

DeLoache, J. S. 1995. Early understanding and use of symbols: The model model. *Current Directions in Psychological Science* 4(4): 109–113.

D'Entremont, B., S. M. J. Hains, and D. W. Muir. 1997. A demonstration of gaze following in 3- to 6-month-olds. *Infant Behavior and Development* 20(4): 569–572.

de Vries, P. I. P., G. H. A. Visser, and H. F. R. Prechtl. 1984. Fetal motility in the first half of pregnancy, pp. 46–64. In H. F. R. Prechtl, ed., *Continuity of Neural Functions from Prenatal to Postnatal Life*.

Diamond, A. 1990. The development and neural bases of memory functions as indexed by the AB and delayed response tasks in human infants and infant monkeys. *Annals of the New York Academy of Sciences* 608: 267–317.

Diamond, A., and P. S. Goldman-Rakic. 1989. Comparison of human infants and rhesus monkeys on Piaget's A not B task: Evidence for dependence on dorsolateral prefrontal cortex. *Experimental Brain Research* 74: 271–294.

Dittrich, W. H., and S. E. G. Lea. 1994. Visual perception of intentional motion. *Perception* 23(3): 253–268.

Donald, M. 1991. *Origins of the modern mind: Three stages in the evolution of culture and cognition*. Cambridge, Mass.: Harvard University Press.

Eimas, P. D., and P. C. Quinn. 1994. Studies on the formation of perceptually based basic-level categories in young infants. *Child Development* 65(3): 903-917.

Eimas, P. D., E. R. Siqueland, P. Jusczyk, and J. Vigorito. 1971. Speech perception in infants. *Science* 171(3968): 303-306.

Ekman, P. 1994. Strong evidence for universals in facial expressions: A reply to Russell's mistaken critique. *Psychological Bulletin* 115(2): 268-287.

Ekman, P., R. W. Levenson, and W. V. Friesen. 1983. Autonomic nervous system activity distinguishes among emotions. *Science* 221(4616): 1208-1210.

Elman, J. L., E. A. Bates, M. H. Johnson, A. Karmiloff-Smith, et al. 1996. *Rethinking innateness: A connectionist perspective on development*. Cambridge, Mass.: MIT Press.

Franz, R. L., 1964. Visual experience in infants: Decreased attention to familiar patterns relative to novel ones. *Science* 146(12): 668-670.

Fantz, R. L., and J. F. Fagan. 1975. Visual attention to size and number of pattern details by term and preterm infants during the first six months. *Child Development* 46(1): 3-18.

Fernald, A. 1989. Intonation and communicative intent in mothers' speech to infants: Is the melody the message? *Child Development* 60(6): 1497-1510.

Field, J. 1976. The adjustment of reaching behavior to object distance in early infancy. *Child Development* 47(1): 304-308.

Field, T. M., R. Woodson, R. Greenberg, and D. Cohen. 1982. Discrimination and imitation of facial expressions by neonates. *Science* 218(4568): 179-181.

Fogel, A. 1993. *Developing through relationships: Origins of communication, self, and culture*. Chicago: University of Chicago Press.

Freud, S. [1905]1962. Three essays on the theory of sexuality. New York: Norton.

Frye, D. 1991. The origins of intention in infancy. In D. M. C. Frye, ed., *Children's theories of mind: Mental states and social understanding*, pp. 15-38. Hillsdale, N. J.: Lawrence Erlbaum Associates.

Gallistel, C. R. 1990. *The organization of learning*. Cambridge, Mass.: MIT Press.

Gallistel, C. R., and R. Gelman. 1990. The what and how of counting. *Cognition* 34(2): 197-199.

———. 1991. Subitizing: The preverbal counting process. In W. O. A. Kessen, ed., *Memories, thoughts, and emotions: Essays in honor of George Mandler*, pp. 65-81. Hillsdale, N.J.: Lawrence Erlbaum Associates.

Gallup, G. G. 1971. It's done with mirrors: Chimps and self-concept. *Psychology Today*

4(10): 58-61.

Gazzaniga, M.S., R.B. Ivry, and G.R. Mangun. 1998. *Cognitive neuroscience: The biology of mind*. New York: Norton.

Gelman, R. 1991. Epigenetic foundations of knowledge structures: Initial and transcendent constructions. In S.G.R. Carey, ed., *The epigenesis of mind: Essays on biology and cognition*, pp. 293-322. Hillsdale, N.J.: Lawrence Erlbaum Associates.

Gergely, G., and J.S. Watson. 1996. The social biofeedback theory of parental affect-mirroring: The development of emotional self-awareness and self-control in infancy. *International Journal of Psycho-Analysis* 77(6): 1181-1212.

———. 1999. Early socio-emotional development: Contingency perception and the social-biofeedback model. In P. Rochat, ed., *Early social cognition: Understanding others in the first months of life*, pp. 101-136. Mahwah, N.J.: Lawrence Erlbaum Associates.

Gibson, E.J. 1969. *Principles of perceptual learning and development*. New York: Appleton-Century-Crofts.

———. 1988. Exploratory behavior in the development of perceiving, acting, and the acquiring of knowledge. *Annual Review of Psychology* 39: 1-41.

———. 1991. *An odyssey in learning and perception*. Cambridge, Mass: MIT Press.

Gibson, E.J., and A.S. Walker. 1984. Development of knowledge of visualtactual affordances of substance. *Child Development* 55(2): 453-460.

Gibson, J.J. 1950. *The perception of the visual world*. Boston: Houghton Mifflin.

———. 1966. *The senses considered as perceptual systems*. Boston: Houghton Mifflin.

———. 1979. *The ecological approach to visual perception*. Boston: Houghton Mifflin.

Gleick, J. 1987. *Chaos: The making of a science*. New York: Viking.

Goldfield, E.C. 1993. Dynamic systems in development: Action systems. In L.B.T.E. Smith, ed., *A dynamic systems approach to development: Applications*, pp. 51-70. Cambridge, Mass.: MIT Press, Bradford Books.

———. 1995. *Emergent forms: Origins and early development of human action and perception*. New York: Oxford University Press.

Goldman-Rakic, P.S. 1992. Working memory and the mind. *Scientific American* 267 (17): 111-117.

Goodale, M.A., and A.D. Milner. 1992. Separate visual pathways for perception and action. *Trends in Neurosciences* 15(1): 20-25.

Goodale, M. A., A. D. Milner, L. S. Jakobson, and D. P. Carey. 1991. A neurological dissociation between perceiving objects and grasping them. *Nature* 349(6305): 154–156.

Gottlieb, G. 1971. Ontogenesis of sensory functions in birds and mammals. In E. Tobach, L. R. Aronson, and E. Shaw, eds., *The biopsychology of development*, pp. 67–128. New York: Academic Press.

Gould, S. J. 1977. *Ontogeny and phylogeny*. Cambridge, Mass.: Harvard University Press.

Gustafson, G. E. 1984. Effects of the ability to locomote on infants' social and exploratory behaviors: An experimental study. *Developmental Psychology* 20(3): 397–405.

Hains, S. M. J., and D. W. Muir. 1996a. Effects of stimulus contingency in infant-adult interactions. *Infant Behavior and Development* 19(1): 49–61.

——. 1996b. Infant sensitivity to adult eye direction. *Child Development* 67(5): 1940–1951.

Haith, M. M. 1980. *Rules that babies look by*. Hillsdale, N. J.: Lawrence Erlbaum Associates.

——. 1998. Who put the cog in infant cognition? Is rich interpretation too costly? *Infant Behavior and Development* 21(2): 167–179.

Haith, M. M., T. Bergman, and M. J. Moore. 1977. Eye contact and face scanning in early infancy. *Science* 198(4319): 853–855.

Hala, S., ed. 1997. *The development of social cognition*. Hove, Eng.: Psychology Press/Erlbaum/Taylor and Francis.

Hamburger, F. 1975. Cell death in the development of the lateral motor column of the chick embryo. *Journal of Comparative Neurology* 160: 535–546.

Harris, P. 1991. The work of the imagination. In A. Whiten, ed., *Natural Theories of Mind*, pp. 283–304. Oxford: Blackwell.

Hatfield, E., J. T. Cacioppo, and R. L. Rapson. 1994. *Emotional contagion*. New York and Paris: Cambridge University Press and Editions de la Maison des Sciences de l'Homme.

Heider, F., and S. Simmel. 1944. An experimental study of apparent behavior. *American Journal of Psychology* 57: 243–259.

Hespos, S. J., and P. Rochat. 1997. Dynamic mental representation in infancy. *Cognition* 64(2): 153–188.

Hobson, R. P. 1993. *Autism and the development of mind*. Hove, Eng.: Lawrence Erlbaum Associates.

Hood, B. M., J. D. Willen, and J. Driver. 1998. Adult's eyes trigger shifts of visual attention in human infants. *Psychological Science* 9(2): 131-134.

Johansson, G. 1973. Visual perception of biological motion and a model for its analysis. *Perception and Psychophysics* 14(2): 201-211.

———. 1977. Studies on visual perception of locomotion. *Perception* 6(4): 365-376.

Johnson, M. H., ed. 1993. *Brain development and cognition: A reader*. Oxford, Eng.: Blackwell.

Jones, S. S. 1996. Imitation or exploration? Young infants 'matching of adults' oral gestures. *Child Development* 67(5): 1952-1969.

Jusczyk, P. W. 1985. The high-amplitude sucking technique as a methodological tool in speech perception research. In G. K. N. A. Gottlieb, ed., *Measurement of audition and vision in the first year of postnatal life: A methodological overview*, pp. 195-222. Norwood, N. J.: Ablex.

———. 1997. *The discovery of spoken language*. Cambridge, Mass.: MIT Press.

Kagan, J. 1984. *The nature of the child*. New York: Basic Books.

———. 1991. Continuity and discontinuity in development. In S. E. H. W. S. Brauth, ed., *Plasticity of development*, pp. 11-26. Cambridge, Mass.: MIT Press.

———. 1998a. Is there a self in infancy? In M. D. S. R. J. Ferrari, ed., *Selfawareness: Its nature and development*, pp. 137-147. New York: Guilford Press.

———. 1998b. *Three seductive ideas*. Cambridge, Mass.: Harvard University Press.

Kagan, J., and N. Snidman. 1991. Temperamental factors in human development. *American Psychologist* 46(8): 856-862.

Kagan, J., N. Snidman, D. Arcus, and J. S. Reznick. 1994. *Galen's prophecy: Temperament in human nature*. New York: Basic Books.

Kalnins, I. V., and J. S. Bruner. 1973. The coordination of visual observation and instrumental behavior in early infancy. *Perception* 2(3): 307-314.

Karmiloff-Smith, A. 1992. *Beyond modularity: A developmental perspective on cognitive science*. Cambridge, Mass.: MIT Press.

Kaye, K. 1982. *The mental and social life of babies*. Chicago: University of Chicago Press.

Kermoian, R., and J. J. Campos. 1988. Locomotor experience: A facilitator of spatial cognitive development. *Child Development* 59(4): 908-917.

Kessen, W. 1965. *The Child*. New York: Wiley.

Killen, M., and I. C. Uzgiris. 1981. Imitation of actions with objects: The role of social meaning. *Journal of Genetic Psychology* 138(2): 219–229.

Kobayashi, H., and S. Kohshima. 1997. Unique morphology of the human eye. *Nature* 387(6635): 767–768.

Kuhl, P. K. 1993. Innate predispositions and the effects of experience in speech perception: The Native Language Magnet theory. In B. de Boysson-Bardieu, ed., *Developmental neurocognition: Speech and face processing in the first year of life. NATO ASI series D: Behavioural and social sciences*, vol. 69, pp. 259–274. Dordrecht, Netherlands: Kluwer Academic Publishers.

Legerstee, M., D. Anderson, and A. Schaffer. 1998. Five-and eight-month-old infants recognize their faces and voices as familiar and social stimuli. *Child Development* 69 (1): 37–50.

Leslie, A. M. 1984. Spatiotemporal continuity and the perception of causality in infants. *Perception* 13(3): 287–305.

——. 1994. ToMM, ToBy, and Agency: Core architecture and domain specificity. In L. A. G. S. A. Hirschfeld, ed., *Mapping the mind: Domain specificity in cognition and culture*, pp.119–148. New York: Cambridge University Press.

Lewis, M. 1992. *Shame: The exposed self*. New York: Free Press.

Lewis, M., and J. Brooks-Gunn. 1979. *Social cognition and the acquisition of self*. New York: Plenum Press.

Lewis, M., M. W. Sullivan, and J. Brooks-Gunn. 1985. Emotional behaviour during the learning of a contingency in early infancy. *British Journal of Developmental Psychology* 3(3): 307–316.

Lipsitt, L. P. 1979a. Critical conditions in infancy: A psychological perspective. *American Psychologist* 34(10): 973–980.

——. 1979b. The pleasure and annoyances of infants: Approach and avoidance behavior. In E. B. Thoman, *Origins of the infant's social responsiveness*, pp. 125–153. Hillsdale, N.J.: Lawrence Erlbaum Associates.

Lipsitt, L. P., et al. 1981. Perinatal indicators of Sudden Infant Death Syndrome: A study of thirty-four Rhode Island cases. *Journal of Applied Developmental Psychology* 2(1): 79–88.

Locke, John. 1692. *Some thoughts concerning education*. Printed for A. and J. Churchill.

Mahler, M. S., F. Pine, and A. Bergman. 1975. *The psychological birth of the human infant: Symbiosis and individuation*. New York: Basic Books.

Mandler, J. M. 1992. How to build a baby: II. Conceptual primitives. *Psychological Review* 99(4): 587–604.

———. 1997. Development of categorisation: Perceptual and conceptual categories. In G. S. A. Bremner, ed., *Infant development: Recent advances*, pp. 163–189. Hove, Eng.: Psychology Press/Erlbaum/Taylor and Francis.

Marlier, L., B. Schaal, and R. Soussignan. 1998. Neonatal responsiveness to the odor of amniotic and lacteal fluids: A test of perinatal chemosensory continuity. *Child Development* 69(3): 611–623.

Maurer, D. 1985. Infants' perception of faceness. In T. N. Field and N. Fox, eds., *Social Perception in Infants*, pp. 37–66. Hillsdale, N. J.: Lawrence Erlbaum Associates.

Maurer, D., and P. Salapatek. 1976. Developmental changes in the scanning of faces by young infants. *Child Development* 47(2): 523–527.

McGraw, M. B. 1943. *The neuromuscular maturation of the human infant*. New York: Columbia University Press.

Mead, G. H. 1934. *Mind, self and society*. Chicago: University of Chicago Press.

Meltzoff, A. N. 1990a. Foundations for developing a concept of self: The role of imitation in relating self to other and the value of social mirroring, social modeling, and self practice in infancy. In D. B. M. Cicchetti, ed., *The self in transition: Infancy to childhood*, pp. 139–164. Chicago: University of Chicago Press.

———. 1990b. Infant imitation and memory: Nine-month-olds in immediate and deferred tests. In S. H. M. E. Chess, ed., *Annual progress in child psychiatry and child development*, 1989, pp. 3–17. New York: Brunner/Mazel.

———. 1995. Understanding the intentions of others: Re-enactment of intended acts by eighteen-month-old children. *Developmental Psychology* 31(5): 838–850.

Meltzoff, A. N., and R. W. Borton. 1979. Intermodal matching by human neonates. *Nature* 282(5737): 403–404.

Meltzoff, A. N., and M. K. Moore. 1977. Imitation of facial and manual gestures by human neonates. *Science* 198(4312): 75–78.

———. 1992. Early imitation within a functional framework: The importance of person identity, movement, and development. *Infant Behavior and Development* 15(4): 479–505.

———. 1997. Explaining facial imitation: A theoretical model. *Early Development and Parenting* 6(3-4): 179-192.

Michotte, A. 1963. *The perception of causality*. London: Methuen.

Montagu, A. 1961. Neonatal and infant immaturity in man. *Journal of the American Medical Association* 178(23): 56-57.

———. 1964. *Life before Birth*. New York: The New American Library.

Morgan, R., and P. Rochat. 1997. Intermodal calibration of the body in early infancy. *Ecological Psychology* 9(1): 1-23.

Morton, J., and M. H. Johnson. 1991. CONSPEC and CONLERN: A twoprocess theory of infant face recognition. *Psychological Review* 98(2): 164-181.

Muir, D., and S. Hains. 1999. Young infants' perception of adult intentionality: Adult contingency and eye direction. In P. Rochat, ed., *Early social cognition: Understanding others in the first months of life*, pp. 155-187. Mahwah, N.J.: Lawrence Erlbaum Associates.

Murray, L., and C. Trevarthen. 1985. Emotional regulation of interactions between two-month-olds and their mothers. In T. M. Field and N. A. Fox, eds., *Social perception in infants*, pp. 177-197. Norwood, N.J.: Ablex.

Nadel, J., I. Carchon, C. Kervella, D. Marcelli, and D. Réserbat-Plantey. 1999. Expectancies for social contingency in two-month-olds. *Developmental Science* 2(2): 164-174.

Neisser, U. 1991. Two perceptually given aspects of the self and their development. *Developmental Review* 11(3): 197-209.

———. 1995. Criteria for an ecological self. In P. Rochat, ed., *The self in infancy: Theory and research*, pp. 17-34. Amsterdam: North-Holland/Elsevier.

Nelson, C. A. 1987. The recognition of facial expressions in the first two years of life: Mechanisms of development. *Child Development* 58(4): 889-909.

Oakes, L. M., and L. B. Cohen. 1990. Infant perception of a causal event. *Cognitive Development* 5(2): 193-207.

Papousek, H. 1992. Experimental studies of appetitional behavior in human newborns and infants. *Advances in Infancy Research* 7: xix-liii.

Papousek, H., and M. Papousek. 1974. Mirror image and self-recognition in young human infants, vol. 1: A new method of experimental analysis. *Developmental Psychobilolgy* 7(2): 149-157.

———. 1987. Intuitive parenting: A dialectic counterpart to the infant's integrative competence. In J. D. Osofsky, ed., *Handbook of infant development*, 2d ed., pp. 669–720. New York: John Wiley and Sons.

Piaget, J. 1952. *The origins of intelligence in children*. New York: International Universities Press.

——. 1954. *The construction of reality in the child*. New York: Basic Books.

——. 1962. *Play, dreams and imitation in childhood*. New York: Norton.

Povinelli, D. J. 1995. The unduplicated self. In P. Rochat, ed., *The self in infancy: Theory and research*, pp. 161–192. Amsterdam: North-Holland/Elsevier.

Perchtl, H. F. R. 1984. *Continuity of neural functions: From prenatal to postnatal life*. Oxford: Blackwell Scientific Publications.

——. 1987. Prenatal development of postnatal behavior. In H. S. H. -C. Rauh, ed., *Psychobiology and early development*, pp. 231–238. Amsterdam: North-Holland.

Rochat, P. 1983. Oral touch in young infants: Response to variations of nipple characteristics in the first months of life. *International Journal of Behavioral Development* 6(2): 123–133.

——. 1987. Mouthing and grasping in neonates: Evidence for the early detection of what hard or soft substances afford for action. *Infant Behavior and Development* 10(4): 435–449.

——. 1989. Object manipulation and exploration in two-to five-month-old infants. *Developmental Psychology* 25(6): 871–884.

——. 1992. Self-sitting and reaching in five-to eight-month-old infants: The impact of posture and its development on early eye-hand coordination. *Journal of Motor Behavior* 24(2): 210–220.

——. 1993. Hand-mouth coordination in the newborn: Morphology, determinants, and early development of a basic act. In G. J. P. Savelsbergh, ed., *The development of coordination in infancy*, pp. 265–288. Amsterdam: North-Holland/Elsevier.

——. 1997. Early development of the ecological self. In C. Z. -G. P. Dent-Read, ed., *Evolving explanations of development: Ecological approaches to organism-environment systems*, pp. 91–121. Washington, D. C.: American Psychological Association.

——. 1998. Self-perception and action in infancy. *Experimental Brain Research* 123: 102–109.

——, ed. 1999a. *Early social cognition: Understanding others in the first months of life*.

——. 1999b. Direct perception and representation in infancy. In R. Fivush, G.

Winograd, and W. Hirst, eds., *Ecological approach to Cognition : Essays in Honor of Ulric Neisser*. Hillsdale, N.J.: Lawrence Erlbaum Associates.

——. 2001a. The ego function of early imitation. In A. N. Meltzoff and W. Prinz, eds., *The Imitative Mind*. Cambridge University Press.

——. 2001b. Origins of self-concept. In G. Bremner and A. Fogel, *Blackwell Handbook of Infancy Research*. Oxford: Blackwell Publishers.

Rochat, P., E. M. Blass, and L. B. Hoffmeyer. 1988. Oropharyngeal control of hand-mouth coordination in newborn infants. *Developmental Psychology* 24(4): 459–463.

Rochat, P., and N. Goubet. 1995. Development of sitting and reaching in five-to six-month-old infants. *Infant Behavior and Development* 18(1): 53–68.

Rochat, P., N. Goubet, and S. J. Senders. 1999. To reach or not to reach? Perception of body effectivities by young infants. *Infant and Child Development* 8(3): 129–148.

Rochat, P., and S. J. Hespos. 1996. Tracking and anticipation of invisible spatial transformation by four-to eight-month-old infants. *Cognitive Development* 11(1): 3–17.

——. 1997. Differential rooting response by neonates: Evidence for an early sense of self. *Early Development and Parenting* 6(3–4): 105–112.

Rochat, P., and R. Morgan. 1995. Spatial determinants in the perception of self-produced leg movements in three-to five-month-old infants. *Developmental Psychology* 31(4): 626–636.

Rochat, P., R. Morgan, and M. Carpenter. 1997. Young infants' sensitivity to movement information specifying social causality. *Cognitive Development* 12(4): 441–465.

Rochat, P., U. Neisser, and V. Marian. 1998. Are young infants sensitive to interpersonal contingency? *Infant Behavior and Development* 21(2): 355–366.

Rochat, P., J. G. Querido, and T. Striano. 1999. Emerging sensitivity to the timing and structure of protoconversation in early infancy. *Developmental Psychology* 35(4): 950–957.

Rochat, P., and S. J. Senders. 1991. Active touch in infancy: Action systems in development. In M. J. S. Weiss and P. R. Zelazo, eds., *Newborn attention : Biological constraints and the influence of experience*, pp. 412–442. Norwood, N.J.: Ablex.

Rochat, P., and T. Striano. 1999a. Social-cognitive development in the first year. In P. Rochat, ed., *Early social cognition : Understanding others in the first months of life*, pp. 3 - 34. Mahwah, N. J.: Lawrence Erlbaum Associates.

———. 1999b. Emerging self-exploration by two-month-old infants. *Developmental Science* 2: 206 - 218.

Rochat, P., T. Striano, and L. Blatt. 2001. Differential effects of happy, neutral, and sad still-faces on two-, four-, and six-month-old infants. *Infant and Child Development*.

Rochat, P., T. Striano, and R. Morgan. Submitted. Who is doing what to whom? Young infants' sense of social causality in animated displays.

Rogoff, B. 1990. *Apprenticeship in thinking: Cognitive development in social context*. New York: Oxford University Press.

Rovee-Collier, C. 1987. Learning and memory in infancy. In J. D. Osofsky, ed., *Handbook of infant development*, 2d ed., pp. 98 - 148. New York: John Wiley and Sons.

Ruff, H. A., and M. K. Rothbart. 1996. *Attention in early development: Themes and variations*. New York: Oxford University Press.

Schaal, B., L. Marlier, and R. Soussignan. 1998. Olfactory function in the human fetus: Evidence from selective neonatal responsiveness to the odor of amniotic fluid. *Behavioral Neuroscience* 112(6): 1438 - 1449.

Searle, J. R. 1980. Minds, brains, and programs. *Behavioral and Brain Sciences* 3(3): 417 - 457.

———. 1983. Intentionality: An essay in the philosophy of mind. Cambridge: Cambridge University Press.

———. 1990. Minds, brains, and programs. In M. A. Boden, ed., *The philosophy of artificial intelligence*, pp. 67 - 88. Oxford: Oxford University Press.

———. 1999. Can computers make us immortal? *New York Review of Books* 46. no. 6 (April): 34 - 38.

Siegler, R. S. 1996. *Emerging minds: The process of change in children's thinking*. New York: Oxford University Press.

Simon, T. J. 1997. Reconceptualizing the origins of number knowledge: A "non-numerical"account. *Cognitive Development* 12(3): 349 - 372.

Simon, T. J., S. J. Hespos, and P. Rochat. 1995. Do infants understand simple arithmetic? A replication of Wynn (1992). *Cognitive Development* 10(2): 253 - 269.

Siqueland, E. R., and C. A. DeLucia. 1969. Visual reinforcement of nonnutritive sucking in human infants. *Science* 165(3898): 1144 - 1146.

Slater, A. 1997. Visual perception and its organisation in early infancy. In G. S. A. Bremner, ed., *Infant development: Recent advances*, pp. 31 – 53. Hove, Eng.: Psychology Press/Erlbaum/Taylor and Francis.

Slater, A., and G. Butterworth. 1997. Perception of social stimuli: Face perception and imitation. In G. S. A. Bremner, ed., *Infant development: Recent advances*, pp. 223 – 245. Hove, Eng.: Psychology Press/ Erlbaum/Taylor and Francis.

Slater, A., D. Rose, and V. Morison. 1984. Newborn infants' perception of similarities and differences between two-and three-dimensional stimuli. *British Journal of Developmental Psychology* 2(4): 287 – 294.

Smith, L. B. 1995. Self-organizing process in learning to use words: Development is not induction. *Minnesota symposium on child psychology*, vol. 28. Mahwah, N. J.: Lawrence Erlbaum Associates.

Smith, L. B., and E. Thelen, eds. 1993. *A dynamic systems approach to development: Applications*. Cambridge, Mass.: MIT Press.

Sorce, J. F., R. N. Emde, J. J. Campos, and M. D. Klinnert. 1985. Maternal emotional signaling: Its effect on the visual cliff behavior of one-year-olds. *Developmental Psychology* 21(1): 195 – 200.

Soussignan, R., B. Schaal, L. Marlier, and T. Jiang. 1997. Facial and autonomic responses to biological and artificial olfactory stimuli in human neonates: Re-examining early hedonic discrimination of odors. *Physiology and Behavior* 62(4): 745 – 758.

Spelke, E. S. 1985. Preferential-looking methods as tools for the study of cognition in infancy. In G. K. N. A. Gottlieb, ed., *Measurement of audition and vision in the first year of postnatal life: A methodological overview*, pp. 323 – 363. Norwood, N. J.: Ablex.

——. 1991. Physical knowledge in infancy: Reflections on Piaget's theory. In S. G. R. Carey, ed., *The epigenesis of mind: Essays on biology and cognition*, pp. 133 – 169. Hillsdale, N. J.: Lawrence Erlbaum Associates.

——. 1998. Nativism, empiricism, and the origins of knowledge. *Infant Behavior and Development* 21(2): 181 – 200.

Spelke, E. S., K. Breinlinger, J. Macomber, and K. Jacobson. 1992. Origins of knowledge. *Psychological Review* 99(4): 605 – 632.

Spitz, R. A. 1965. *The first year of life: A psychoanalytic study of normal and deviant development of object relations*. New York: Basic Books.

Stern, D. 1985. *The interpersonal world of the infant*. New York: Basic Books.

Striano, T., and P. Rochat. 1999. Developmental link between dyadic and triadic social competence in infancy. *British Journal of Developmental Psychology* 17(4): 551–562.

Striano, T., M. Tomasello, and P. Rochat. 2001. Social and object support for early symbolic play. *Developmental Science*.

Symons, L. A., S. M. J. Hains, and D. W. Muir. 1998. Look at me: Five-month-old infants' sensitivity to very small deviations in eye-gaze during social interactions. *Infant Behavior and Development* 21(3): 531–536.

Teller, D. Y., and M. H. Bornstein. 1987. Infant color vision and color perception. In P. Salapatek and L. Cohen, eds., *Handbook of infant perception: From sensation to perception*, pp. 185–236. New York: Academic Press.

Thelen, E., D. Corbetta, K. Kamm, J. P. Spencer, et al. 1993. The transition to reaching: Mapping intention and intrinsic dynamics. *Child Development* 64(4): 1058–1098.

Thelen, E., and D. M. Fisher. 1982. Newborn stepping: An explanation for a "disappearing" reflex. *Developmental Psychology* 18(5): 760–775.

——. 1983. The organization of spontaneous leg movements in newborn infants. *Journal of Motor Behavior* 15(4): 353–382.

Thelen, E., K. D. Skala, and J. S. Kelso. 1987. The dynamic nature of early coordination: Evidence from bilateral leg movements in young infants. *Developmental Psychology* 23(2): 179–186.

Thelen, E., and L. B. Smith. 1994. *A dynamic systems approach to the development of cognition and action*. Cambridge, Mass.: MIT Press.

Tipper, S. P. 1992. Selection of action: The role of inhibitory mechanisms. *Current Directions in Psychological Science* 1: 105–109.

Tomasello, M. 1995. Joint attention as social cognition. In C. J. Moore and P. Dunham, eds., *Joint attention: Its origins and role in development*, pp. 103–130. Hillsdale, N. J.: Lawrence Erlbaum Associates.

——. 1999. *The cultural origins of human cognition*. Cambridge, Mass.: Harvard University Press.

Tomasello, M., and J. Call. 1997. *Primate cognition*. New York: Oxford University Press.

Tomasello, M., and M. J. Farrar. 1986. Joint attention and early language. *Child*

Development 57(6): 1454-1463.

Tomasello, M., A.C. Kruger, and H.H. Ratner. 1993. Cultural learning. *Behavioral and Brain Sciences* 16(3): 495-552.

Tomasello, M., T. Striano, and P. Rochat. 1999. Do young children use objects as symbols? *British Journal of Developmental Psychology* 17(4): 563-584.

Trevarthen, C., and P. Hubley. 1978. Secondary intersubjectivity: Confidence, confiding and acts of meaning in the first year. In A. Lock, ed., *Action, gesture and symbol*, pp.183-239. New York: Academic Press.

Trevathan, W.R. 1987. *Human birth: An evolutionary perspective*. Hawthorne, N.Y.: Aldine de Gruyter.

Tronick, E.Z., H. Als, L. Adamson, S. Wise, and T.B. Brazelton. 1978. The infant's response to entrapment between contradictory message in face-to-face interaction. *Journal of the American Academy of Child Psychiarty* 17: 1-13.

Uzgiris, I.C. 1999. Imitation as activity: Developmental aspects. In J.B.G. Nadel, ed., *Imitation in infancy: Cambridge studies in cognitive perceptual development*, pp.186-206. New York: Cambridge University Press.

Van Wulfften Palthe, T.W., and B. Hopkins. 1993. Development of the infant's social competence during early face-to-face interaction: A longitudinal study. *Journal of Child Psychology and Psychiatry and Allied Disciplines* 34: 1031-1041.

Vauclair, J., and K. Bard. 1983. Development of manipulations with objects in ape and human infants. *Journal of Human Evolution* 12: 631-645.

Vecera, S.P., and M.H. Johnson. 1995. Gaze detection and the cortical processing of faces: Evidence from infants and adults. *Visual Cognition* 2: 59-87.

von Hofsten, C., 1982. Eye-hand coordination in newborns. *Developmental Psychology* 18: 450-461.

von Hofsten, C., and S. Fazel-Zandy. 1984. Development of visually guided hand orientation in reaching. *Journal of Experimental Child Psychology* 38: 208-219.

von Hofsten, C., and K. Lindhagen. 1979. Observations on the development of reaching for moving objects. *Journal of Experimental Child Psychology* 28: 158-173.

von Hofsten, C., and L. Rönnqvist. 1988. Preparation for grasping an object: A developmental study. *Journal of Experimental Psychology: Human Perception and Performance* 14: 610-621.

Vygotsky. L. 1978. *Mind in society: The development of higher psychological processes*, ed. M. Cole. Cambridge, Mass.: Harvard University Press.

de Waal, F. 1996. *Good natured: The origins of right and wrong in humans and other animals*. Cambridge, Mass.: Harvard University Press.

Walton, G. E., N. J. Bower, and T. G. Bower. 1992. Recognition of familiar faces by newborns. *Infant Behavior and Development* 15(2): 265-269.

Watson, J. B. [1924]1970. *Behaviorism*. New York: W. W. Norton.

——. 1928. *Psychological care of infant and child*. New York: Norton.

Watson, J. S. 1972. Smiling, cooing, and "The Game." *Merill-Palmer Quarterly* 18(4): 323-340.

——. 1995. Self-orientation in early infancy: The general role of contingency and the specific case of reaching to the mouth. In P. Rochat, ed., *The self in infancy: Theory and research*, pp. 375-393. Amsterdam: North-Holland/ Elsevier.

Weiss, M. J., P. R. Zelazo, and I. U. Swain. 1988. Newborn response to auditory stimulus discrepancy. *Child Development* 59(6): 1530-1541.

Whiten, A., and D. Custance. 1996. Studies of imitation in chimpanzees and children. In C. M. G. B. G. Heyes, Jr., ed., *Social learning in animals: The roots of culture*, pp. 291-318. San Diego: Academic Press.

Wiesel, T. N., and D. H. Hubel. 1965. Comparison of the effects of unilateral and bilateral eye closure on cortical unit responses in kittens. *Journal of Neurophysiology* 28: 1029-1040.

Wimmer, H., and J. Perner. 1983. Beliefs about beliefs: Representation and constraining function of wrong beliefs in young children's understanding of deception. *Cognition* 13(1): 103-128.

Wolff, P. H. 1987. *The development of behavioral states and the expression of emotions in early infancy: New proposals for investigation*. Chicago: University of Chicago Press.

——. 1993. Behavioral and emotional states in infancy: A dynamic perspective. In L. B. T. E. Smith, ed., *A dynamic systems approach to development: Applications*, pp. 189-208. Cambridge, Mass: MIT Press, Bradford Books.

Wynn, K. 1992. Addition and subtraction by human infants. *Nature* 358(6389): 749-750.

Yonas, A., M. E. Arterberry, and C. E. Granrud. 1987. Four-month-old infants' sensitivity to binocular and kinetic information for three-dimensional-object shape. *Child Development* 58(4): 910-917.

Yonas, A., and C. A. Granrud. 1985. Reaching as a measure of infants' spatial perception. In G. K. N. A. Gottlieb, ed., *Measurement of audition and vision in the first year of postnatal life: A methodological overview*, pp. 301–322. Norwood, N. J.: Ablex.

索引

A

卡尔·亚伯拉罕,第 54 页	Abraham, Karl, 54
抽象,第 115 页	Abstraction, 115
顺应,第 204—206 页	Accommodation, 204-206
动作系统,第 52、71、184 页	Action systems, 52, 71, 184
自我定向的动作,第 50—55 页	self-oriented action, 50-55
运动,第 63—64 页	locomotion, 63-64
物体,第 122—125 页	objects and, 122-125
预适应的,第 176—180 页,第 213 页	preadapted, 176-180, 213
动作理论,第 91—96 页,第 121 页	Action theories, 91-96, 121
主动的跨通道匹配(AIM),第 220 页	Active intermodal matching (AIM), 220
适应,第 129 页,第 205—206 页	Adaptation, 129, 205-206
E·F·阿道夫,122 页	Adolph, E. F., 122
情感,第 41、130、136 页	Affects, 41, 130, 136
可知度,第 122—125 页	Affordances, 122-125
AIM(主动的跨通道匹配),第 220 页	AIM (active intermodal matching), 220
模拟条件,第 60—62 页	Analog condition, 60-62
D·安德森,第 67 页	Anderson, D., 67
愤怒,第 63 页	Anger, 63
动物,第 12—13 页,第 134 页	Animals, 12-13, 134
数,第 111—112 页	numerosity and, 111-112
模仿,第 221—222 页	modeling, 221-222
抑制实验,第 227—228 页	inhibition experiments, 227-228

索 引

菲利浦·阿利埃斯,第 3 页　　　　　　　　Ariès, Philippe, 3
亚里士多德,第 24 页　　　　　　　　　　Aristotle, 24
同化,第 204—206 页　　　　　　　　　　Assimilation, 204-206
注意,第 129,225 页　　　　　　　　　　Attention, 129, 225
　联合,第 155 页,第 185—186 页　　　　　　joint, 155, 185-186
吸引子状态,第 208—209 页　　　　　　　Attractor states, 208-209
观众效应,第 77 页　　　　　　　　　　　Audience effect, 77
听力系统,第 59 页,第 82—83 页,第 98 页,　Auditory system, 59, 82-83, 98, 181
　第 181 页
自闭症,第 133—134 页,第 139 页　　　　　Autism, 133-134, 139
　典型的,第 31—32 页　　　　　　　　　　normal, 31-32

B

婴儿传记,第 6、9 页　　　　　　　　　　Baby biographies, 6, 9
L·E·巴里克,第 49、67 页　　　　　　　Bahrick, L. E., 49, 67
勒妮·巴亚尔容,第 95、96、101 页　　　　Baillargeon, Renée, 95, 96, 101
詹姆斯·鲍德温,第 38、211 页　　　　　　Baldwin, James, 38, 211
W·A·鲍尔,第 109 页　　　　　　　　　Ball, W. A., 109
西蒙·巴伦-科恩,第 139 页　　　　　　　Baron-Cohen, Simon, 139
基线阶段,第 62 页　　　　　　　　　　　Baseline period, 62
J·N·巴西利,第 152 页　　　　　　　　Basili, J. N., 152
行为组织.参见自组织　　　　　　　　　Behavioral organization. See Self-organization
行为变化,第 208—209 页　　　　　　　　Behavioral variation, 208-209
行为主义,第 56—57,第 197、198 页,第　　Behaviorism, 56-57, 197, 198, 229-230.
　229—230 页.也可参见条件作用　　　　　　See also Conditioning
A·贝格曼,第 32、137 页　　　　　　　　Bergman, A., 32, 137
贝内特·伯滕肖,第 118 页　　　　　　　　Bertenthal, Bennett, 118
拜阿密部落,第 69 页　　　　　　　　　　Biami tribe, 69
安·比奇洛,第 147 页　　　　　　　　　　Bigelow, Ann, 147
双眼深度线索,第 86—87 页　　　　　　　Binocular depth clues, 86-87

发展的生物学模型,第 170—171 页 　　Biological model of development, 170 - 171
艾略特·布拉斯,第 50 页 　　Blass, Elliott, 50
L·布拉特,第 150、160 页 　　Blatt, L. , 150,160
身体:探索,第 28—29 页,第 37—42 页,第 74—75 页 　　Body: exploration of 28 - 29, 37 - 42, 74 - 75
　　活力,第 33 页,第 41—42 页 　　　　vitality, 33, 41 - 42
　　意识,第 42—50 页 　　　　sense of, 42 - 50
R·W·博顿,第 36 页 　　Borton, R. W. , 36
N·J·鲍尔,第 59、138 页 　　Bower, N. J. , 59,138
T·G·鲍尔,第 59、138 页 　　Bower, T. G. , 59,138
大脑,第 213,第 225—227 页 　　Brain, 213, 225 - 227
　　发展,第 13 页,第 18—19 页,第 21—23 页,第 197 页 　　　　development, 13, 18 - 19, 21 - 23, 197
大脑损伤,第 124、228 页 　　Brain damage, 124,228
K·布赖恩林格,第 102 页 　　Breinlinger, K. , 102
J·布鲁克斯-冈恩,第 62 页 　　Brooks-Gunn, J. , 62
杰罗姆·布鲁纳,第 16、59 页 　　Bruner, Jerome, 16,59

C

跨通道校准,第 42—50 页 　　Calibration, intermodal, 42 - 50
塔拉·卡拉汉,第 193 页 　　Callaghan, Tara, 193
基数,第 113 页 　　Cardinality, 113
阿尔伯特·卡伦,第 140、142 页 　　Caron, Albert, 140,142
R·F·卡伦,第 142 页 　　Caron, R. , F. , 142
埃德蒙·卡朋特,第 69 页 　　Carpenter, Edmund, 69
M·卡朋特,第 153—155 页 　　Carpenter, M. , 153 - 155
分类,第 24—27 页,第 116—121 页,第 142 页,第 218—219 页 　　Categorization, 24 - 27, 116 - 121, 142, 218 - 219
因果关系,第 55—66 页,第 72 页 　　Causality, 55 - 66, 72
　　物理的,第 107—110 页 　　　　physical, 107 - 110

意图,第 152—153 页
　　发展机制,第 194—197 页
细胞死亡,第 21—23 页
混沌,第 200—202 页
婴儿期特征,第 11—14 页
中文屋论证,第 232—233 页
诺姆·乔姆斯基,第 171 页
色彩辨别,第 86、88 页
循环动作,第 38—39 页
循环反应,第 38—39 页,第 211 页,第 220—221 页
蕾切尔·克利夫顿,第 97—99 页
认知,第 94—95 页
　　共同认知,第 77—80 页
　　社会认知,第 128—130 页,第 141 页,第 145—146 页,第 164 页
认知发展,第 7、25 页
L·B·科恩,第 110、145 页
J·科隆博,第 197 页
复杂动作计划,第 23 页
理解,第 192—193 页
计算机模拟,第 116 页,第 229—233 页
概念性自我,第 71 页
条件作用,第 56—57 页,第 60—62 页
　　内置的奖惩系统,第 197 页,第 198—200 页,第 211—215 页
连体双胞胎,第 42 页
联结主义,第 23 页,第 229—233 页
《儿童的现实建构》(皮亚杰),第 7 页

intentionality and, 152 – 153
mechanisms of development and, 194 – 197
Cell death, 21 – 23
Chaos, 200 – 202
Characteristics of infancy, 11 – 14
Chinese Room Argument, 232 – 233
Chomsky, Noam, 171
Chromatic discrimination, 86, 88
Circular actions, 38 – 39
Circular reactions, 38 – 39, 211, 220 – 221
Clifton, Rachel, 97 – 99
Cognition, 94 – 95
　cocognition, 77 – 80
　social cognition, 128 – 130, 141, 145 – 146, 164
Cognitive development, 7, 25
Cohen, L. B. , 110, 145
Colombo, J. , 197
Complex action planning, 23
Comprehension, 192 – 193
Computer modeling, 116, 229 – 233
Conceptual self, 71
Conditioning, 56 – 57, 60 – 62
　built-in reward systems and, 197, 198 – 200, 211 – 215
Conjoint twins, 42
Connectionism, 23, 229 – 233
Construction of Reality in the Child, The (Piaget), 7

建构主义观点,第 203—204 页

思考立场,第 69—72 页,第 151 页,第 182—184 页,第 188 页

耦合性,第 146—151 页,第 160—162 页

连续性/非连续性,第 102 页,第 167 页

对比敏感度,第 86、88 页

控制与预测,第 194 页,第 198—200 页

交谈性立场,第 69—72 页,第 151 页,第 182—184 页,第 188 页

合作,第 185—186 页

共同知觉,第 77—80 页

大脑皮层功能,第 57 页

创造性,第 17 页

跨通道匹配,第 93—94 页,第 143—144 页

哭泣,第 131 页

文化情境,第 2、135、143、221 页

好奇心,第 17 页,第 215—217 页

Constructivist view, 203 - 204

Contemplative stance, 69 - 72, 151, 182 - 184, 188

Contingency, 146 - 151, 160 - 162

Continuity/discontinuity, 102, 167

Contrast sensitivity, 86, 88

Control and prediction, 194, 198 - 200

Conversational stance, 69 - 72, 151, 182 - 184, 188

Cooperation, 185 - 186

Coperception, 77 - 80

Cortical functions, 57

Creativity, 17

Cross-modal matching, 93 - 94, 143 - 144

Crying, 131

Cultural context, 2, 135, 143, 221

Curiosity, 17, 215 - 217

D

托拜厄斯·丹齐克,第 112 页

查尔斯·达尔文,第 6—7 页,第 135 页

A·J·德卡斯珀,第 58—59 页,第 82—83 页

C·A·德卢西亚,第 59 页

依赖,第 14 页

勒内·笛卡儿,第 24 页

发展:认知的,第 7、25 页

  身体的,第 11—14 页

  大脑的,第 13 页,第 18—19 页,第 21—23 页,第 197 页

  情境,第 74—75 页

Dantzig, Tobias, 112

Darwin, Charles, 6 - 7, 135

DeCasper, A. J. , 58 - 59, 82 - 83

DeLucia, C. A. , 59

Dependence, 14

Descartes, René, 24

Development: cognitive, 7, 25

  physical, 11 - 14;

  of brain, 13, 18 - 19, 21 - 23, 197

  contexts, 74 - 75

视觉的,第 82—88 页,第 92—93 页
生物学模型,第 170—171 页
过程对机制,第 195—197 页
混沌而不确定的,第 200—202 页
也可参见动态系统;发展机制

发展阶段,第 167—173 页
A·戴蒙德,第 197 页
区分性,第 218 页
W·H·迪特里奇,第 152 页
M·唐纳德,第 73、175 页
双向触觉经验,第 40—41 页,第 55 页
双重表征问题,第 191—192 页
三方交流.参见面对面交流

动态表演,第 153—154 页
动态系统,第 170—171 页,第 194—195 页,第 200—202 页,第 226 页
 自组织,第 207—209 页
 等效原则,第 233—234 页

E

生态自我,第 31、66 页,第 70—71 页,第 74 页,第 85—86 页
教育,第 3—5 页
效果法则,第 212—213 页
自我功能,第 221 页
自我角度,第 44—47 页
彼得·艾姆斯,第 116、117、119 页
保罗·埃克曼,第 135 页

visual, 82 - 88, 92 - 93
biological model, 170 - 171
processes vs. mechanisms, 195 - 197
as chaotic and indeterminate, 200 - 202. *See also* Dynamic systems; Mechanisms of development

Developmental stages, 167 - 173
Diamond, A., 197
Differentiation, 218
Dittrich, W. H., 152
Donald, M., 73, 175
Double touch experience, 40 - 41, 55
Dual representation problem, 191 - 192
Dyadic exchanges. *See* Face-to-face exchanges

Dynamic displays, 153 - 154
Dynamic systems, 170 - 171, 194 - 195, 200 - 202, 226
 self-organization, 207 - 209
 equifinality principle, 233 - 234

Ecological self, 31, 66, 70 - 71, 74, 85 - 86
Education, 3 - 5
Effect, law of, 212 - 213
Ego function, 221
Ego View, 44 - 47
Eimas, Peter, 116, 117, 119
Ekman, Paul, 135

物化的自我,第 28、76 页
胚胎学,第 19 页
情绪,第 130—131 页,第 136、212 页
　自我意识,第 75—77 页
　父母的模仿,第 77—78 页
　面部表情,第 141—143 页
　共同调节,第 143—146 页
移情,第 78、129 页,第 132—133 页
内啡肽,第 213—214 页
具有启蒙意义的婴儿,第 5—8 页
娱乐,第 15—16 页
环境,第 25—27 页,第 202—203 页
　早期感知,第 82—88 页
等效原则,第 233—234 页
平衡,第 168—169 页,第 202—206 页
进化,第 6—7 页,第 12—13 页,第 18—19 页,第 73 页
　协同进化设计,第 177—178 页
经验,第 25—27 页,第 130—134 页
　也参见客体；人们；自我
探索,第 20—21 页
　身体的探索,第 28—29 页,第 37—42 页,第 74—75 页
　自我探索,第 37—39 页,第 71—73 页
　姿势控制,第 63—65 页,第 160—161 页
　物体探索,第 89—91 页
　社会耦合性,第 161—162 页
外周效应,第 137—139 页
消退阶段,第 62—63 页
视线方向,第 139—140 页
手眼协调,第 90—91 页,第 161、207 页

Embodied self, 28, 76
Embryology, 19
Emotions, 130 - 131, 136, 212
　self-conscious, 75 - 77
　parental mirroring of, 77 - 78
　facial expressions and, 141 - 143
　coregulation, 143 - 146
Empathy, 78, 129, 132 - 133
Endorphins, 213 - 214
Enlightening infant, 5 - 8
Entertainment, 15 - 16
Environment, 25 - 27, 202 - 203
　early perception of, 82 - 88
Equifinality principle, 233 - 234
Equilibration, 168 - 169, 202 - 206
Evolution, 6 - 7, 12 - 13, 18 - 19, 73
　coevolutionary designs, 177 - 178
Experience, 25 - 27, 130 - 134
　See also Objects; People; Self
Exploration, 20 - 21
　of body, 28 - 29, 37 - 42, 74 - 75
　self-exploration, 37 - 39, 71 - 73
　postural control and, 63 - 65, 160 - 161
　of objects, 89 - 91
　social contingency and, 161 - 162
Externality effect, 137 - 139
Extinction period, 62 - 63
Eye direction, 139 - 140
Eye-hand coordination, 90 - 91, 161, 207

双眼对视,第 15、20、68、134 页　　　　　　　Eye-to-eye contact, 15, 20, 68, 134

F

面对面交流,第 77—78 页,第 131—132 页,
　　第 134—141 页
　　文化情境,第 135、143 页
　　交互性,第 136、146 页
　　视线方向,第 139—141 页
　　社会耦合性,第 146—151 页
　　三方交流,第 155—159 页,第 185、186 页
　　次级主体间性,第 157 页,第 159—160 页
C·法迪勒,第 67 页
错误信念任务,第 163—165 页
习惯化,第 100—101 页,第 103—105 页
罗伯特·范茨,第 136—137 页
蒂法尼·菲尔德,第 144、145 页
W·P·菲费尔,第 58—59 页
T·J·菲利翁,第 50 页
细致/粗略的描述,第 173—176 页
D·M·费希尔,第 209 页
西格蒙德·弗洛伊德,第 7、8 页,第 31—32 页,第 54、168 页

Face-to-face exchanges, 77 - 78, 131 - 132, 134 - 141
　　cultural context, 135, 143
　　reciprocity and, 136, 146
　　eye direction, 139 - 141
　　social contingency and, 146 - 151
　　triadic exchanges, 155 - 159, 185, 186
　　intersubjectivity and, 157, 159 - 160
Fadil, C. , 67
False belief tasks, 163 - 165
Familiarization, 100 - 101, 103 - 105
Fantz, Robert, 136 - 137
Field, Tiffany, 144, 145
Fifer, W. P. , 58 - 59
Fillion, T. J. , 50
Fine/coarse description, 173 - 176
Fisher, D. M. , 209
Freud, Sigmund, 7, 8, 31 - 32, 54, 168

G

C·R·加利泰尔,第 111—112 页　　　　　　Gallistel, C. R. , 111 - 112
罗歇尔·格尔曼,第 115—116 页　　　　　　Gelman, Rochel, 115 - 116
遗传缺陷,第 170 页　　　　　　　　　　　　Genetic defects, 170
阿诺德·格塞尔,第 19 页　　　　　　　　　　Gesell, Arnold, 19
怀孕,第 11—14 页　　　　　　　　　　　　　Gestation, 11 - 14

埃莉诺·J·吉布森,第 36 页,第 122—123 页,第 172 页,第 217—218 页

詹姆斯·J·吉布森,第 78 页,第 85—86 页,第 122—123 页,第 217—218 页

尤金·戈德菲尔德,第 209—210 页

M·A·古德尔,第 124 页

N·古贝,第 65—66 页

C·E·格兰鲁德,第 86—87 页

R·格林伯格,第 145 页

婴儿的成长,第 17—23 页

H

习惯化/去习惯化,第 10—11 页,第 58、59、109、116、118 页

 面部表情,第 141—142 页

 动态表演,第 153—155 页

 好奇心,第 215—217 页

马歇尔·海斯,第 95、137 页

手口协调,第 51—52 页,第 82 页,第 89—90 页,第 179—180 页

转头,第 34—36 页,第 82、84 页

弗里茨·海德,第 152 页

苏珊·赫斯波斯,第 40、43 页,第 102—106 页,第 114—115 页

L·B·霍夫梅耶,第 50 页

克拉斯·冯·霍夫斯滕,第 91 页

动态平衡,第 202 页

戴维·休伯尔,第 84 页

Gibson, Eleanor, J., 36, 122 - 123, 172, 217 - 218

Gibson, James J., 78, 85 - 86, 122 - 123, 217 - 218

Goldfield, Eugene, 209 - 210

Goodale, M. A., 124

Goubet, N., 65 - 66

Granrud, C. E., 86 - 87

Greenberg, R., 145

Growth of infant, 17 - 23

Habituation/dishabituation, 10 - 11, 58, 59, 109, 116, 118

 facial expressions and, 141 - 142

 dynamic displays and, 153 - 155

 curiosity and, 215 - 217

Haith, Marshall, 95, 137

Hand-mouth coordination, 51 - 52, 82, 89 - 90, 179 - 180

Head-turning, 34 - 36, 82, 84

Heider, Fritz, 152

Hespos, Susan, 40, 43, 102 - 106, 114 - 115

Hoffmeyer, L. B., 50

Hofsten, Claes von, 91

Homeostasis, 202

Hubel, David, 84

I

"我",第 74 页

本我,第 31—32 页

模仿,第 77 页,第 143—146 页,第 219—224 页

 自我模仿,第 72—73 页,第 221 页

 主体间性,第 165—166 页

不成熟,第 14—17 页

不确定,第 200—202 页

归纳,第 10 页

婴儿期:新生儿,第 2—3 页,第 119、125、131 页,第 135—136 页,第 176—181 页

 两个月的婴儿,第 37—39 页,第 62 页,第 70—71 页,第 88、90 页,第 139—140 页,第 174—176 页,第 182—184 页

 三个月的婴儿,第 116—117 页

 四个月的婴儿,第 64 页,第 90—91 页,第 102 页,第 103—105 页,第 113—115 页,第 173 页

 五个月的婴儿,第 113—115 页,第 118 页

 六个月的婴儿,第 64—65 页,第 97—98 页,第 109、120 页

 九个月的婴儿,第 120、155、175 页,第 185—187 页

 十个月的婴儿,第 110 页

《婴儿行为与发展》,第 2 页

推论,第 88 页

抑制,第 224—229 页

 运动层次上,第 226—229 页

"I", 74

Id,31 - 32

Imitation,77,143 - 146,219 - 224

 self-imitation,72 - 73,221

 intersubjectivity and,165 - 166

Immaturity,14 - 17

Indeterminacy,200 - 202

Induction,10

Infancy:neonates,2 - 3,119,125,131,135 - 136,176 - 181

 two-month-olds,37 - 39,62,70 - 71,88,90,139 - 140,174 - 176,182 - 184

 three-month-olds,116 - 117

 four-month-olds,64,90 - 91,102,103 - 105,113 - 115,173

 five-month-olds,113 - 115,118

 six-month-old,64 - 65,97 - 98,109,120

 nine-month-olds,120,155,175,185 - 187

 ten-month-olds,110

Infant Behavior and Development,2

Inferences,88

Inhibition,224 - 229

 at motor level,226 - 229

先天素质,第 136—138 页,第 171 页
　预适应的,第 176—180 页,第 213 页
意图性,第 139 页,第 151—155 页,第 185 页
　两个月的婴儿,第 37—39 页,第 62 页,第 70—71 页,第 182—184 页
　心理理论,第 133、152 页,第 163—165 页
有意图的自我,第 71—72 页,第 76 页,第 79—80 页
跨通道校准,第 42—50 页
跨通道知觉,第 33—37 页,第 39 页,第 54—56 页,第 93 页
人际关系的自我,第 74—75 页
主体间性,第 128—130 页,第 133、140 页,第 146、164 页
　次级的,第 155—163 页,第 186 页
　模仿,第 165—166 页

Innate predispositions, 136–138, 171
　preadapted, 176–180, 213
Intentionality, 139, 151–155, 185
　two-month-olds and, 37–39, 62, 70–71, 182–184
　theories of mind, 133, 152, 163–165
Intentional self, 71–72, 76, 79–80
Intermodal calibration, 42–50
Intermodal perception, 33–37, 39, 54–56, 93
Interpersonal self, 74–75
Intersubjectivity, 128–130, 133, 140, 146, 164
　secondary, 155–163, 186
　imitation and, 165–166

J

K·雅各布森,第 102 页
威廉·詹姆斯,第 31、74 页
贡纳尔·约翰松,第 118 页
M·H·约翰逊,第 138 页
联合注意,第 155 页,第 185—186 页
P·W·尤什恰克,第 59、119 克

Jacobson, K., 102
James, William, 31, 74
Johansson, Gunnar, 118
Johnson, M. H., 138
Joint attention, 155, 185–186
Jusczyk, P. W., 59, 119

K

I·V·卡尔宁斯,第 59 页
伊曼努尔·康德,第 24—25 页,第 107 页
J·S·凯尔索,第 209 页

Kalnins, I. V., 59
Kant, Immanuel, 24–25, 107
Kelso, J. S., 209

运动线索,第 87 页

知识:系统,第 121—126 页.
也可参见物理知识;自我知识

S·J·克雷默,第 118 页

L

语言,第 76、152、159、170 页,第 186—187 页,第 222 页
  符号象征之门,第 187—193 页
  理解对生成,第 192—193 页

效果法则,第 212—213 页

S·E·G·利,第 152 页

学习,第 56—58 页,第 62—63 页,第 102 页,第 185—186 页
  出生前的,第 82—85 页,第 179—181 页
  动机,第 212—213 页;
  感知的,第 217—218 页
  联结主义方法,第 229—233

M·D·莱格尔斯迪,第 67 页

《爱弥尔》(卢梭),第 5 页

A·M·莱斯利,第 109、110 页

M·刘易斯,第 62 页

光刺激,第 84—85 页

语言能力,第 164 页

刘易斯·P·利普斯特,第 2、56、57、83 页

约翰·洛克,第 4 页

运动,第 13—14 页,第 18 页,第 63—64 页,第 122—123 页

Kinetic cues, 87

Knowledge: systems, 121 - 126.
See also Physical knowledge; Self-knowledge

Kramer, S. J. , 118

Language, 76, 152, 159, 170, 186 - 187, 222
  symbolic gateway, 187 - 193
  comprehension vs. production, 192 - 193

Law of effect, 212 - 213

Lea, S. E. G. , 152

Learning, 56 - 58, 62 - 63, 102, 185 - 186
  prenatal, 82 - 85, 179 - 181
  motives, 212 - 213
  perceptual, 217 - 218
  connectionist approach, 229 - 233

Legerstee, M. D. , 67

L'Emile (Rousseau), 5

Leslie, A. M. , 109, 110

Lewis, M. , 62

Light stimulation, 84 - 85

Linguistic competence, 164

Lipsitt, Lewis P. , 2, 56, 57, 83

Locke, John, 4

Locomotion, 13 - 14, 18, 63 - 64, 122 - 123

M

机器模拟,第 229—233 页	Machine simulation, 229-233
J·麦坎伯,第 102 页	Macomber, J., 102
玛格丽特·马勒,第 32 页	Mahler, Margaret, 32
手动技能,第 64、90、96 页	Manual skills, 64, 90, 96
V·玛丽安,第 148 页	Marian, V., 148
L·马利尔,第 84 页	Marlier, L., 84
身体自我,第 74 页	Material self, 74
妇产科病房,第 2—3 页	Maternity wards, 2-3
D·莫勒,第 137、139 页	Maurer, D., 137, 139
默特尔·麦格劳,第 227 页	McGraw, Myrtle, 227
"我",第 74 页	"Me", 74
乔治·赫伯特·米德,第 75 页	Mead, George Herbert, 75
发展机制,第 194—197 页	Mechanisms of development, 194-197
预测和控制行为,第 194 页,第 198—200 页	prediction and controlling behavior, 194, 198-200
混沌而不确定的,第 200—202 页	as chaotic and indeterminate, 200-202
平衡,第 202—206 页	equilibration, 202-206
自组织,第 206—210 页	self-organization, 206-210
奖惩系统,第 211—215 页	reward systems, 211-215
习惯化与好奇心,第 215—217 页	habituation and curiosity, 215-217
寻找规律性,第 217—219 页	search for regularities, 217-219
社会反映、模仿和重复,第 219—224 页	social mirroring, imitation, and repetition 219-224
修整与抑制,第 224—229 页	trimming and inhibition, 224-229
机器模拟和联结主义,第 229—233 页	machine simulation and connectionism, 229-233
等效原则,第 233—234 页	equifinality principle, 233-234
安德鲁·梅尔佐夫,第 36、143、219、222 页,	Meltzoff, Andrew, 36, 143, 219, 222, 223-

第 223—224 页
记忆，第 58 页
心理追踪，第 106—107 页
阿尔伯特·米乔特，第 108、152 页
A·D·米尔纳，第 124 页
模仿，第 73、175 页
心盲，第 133、139 页
心理理论，第 133、152 页，第 163—166 页
直接反映，第 219—224 页
　　情绪的，第 77—78 页. 也可参见模仿
镜像再认测验，第 30—31 页，第 67—71 页
基思·穆尔，第 137、143、219、222 页
R·摩根，第 44—48 页，第 153—155 页
V·莫里森，第 87 页
死亡率，第 2—3 页
J·莫顿，第 138 页
L·莫斯，第 67 页
妈妈语，第 148 页
运动，第 107 页，第 117—118 页
　　动态表演，第 153—155 页
运动视差，第 87 页
动机，第 212—213 页
动作技能. 参见感觉运动系统
嘴. 参见手口协调；口部

L·默里，第 147 页
音乐，第 41—42 页
R·S·迈尔斯，第 142 页
虚构性心理，第 175—176 页

224
memory, 58
mental tracking, 106 - 107
Michotte, Albert, 108, 152
Milner, A. D., 124
Mimesis, 73, 175
Mindblindness, 133, 139
Mind theories, 133, 152, 163 - 166
Mirroring, 219 - 224
　of emotions, 77 - 78. See also Imitation
Mirror recognition tests, 30 - 31, 67 - 71
Moore, Keith, 137, 143, 219, 222
Morgan, R., 44 - 48, 153 - 155
Morison, V., 87
Mortality, 2 - 3
Morton, J., 138
Moss, L., 67
Motherese, 148
Motion, 107, 117 - 118
　dynamic displays, 153 - 155
Motion parallax, 87
Motivation, 212 - 213
Motor skills. See Sensorimotor systems
Mouth. See Hand-mouth coordination;
　orality

Murray, L., 147
Music, 41 - 42
Myers, R. S., 142
Mythical mind, 175 - 176

N

先天论,第 95—96 页,第 171—172 页 | Nativist theories, 95 - 96, 171 - 172
《自然》,第 110 页 | *Nature*, 110
乌尔里克·奈塞尔,第 74、148 页 | Neisser, Ulric, 74, 148
神经疲劳,第 215—216 页 | Neural fatigue, 215 - 216
神经化学反应,第 28 页 | Neurochemical reactions, 28
神经心理学,第 124 页 | Neuropsychology, 124
新生儿,第 2—3 页,第 119、125、131 页,第 135—136 页,第 176—181 页 | Newborns, 2 - 3, 119, 125, 131, 135 - 136, 176 - 181
九个月的婴儿,第 120 页 | Nine-month-olds, 120
  转变,第 175 页,第 185—187 页 | transitions, 175, 185 - 187
九月革命,第 155 页,第 185—187 页 | Nine-month revolution, 155, 185 - 187
数概念,第 110—111 页 | Number concept, 110 - 111
数,第 110—116 页 | Numerosity, 110 - 116
  数感,第 111—112 页 | subitizing, 111 - 112

O

L·M·奥克斯,第 110 页 | Oakes, L. M., 110
客体概念,第 96—107 页 | Object concept, 96 - 107
客体永久性,第 129、169、197 页 | Object permanence, 129, 169, 197
物体,第 26—27 页,第 81—82 页 | Object, 26 - 27, 81 - 82
  作为工具,第 63 页 | as tools, 63
  对物体的知觉,第 78—80 页 | perception of, 78 - 80
  对物理环境的早期感知,第 82—88 页 | early perception of physical environment, 82 - 88
  视觉发展,第 82—88 页,第 92—93 页 | visual development and, 82 - 88, 92 - 93
  对物体的探索,第 89—91 页 | exploration of, 89 - 91
  物理知识,第 91—96 页 | physical knowledge, 91 - 96

有关物体的观点,第 96—97 页
期望违背实验,第 100—106 页;第 109—111 页
察觉物理因果关系,第 107—110 页
数,第 110—116 页
分类,第 116—121 页
作为工具,第 120 页
知识系统,第 120—126 页
动作,第 122—125 页
次级主体间性,第 155、160 页
三方交流,第 155—159 页

观察,第 8—9 页,第 15—17 页,第 92 页
观察者角度,第 46 页
一对一的关系,第 127—128 页,第 131 页. 也参见面对面交流
个体发育,第 6—7 页,第 21、169、204 页
自我,第 29、73 页
主体间性,第 129 页
转变,第 175—176 页
开放式循环系统,第 203、205 页
操作性条件作用,第 57—58 页,第 211 页
口部,第 50—55 页,第 176—177 页,第 205 页
吸吮实验,第 58—66 页
语音再认,第 119—120 页
序数,第 113 页
《儿童智力的起源》,(皮亚杰),第 7 页
孤儿院,第 127—128 页,第 233 页
他人. 参见人们
《心理学纲要》(冯特),第 1 页

ideas about, 96 - 97
violation of expectation experiments, 100 - 106, 109 - 111
noting physical casuality, 107 - 110
numerosity, 110 - 116
categorization of, 116 - 121
as tools, 120
knowledge systems and, 120 - 126
action and, 122 - 125
secondary intersubjectivity and, 155, 160
triadic exchanges and, 155 - 159

Observation, 8 - 9, 15 - 17, 92
Observer's View, 46
One-to-one relationships, 127 - 128, 131. See also Face-to-face exchanges
Ontogeny, 6 - 7, 21, 169, 204
self and, 29, 73
intersubjectivity and, 129
transitions and, 175 - 176
open-loop system, 203, 205
Operant conditioning, 57 - 58, 211
Orality, 50 - 55, 176 - 177, 205
sucking experiments, 58 - 66
speech sound recognition and, 119 - 120
Ordinality, 113
Origins of Intelligence in Children, The (Piaget), 7
Orphanages, 127 - 128, 233
Others. *See* People
Outlines of Psychology (Wundt), 1

超越身体的经验,第 68、72 页　　　　　　　　　Out-of-body experiences, 68,72

P

安抚奶嘴测试,第 36 页,第 53—54 页　　　　　Paccifer tests, 36,53-54
痛苦与快乐的对立,第 213—214 页　　　　　　Pain-pleasure opposition, 213-214
H·帕保谢克,第 56、57、140 页　　　　　　　Papousek, H. , 56,57,140
M·帕保谢克,第 140 页　　　　　　　　　　　Papousek, M. , 140
养育,第 9 页,第 14—17 页,第 132—133 页　　　Parenting, 9,14-17,132-133
分解,第 24—25 页　　　　　　　　　　　　　Parsing, 24-25
躲猫猫游戏,第 149 页　　　　　　　　　　　Peek-a-boo routine, 149
人们,第 26—27 页,第 125—126 页,第 127—128 页　　　　　　　　　　　　　　　　　People, 26-27,125-126,127-128
　自我,第 76—78 页　　　　　　　　　　　　　self and, 76-78
　交互性,第 128—134 页　　　　　　　　　　　reciprocity and, 128-134
　主观经验,第 130—134 页　　　　　　　　　　subjective experience, 130-134
　他人观点,第 133 页　　　　　　　　　　　　perspective of others, 133
　面部表情与情绪,第 141—143 页　　　　　　　facial expressions and emotions, 141-143
　意图性,第 151 页,第 152—155 页,第 185 页　　intentionality, 151, 152-155, 185. See also Face-to-face exchanges; Intersubjectivity; Social cognition
也可参见面对面交流;主体间性;社会认知
人/物阶段,第 162 页　　　　　　　　　　　People/object stage, 162
感知,第 96—97 页　　　　　　　　　　　　Percept, 96-97
知觉,第 111 页,第 217—218 页　　　　　　　Perception, 111,217-218
　跨通道的,第 33—37 页,第 39 页,第 54—56 页,第 93 页　　　　　　　　　　　　　　intermodal, 33-37,39,54-56,93
　语音知觉,第 58、59 页,第 82—83 页,第 119—120 页　　　　　　　　　　　　　　speech perception, 58,59,82-83,119-120
　共同知觉,第 77—80 页　　　　　　　　　　copercetion, 77-80
　出生前,第 82—85 页　　　　　　　　　　　prenatal, 82-85

类别的,第 117、142 页,第 218—219 页	categorical, 117, 142, 218 – 219
约瑟夫·佩尔纳,第 163 页	Perner, Josef, 163
坚持,第 228 页	Persistence, 228
个性特征,第 131 页	Personality profile, 131
种群进化,第 6—7 页、第 29、129、175、204 页	Phylogeny, 6 – 7, 29, 129, 175, 204
物理因果关系,第 107—110 页	Physical causality, 107 – 110
身体发展,第 11—14 页	Physical development, 11 – 14
物理领域,第 74 页	Physical domain, 74
物理知识,第 128 页	Physical knowledge, 128
起源,第 91—96 页	origins of, 91 – 96
知识系统,第 122—126 页	knowledge systems and, 122 – 126
让·皮亚杰,第 7、25 页、第 33—34 页、第 37—38 页、第 51 页、第 168—172 页、第 192、211 页	Piaget, Jean, 7, 25, 33 – 34, 37 – 38, 51, 168 – 172, 192, 211
关于物理知识的观点,第 91—93 页、第 96、121、122、123 页	physical knowledge, view of, 91 – 93, 96, 121, 122, 123
模仿的观点,第 143、222 页	imitation, view of, 143, 222
表征的观点,第 188 页	representation, view of, 188
平衡理论,第 203—206 页	equilibration theory, 203 – 206
F·派因,第 32 页	Pine, F., 32
J·平托,第 118 页	Pinto, J., 118
计划,第 23、175、180、184 页	Planning, 23, 175, 180, 184
自我效能,第 63—64 页、第 66 页、第 71—72 页、第 75 页、第 79—80 页	self-efficacy, 63 – 64, 66, 71 – 72, 75, 79 – 80
抑制,第 224、225、227—228 页	inhibition and, 224, 225, 227 – 228
游戏,第 16—17 页、第 70—71 页、第 189—190 页	Play, 16 – 17, 70 – 71, 189 – 190
快乐,第 213—214 页	Pleasure, 213 – 214
普鲁塔克,第 3—4 页	Plutarch, 3 – 4
光点表演,第 118 页	Point light displays, 118
肢体控制,第 63—65 页、第 121 页、第 160—	Posture control, 63 – 65, 121, 160 – 161,

161 页,第 173、207 页
预适应动作系统,第 176—180 页,第 213 页
出生前学习,第 82—85 页,第 179—181 页
威廉·普莱尔,第 6、19 页
D·R·普罗菲特,第 118 页
投射能力,第 129 页
本体感觉,第 35—37 页,第 39—40 页,第 55 页
  视觉与本体感觉的对应,第 44—50 页,第 67、70 页
  时间差异,第 49—50 页
  吸吮实验中,第 61—62 页
亲近,第 161—162 页,第 223 页
精神分析传统,第 31—32 页,第 54 页
心理学,第 1—4 页,第 28、124 页

Q

J·G·克里多,第 148—150 页
保罗·奎因,第 116、117 页

R

弗朗索瓦·拉伯雷,第 4 页
随机条件,第 60—62 页
伸手行为,第 64—66 页,第 173—174 页
  视敏度,第 86—88 页
  物理知识,第 95—96 页
  客体概念,第 97—98 页
推理,第 94、95 页,第 101—102 页.也可参见客体概念

173,207
Preadapted action systems, 176 - 180, 213
Prenatal learning, 82 - 85, 179 - 181
Preyer, Wilhelm, 6, 19
Proffitt, D. R. , 118
Projective ability, 129
Proprioception, 35 - 37, 39 - 40, 55
  visual-proprioceptive correspondences, 44 - 50, 67, 70
  temporal discrepancies and, 49 - 50
  in sucking experiments, 61 - 62
Proximity, 161 - 162, 223
Psychoanalytical tradition, 31 - 32, 54
Psychology, 1 - 4, 28, 124

Querido, J. G. , 148 - 150
Quinn, Paul, 116, 117

Rabelais, Francois, 4
Random condition, 60 - 62
Researching behavior, 64 - 66, 173 - 174
  visual acuity and, 86 - 88
  physical knowledge and, 95 - 96
  object concept and, 97 - 98
Reasoning, 94, 95, 101 - 102. *See also* Object concept

复演论，第 6、19 页
交互作用，第 128—134 页，第 151、183 页
    面对面交流，第 136、146 页
反省，第 73 页
反射性反应，第 226—227 页
规律性，第 217—219 页
重复动作，第 37—38 页，第 71—73 页，第 221 页
表征，第 103—106 页，第 169、175、188 页
    双重表征问题，第 191—192 页
研究，第 8—11 页，第 23—27 页
奖惩系统，第 211—215 页
节奏，第 82—83 页
觅食反应，第 40、56、180 页
D·罗斯，第 87 页
旋转条件，第 103、106 页
让·雅克·卢梭，第 4—5 页，第 82、168 页
卡罗琳·罗夫-科利尔，第 58 页

S

P·萨拉帕迪克，第 137 页
B·沙尔，第 84 页
A·谢弗，第 67 页
约翰·R·塞尔，第 182 页，第 231—233 页
次级主体间性，第 155—163 页，第 186 页
选择性过滤器，第 225 页
自我，第 26—27 页
    身体探索，第 28—29 页，第 37—42 页，第 74—75 页
    自我知识的起源，第 29—33 页

Recapitulation hypothesis, 6, 19
Reciprocity, 128 – 134, 151, 183
    face-to-face exchanges and, 136, 146
Reflection, 73
Reflex responses, 226 – 227
Regularities, 217 – 219
Repetitive actions, 37 – 38, 71 – 73, 221
Representation, 103 – 106, 169, 175, 188
    dual representation problem, 191 – 192
Research, 8 – 11, 23 – 27
Reward systems, 211 – 215
Rhythm, 82 – 83
Rooting response, 40, 56, 180
Rose, D., 87
Rotation condition, 103, 106
Rousseau, Jean-Jacques, 4 – 5, 82, 168
Rovee-Collier, Carolyn, 58

Salapatek, P., 137
Schaal, B., 84
Schaffer, A., 67
Searle, John, R., 182, 231 – 233
Secondary intersubjectivity, 155 – 163, 186
Selective filters, 225
Self, 26 – 27
    exploration of body, 28 – 29, 37 – 42, 74 – 75
    origins of self-knowledge, 29 – 33

生态的,第 31、66 页,第 70—71 页,第 74 页,第 85—86 页
身体的活力,第 33 页,第 41—42 页
跨通道知觉,第 33—37 页,第 39 页,第 54—56 页,第 93 页
转头,第 34—36 页
双向触觉经验,第 40 页
身体意识,第 42—50 页
口部,第 50—55 页
原因和结果的意识,第 55—66 页
客体化,第 66、69 页,第 76—77 页
概念性自我,第 71 页
有意图的,第 71—72 页,第 76 页,第 79—80 页
人际关系的,第 74—75 页
人们,第 76—78 页
也可参见思考立场;知觉;本体感觉

自我作用,第 56 页
自我觉知,第 74—76 页
自我意识,第 75—77 页,第 125 页
自我控制,第 72 页
自我效能,第 55—56 页,第 60—66 页
 消退阶段,第 62—63 页
 计划,第 63—64 页,第 66 页,第 71—72 页,第 75 页,第 79—80 页
 觉知,第 63—66 页
自我探索:重复动作,第 37—38 页,第 71—73 页
 循环动作,第 38—39 页,第 211 页,第 220—221 页

ecological, 31, 66, 70 - 71, 74, 85 - 86
vitality of body, 33, 41 - 42
intermodal perception, 33 - 37, 39, 54 - 56, 93
head-turning, 34 - 36
double touch experience, 40
sense of body, 42 - 50
orality and, 50 - 55
sense of cause and effect, 55 - 66
objectification of, 66, 69, 76 - 77
conceptual self, 71
as intentional, 71 - 72, 76, 79 - 80
interpersonal, 74 - 75
people and, 76 - 78.
See also Contemplative stance; Perception; Proprioception

Self-agency, 56
Self-awareness, 74 - 76
Self-consciouseness, 75 - 77, 125
Self-control, 72
Self-efficacy, 55 - 56, 60 - 66
 extinction period and, 62 - 63
 planning, 63 - 64, 66, 71 - 72, 75, 79 - 80
 awareness of, 63 - 66
Self-exploration: repetitive actions, 37 - 38, 71 - 73
 circular actions, 38 - 39, 211, 220 - 221

自我模仿,第72—73页,第221页	Self-imitation, 72-73, 221
自我知识,第74页	Self-knowledge, 74
自我知识的起源,第29—33页	origins of, 29-33
身体的探索,第39页,第74—75页	exploration of body and, 39, 74-75
自我意识情绪,第75—77页	self-conscious emotions, 75-77
自组织,第206—210页	Self-organization, 206-210
自我定向的动作,第50—55页	Self-oriented action, 50-55
自我—他人悖论,第68—69页	Self-other paradox, 68-69
自我知觉,第76—77页	Self-perception, 76-77
共同知觉,第78—80页	coperception, 78-80
自我识别,第29—31页,第66页,第136页	Self-recognition, 29-31, 66, 136
自我识别的起源,第67—74页	origins of, 67-74
S·J·森德斯,第64页,第65—66页	Senders, S. J., 64, 65-66
《作为知觉系统的感官》(吉布森),第217页	*Senses Considered as Perceptual Systems, The* (Gibson), 217
感觉运动系统,第17—19页,第33—34页,第170页,第206—207页,第212页	Sensorimotor systems, 17-19, 33-34, 170, 206-207, 212
协调,第93—94页;	coordination, 93-94
抑制,第226—229页	inhibition, 226-229
分离焦虑,第162—163页,第166页	Separation anxiety, 162-163, 166
共享经验. 参见次级主体间性	Shared experience. *See* Secondary intersubjectivity
婴儿猝死综合征(SIDS),第227页	SIDS (Sudden Infant Death Syndrome), 227
罗伯特·西格勒,第170—171页	Siegler, Robert, 170-171
马克·西梅尔,第152页	Simmel, Mark, 152
托尼·西蒙,第114—115页,第116页	Simon, Tony, 114-115, 116
E·R·西凯兰德,第59页	Siqueland, E. R., 59
K·D·斯卡拉,第209页	Skala, K. D., 209
B·F·斯金纳,第197、198页	Skinner, B. F., 197, 198
艾伦·斯莱特,第87页	Slater, Alan, 87

气味,第 83—84 页,第 179 页　　　　　Smell, 83 - 84, 179
微笑,第 183 页　　　　　　　　　　　　Smiling, 183
L·B·史密斯,第 170、173、209、210 页　Smith, L. B. , 170, 173, 209, 210
社会觉知,第 74—76 页　　　　　　　　 Social awareness, 74 - 76
社会认知,第 15 页,第 128—130 页,第 164　Social cognition, 15, 128 - 130, 164
　页
　面部表情,第 141 页,第 145—146 页　　　facial expressions and, 141, 145 - 146
社会耦合性,第 146—151 页　　　　　　 Social contingency, 146 - 151
　互动质量,第 148—151 页　　　　　　　 quality of interaction, 148 - 151
　表情停顿条件,第 150—151 页,第 158、　　still-face conditions, 150 - 151, 158,
　　160、165 页　　　　　　　　　　　　　　 160, 165
　交谈性立场,第 151 页,第 182—184 页　　conversational stance, 151, 182 - 184
　与照料者的接近度,第 161—162 页　　　 proximity to caregiver, 161 - 162
社会知识,第 74、120 页　　　　　　　　Social knowledge, 74, 120
　社会知识的起源,第 128—130 页　　　　 origins of, 128 - 130
　反映、模仿和重复,第 219—224 页　　　 mirroring, imitation, and repetition,
　　　　　　　　　　　　　　　　　　　　　　219 - 224
社会参照,第 20 页. 也可参见主体间性:次　 Social referencing, 20. *See also* Intersubje-
　级的　　　　　　　　　　　　　　　　　ctivity: secondary
社会的自我,第 74 页　　　　　　　　　 Social self, 74
社会理解,第 127 页　　　　　　　　　　Social understanding, 127
固态原理,第 102 页　　　　　　　　　　Solidity principle, 102
R·苏西南,第 83、84 页　　　　　　　　Soussignan, R. , 83, 84
空间认知,第 25 页　　　　　　　　　　Spatial cognition, 25
语音知觉,第 58、59 页,第 82—83 页,第　Speech perception, 58, 59, 82 - 83, 119 -
　119—120 页　　　　　　　　　　　　　　120
伊丽莎白·斯佩尔克,第 95、100、101、102　Spelke, Elizabeth, 95, 100, 101, 102, 171 -
　页,第 171—172 页　　　　　　　　　　　172
M·J·斯彭斯,第 82 页　　　　　　　　Spence, M. J. , 82
N·B·斯佩特里内,第 118 页　　　　　　Spetner, N. B. , 118
精神的自我,第 74 页　　　　　　　　　Spiritual self, 74

R·A·斯皮茨,第55页,第127—128页 — Spitz, R. A., 55, 127–128

阶段理论,第167—173页 — Stage concept, 167–173

立体视觉,第86页 — Stereopsis, 86

丹尼尔·斯特恩,第33页,第42—43页 — Stern, Daniel, 33, 42–43

表情停顿条件,第150—151页,第158、160、165页 — Still-face conditions, 150–151, 158, 160, 165

陌生焦虑,第162—163页,第166页 — Stranger anxiety, 162–163, 166

T·斯特里亚诺,第60—62页,第148—150页,第157—158页,第160页,第190—191页,第192页 — Striano, T., 60–62, 148–150, 157–158, 160, 190–191, 192

数感,第111—112页 — Subitizing, 111–112

主观经验,第130—134页 — Subjective experience, 130–134

吸吮.参见口部 — Sucking. See orality

蔗糖刺激,第50—51页,82、83页,第213—214页 — Sucrose stimulation, 50–51, 82, 83, 213–214

婴儿猝死综合征(SIDS),第227页 — Sudden Infant Death Syndrome (SIDS), 227

M·W·沙利文,第62页 — Sullivan, M. W., 62

监护,第14页 — Supervision, 14

符号象征性功能,第152、159页,第175—176页,第188页 — Symbolic functioning, 152, 159, 175–176, 188

符号象征之门,第187—193页 — Symbolic gateway, 187–193

神经突触,第21—23页 — Synapses, 21–23

T

静态画面,第92页 — Tableaux, 92

味道,第83页 — Taste, 83

气质,第131页 — Temperament, 131

时间信息,第49—50页 — Temporal information, 49–50

埃斯特·西伦,第170页,第173—174页,第209—210页,第226页 — Thelen, Esther, 170, 173–174, 209–210, 226

爱德华·L·桑代克,第 212 页　　　　　　　　Thorndike, Edward L., 212
M·托马塞洛,第 133 页,第 190—191 页,第　　Tomasello, M., 133,190 - 191,192
　192 页
转变:连续性/非连续性,第 102、167 页　　　Transitions: continuity/discontinuity, 102, 167

　　阶段概念,第 167—173 页　　　　　　　　stage concept, 167 - 173
　　平行发展,第 170 页　　　　　　　　　　　parallel developments, 170
　　发展的生物学模型,第 170—171 页　　　　biological model of development, 170 - 171
　　动态系统方法,第 170—171 页　　　　　　dynamic systems approach, 170 - 171
　　细致/粗略的描述,第 173—176 页　　　　fine/coarse description and, 173 - 176
　　新生儿,第 176—181 页　　　　　　　　　newborns, 176 - 181
　　两个月婴儿,第 174—176 页,第 182—　　two-month-olds, 174 - 176,182 - 184
　　　184 页
　　九个月婴儿,第 175 页,第 185—187 页　　nine-month-olds, 175,185 - 187
　　符号象征之门,第 187—193 页　　　　　　symbolic gateway, 187 - 193
平移条件,第 103、106 页　　　　　　　　　Translation condition, 103,106
C·特利瓦森,第 147 页　　　　　　　　　　Trevarthen, C., 147
W·R·特利瓦桑,第 2 页　　　　　　　　　Trevathan, W. R., 2
三方交流,第 155—159 页,第 185、186 页　　Triadic exchanges, 155 - 159,185,186
修整,第 224—229 页　　　　　　　　　　　Trimming, 224 - 229
两个月的婴儿:意图性,第 37—39 页,第 62　Two-month-olds: intentionality, 37 - 39,
　页,第 70—71 页,第 182—184 页　　　　　　62,70 - 71,182 - 184
　　物体探索,第 88、90 页　　　　　　　　　exploration of objects, 88,90
　　视觉偏好,第 139—140 页　　　　　　　　visual preferences, 139 - 140
　　转变,第 174—176 页,第 182—184 页　　　transitions, 174 - 176,182 - 184
二月革命,第 182—184 页　　　　　　　　　Two-month revolution, 182 - 184

U

理解,第 117、127 页,第 164—166 页　　　　Understanding, 117,127,164 - 166

V

言语表达,第 15、16、18 页 — Verbalization, 15, 16, 18
期望违背实验,第 100—106 页,第 109—111 页 — Violation of expectation experiments, 100 - 106, 109 - 111
视觉系统,第 67、70 页,第 82—88 页,第 92—93 页 — Visual system, 67, 70, 82 - 88, 92 - 93
    视觉皮层,第 21、22、23、82 页,第 84—85 页 — visual cortex, 21, 22, 23, 82, 84 - 85
    视敏度,第 86—88 页,第 107 页 — visual acuity, 86 - 88, 107
    视觉偏好,第 136—140 页,第 153—155 页 — visual preferences, 136 - 140, 153 - 155
    外部效应,第 137—138 页 — externality effect, 137 - 138
    规律性,第 217—218 页 — regularities and, 217 - 218
活力,第 33 页,第 41—42 页 — Vitality, 33, 41 - 42
嗓音起始时间(VOT),第 119 页 — Voice onset time (VOT), 119
列夫·维果茨基,第 15 页 — Vygotsky, Lev., 15

W

弗朗斯·德·瓦尔,第 129 页 — Waal, Frans de, 129
A·S·沃克,第 36 页 — Walker, A. S., 36
G·E·沃尔顿,第 59、138 页 — Walton, G. E., 59, 138
S·瓦塞尔曼,第 101 页 — Wasserman, S., 101
J·B·华生,第 197 页,第 198—199 页 — Wstson, J. B., 197, 198 - 199
J·S·华生,第 49、50、57 页 — Watson, J. S., 49, 50, 57
气象,第 200—201 页,第 209 页 — Weather, 200 - 201, 209
西方哲学,第 24—25 页 — Western philosophy, 24 - 25
托尔斯滕·N·威塞尔,第 84 页 — Wiesel, Torsten Nils, 84
海因茨·温默,第 163 页 — Wimmer, Heinz, 163
R·伍德森,第 145 页 — Woodson, R., 145

威廉·冯特,第1页　　　　　　　　　　Wundt, Wihelm, 1
卡伦·温,第110—111页,第113—114页　　Wynn, Karen, 110 - 111, 113 - 114

Y

A·约纳斯,第86—87页　　　　　　　　Yonas, A., 86 - 87

Z

最近发展区,第15页　　　　　　　　　Zone of proximal development, 15

图书在版编目(CIP)数据

婴儿世界:修订本/(美)菲利普·罗夏著;郭力平,郭琴,许冰灵译. —2版. —上海:华东师范大学出版社,2019
ISBN 978-7-5675-9348-0

Ⅰ.①婴… Ⅱ.①菲…②郭…③郭…④许… Ⅲ.①婴儿心理学 Ⅳ.①B844.11

中国版本图书馆CIP数据核字(2019)第261376号

婴儿世界(修订本)

著　　者　[美]菲利普·罗夏(Philippe Rochat)
译　　者　郭力平　郭　琴　许冰灵
策划编辑　彭呈军
责任编辑　白锋宇
责任校对　林文君
装帧设计　卢晓红

出版发行　华东师范大学出版社
社　　址　上海市中山北路3663号　邮编 200062
网　　址　www.ecnupress.com.cn
电　　话　021-60821666　行政传真 021-62572105
客服电话　021-62865537　门市(邮购)电话 021-62869887
地　　址　上海市中山北路3663号华东师范大学校内先锋路口
网　　店　http://hdsdcbs.tmall.com

印　刷　者　上海盛通时代印刷有限公司
开　　本　787×1092　16开
印　　张　16
字　　数　239千字
版　　次　2020年4月第2版
印　　次　2020年4月第1次
书　　号　ISBN 978-7-5675-9348-0
定　　价　49.80元

出 版 人　王　焰

(如发现本版图书有印订质量问题,请寄回本社客服中心调换或电话021-62865537联系)